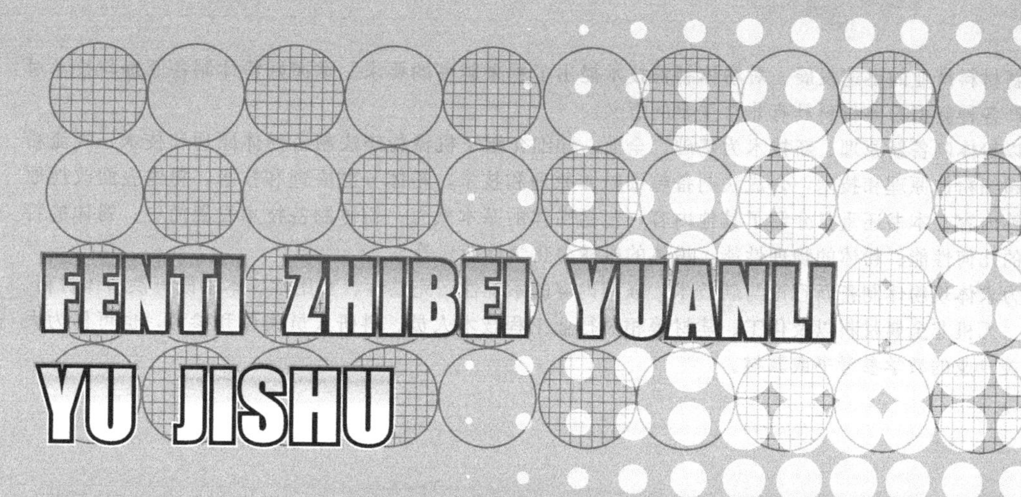

FENTI ZHIBEI YUANLI YU JISHU

粉体制备原理与技术

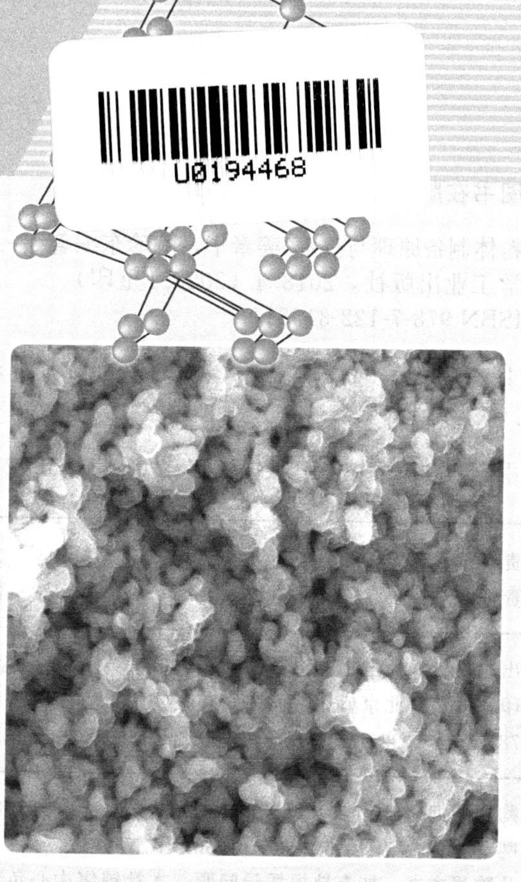

姜奉华　陶珍东　编著

化学工业出版社

·北京·

随着新材料产业的迅速发展，对粉体制备技术提出了越来越高的要求。掌握好粉体制备原理与技术对开发和生产各种新型粉体材料具有非常重要的意义。

本书以粉体制备新原理、新技术为基础，全面、详细介绍了机械粉碎法制备粉体原理和技术，气流粉碎法制备超细粉体原理和技术，合成法制备超细粉体原理和技术，粉体分散原理和技术，粉体表面改性原理和技术等内容。本书还重点介绍了其他内容，包括粉体的基本概念；粉体制备技术发展简史；粉体的特性（粉体的几何性能、粉体的物理性能、粉体的机械力化学性能）等。

全书力求体现粉体制备新理论与新技术，强调内容的系统性、完整性、实用性。本书既可供粉体材料、粉体工程、无机非金属材料以及化工、建材等相关行业工程技术人员、科研人员阅读和参考，也可作为大专院校有关专业的教学参考书或教材。

图书在版编目（CIP）数据

粉体制备原理与技术/姜奉华，陶珍东编著．—北京：
化学工业出版社，2018.4（2025.1重印）
ISBN 978-7-122-31551-9

Ⅰ．①粉…　Ⅱ．①姜…②陶…　Ⅲ．①粉末法
Ⅳ．①TB44

中国版本图书馆CIP数据核字（2018）第037214号

责任编辑：朱　彤　　　　文字编辑：李　玥
责任校对：王　静　　　　装帧设计：史利平

出版发行：化学工业出版社（北京市东城区青年湖南街13号　邮政编码100011）
印　　装：北京盛通数码印刷有限公司
787mm×1092mm　1/16　印张12　字数304千字　2025年1月北京第1版第8次印刷

购书咨询：010-64518888　　售后服务：010-64518899
网　　址：http://www.cip.com.cn
凡购买本书，如有缺损质量问题，本社销售中心负责调换。

定　　价：59.00元

前 言
Preface

粉体材料广泛应用于建筑材料、陶瓷材料、制墨和印染、冶金工业、物理、化学、橡胶工业、造纸、生物制药、军事、电子工业等，给这些行业的发展带来了新的机遇，因此粉体材料的制备技术越来越受到人们的重视，显示了它的重要性。

粉体制备原理与技术作为一门跨学科、跨行业的综合性学科，与材料科学与工程的发展密切相关。随着材料工业的不断发展，对粉体制备技术提出了越来越高的要求。本书以粉体制备方法为基础，全面、详细介绍了机械粉碎法制备粉体原理和技术，气流粉碎法制备超细粉体原理和技术，合成法制备超细粉体原理和技术（包括液相合成法、气相合成法、固相合成法），粉体分散原理和技术（包括分散剂的种类及其作用，粉体的分散方法），粉体表面改性原理和技术（包括粉体的表面改性剂，粉体的表面改性方法、工艺、设备）等内容。本书还重点介绍了其他内容，包括粉体的基本概念；粉体制备技术发展简史；粉体的特性（粉体的几何性能、粉体的物理性能、粉体的机械力化学性能）等。全书力求体现粉体制备新理论与新技术，强调内容的系统性、完整性、实用性。本书可作为广大粉体技术人员和研究人员的参考用书，也可作为粉体材料科学与工程专业的教学参考书或教材。

本书在撰写过程中得到了笔者所在单位的大力支持，他们为本书的编写提出了很多很好的建议，付出了辛勤劳动。本书编写分工如下：第 1～5 章由姜奉华编写；第 6～7 章由陶珍东编写。本书由姜奉华负责统稿，由陶珍东和王介强负责审阅。在编写过程中，青岛大学的张军教授，济南大学的曹丙强教授、王介强教授、郑少华教授等提供了一些有益的资料和建议，在此一并表示衷心感谢。

由于水平有限，书中难免存在疏漏和不妥之处，恳请读者批评指正。

编著者
2018 年 6 月

目录
Contents

第1章 概述

粉体是指在常态下以较细的粉粒状态存在的物料。具体来说，粉体是由大量的固体颗粒及其相互之间的空隙所构成的集合体，如食品中的面粉、豆浆粉、奶粉、咖啡、大米、小麦、大豆、食盐；自然界的河沙、土壤、尘埃、沙尘暴；工业产品的火药、水泥、颜料、药品、化肥等，这些物质按照该学科的分类都属于粉体。它们的共同特征是：比表面积比较大，由许多大小不同的颗粒状物质所组成，颗粒与颗粒之间存在空隙。

1.1 粉体的基本概念

1.1.1 粉体的尺寸

根据颗粒尺寸的大小，常区分为一般颗粒（particle）、微米颗粒（microparticle）、亚微米颗粒（sub-microparticle）、超微颗粒（ultramicroparticle）、纳米颗粒（nano-particle）等。这些术语之间有一定区别，目前正在建立相应的标准进行界定。通常作为粉体学研究的对象，颗粒的尺寸为 $10^{-6}\sim10^{-3}$m；而纳米材料研究的对象，颗粒的尺寸是 $10^{-9}\sim10^{-7}$m。

随着科学技术不断发展，颗粒的制备技术不断地从毫米走入微米，从微米走入纳米。即使还不知道颗粒微细化的终点到哪里，但确实在不断逼近分子水平。20 世纪 90 年代初，化学家关注的由 60 个碳原子组成的 32 面体的原子群等，一方面是分子簇，另一方面可以看到呈现具有粉体颗粒特性的状态。可以说人类的操作能力已进入分子和颗粒连续的时代。

广义上说，颗粒不仅限于固体颗粒，还有液体颗粒、气体颗粒。如空气中分散的水滴（雾、云），液体中分散的液滴（乳状液），液体中分散的气泡（泡沫），固体中分散的气孔等都可视为颗粒，它们都是“颗粒学”的研究对象。

从颗粒存在形式上来区分，颗粒有单颗粒和由单颗粒聚集而成的团聚颗粒，单颗粒的性质取决于构成颗粒的原子和分子种类及其结晶或结合状态，这种结合状态取决于物质生成的反应条件或生成过程。从化学组成来分，颗粒有同一物质组成的单质颗粒和多种物质组成的多质颗粒。多质颗粒又分为由多个多种单质微颗粒组成的非均质复合颗粒和多种物质固溶在一起的均质复合颗粒。从性能的关联度来考虑，原子、分子的相互作用决定了单颗粒与单颗粒之间的相互作用，决定了团聚颗粒或复合颗粒的特性；团聚与复合颗粒的集合决定了粉体的宏观特性，粉体的宏观特性又会影响其加工处理过程和产品的品质。

如上所述的物质既有像面粉那样的粉末，也有像大豆那样的颗粒物。那么，粉体的尺寸有没有一个尺寸界限呢？有人认为：小于 1000μm 的颗粒物为粉体，也有人以 100μm 为界，但到目前为止并没有形成共识。按照 Allen 和 Heywood 等人的观点：粉体没有确切的上限尺寸，但其尺寸相对于周围的空间而言应足够小。粉体是一个由多尺寸颗粒组成的集合体，只要这个集合体具备了粉体所具有的性质，其尺寸的界限并不重要。所以，尽管没有确切的上限尺寸，但并不影响人们对其性质的研究。

1.1.2 粉体的形态

粉体既具有固体的性质，也具有液体的性质，有时也具有气体的性质。对于它的固体性质，因为不管颗粒尺寸多么小，它终究是具有一定体积及一定形状的固体物质；至于其具有的液体性质，需要具备一定的条件，即粉体和某种流体形成一个两相体系，此时的两相流就具有了液体的性质，即这个两相流虽具有一定的体积，但其形状却取决于容器的形状，譬如自然界中的泥石流。如果这个两相流中的流体是气体的话，这个两相流中的粉体体积相对较小、粉体颗粒尺寸也比较小；或者说粉体弥散于气体介质中，此时的粉体就具有了气体性质，即这个两相流既没有一定的体积也没有一定的形状；而粉体随风飘荡，沙尘暴就是非常典型的一例。所以，有人把粉体说成是有别于气、液、固之外的第四态。由于粉体在形态上的特殊性，使之表现出一些与常规认识不同的奇异特性，如粮仓效应、巴西果效应、加压膨胀特性、崩塌现象、振动产生规则斑图现象、小尺寸效应等。

如果构成粉体的所有颗粒的尺寸和形状均相同，则称这种粉体为单分散粉体。在自然界中，单分散粉体尤其是超微单分散粉体极为罕见，目前只有用化学人工合成的方法可以制造出近似的单分散粉体。迄今为止，还没有利用机械的方法制造出单分散粉体的报道。大多数粉体都是由参差不齐的不同大小的颗粒所组成，而且形状也各异，这种粉体称为多分散粉体。

1.2 粉体制备技术发展简史

粉体一词最早出现于 20 世纪 50 年代初期，而粉体的应用历史则可追溯到新石器时代。史前人类已经懂得将植物的种子制成粉末食用。古代仕女用的化妆品也不乏脂粉一类的粉制品。粉体从古至今一直与人类的生产和生活有着十分紧密的关系，对粉体的认识、制备和应用已有几千年的历史。从食用的面粉到建筑材料、陶瓷原料、油墨、染料、涂料、医药等，粉体已广泛应用于人们的生产和生活中，其制备技术也随着科学技术的发展发生了巨大变化。

1.2.1 古代粉体制备工具

甘肃省大地湾遗址出土大量彩陶的同时，出土了沾有颜料的石斧，由此推测，先民们开始用石斧粉碎颜料矿物，还出土了上百件研磨石、研磨盘，可能是用于研磨彩陶颜料的成套工具。研磨石有圆形、圆锥形、椭圆柱形，均有一个光滑的研磨面，研磨盘形状多样，但都有一个凹陷的磨坑。古代逐步发展起来用于粉碎固体的石斧、石榉、石臼、石磨、石碾等石器，原材料易得，材质污染小，制造简单，使用方便，因而得以广泛应用，有些地方石臼、石磨、石碾等至今仍在使用。但石器不能用于粉碎硬度大的物料。古代铜器和铁器的出现，有助于粉碎硬度较大的物料。但生产效率仍较低，粉体粒度的可控性还较差。

1.2.1.1　杵臼

《周易·系辞》记载："断木为杵，掘地为臼"，其原理就是以木、土撞击，对谷物进行加工脱壳，当然这里的"掘地为臼"，不是随便"掘地"挖个坑，而是挑选坚硬的土质，经过加工处理，方能为"臼"。随着农业生产的进一步发展，粮食产量有所提高，生产力也随之不断进步，木杵土臼这种粮食加工工具，已经不适应人类生活发展的需要，因此，一种较为先进的粮食加工工具石杵臼应运而生。

在不断的生活实践和实际探索中，人们对杵臼的认识越来越深刻，在制作杵臼的选材上，已经从"掘地为臼"逐步发展到用石、铁、铜、玉等质料为臼，在加工方法上，已经由手持石杵撞击加工，改进为利用杠杆原理的脚踏石杵臼加工方法。

1.2.1.2　碓

碓是以木、石为材料做成的舂米器具。用于去掉稻壳的脚踏驱动的倾斜的锤子，落下时砸在石臼中，去掉稻谷的皮（"因延力借身重以践碓，而利十倍。"——《新论》）。

1.2.1.3　石碾

石碾是我国历史悠久的传统农业生产工具，用于使谷物等破碎、去皮或使场地、道路等变平，北方大部分地区麦黍等粮食脱壳、去皮时使用石碾子。碾子由碾台、碾盘、碾辊和碾架等组成。碾盘中心设竖轴，连接碾架，架中装碾辊，多以人推或畜拉、水力使石质碾盘进行圆周运动，依靠碾盘的重力对收获的颗粒状粮食进行破碎去壳等初步加工，通过碾辊在碾盘上的周转达到碾轧脱壳的目的。该生产工具是我国劳动人民在几千年的农业生产过程中逐步发展和完善的一种重要生产工具，至今在许多农村地区仍有使用。

1.2.1.4　石磨

石磨最初叫硙，汉代改称为磨。磨有人力的、畜力的和水力的。用水力作为动力的磨，大约发明于晋代。水磨的动力部分是一个卧式水轮，在轮的立轴上安装磨的上扇，流水冲动水轮带动磨转动，这种磨适合于安装在水的冲动力比较大的地方。假如水的冲动力比较小，但是水量比较大，可以安装另外一种形式的水磨。动力机械是一个立轮，在轮轴上安装一个齿轮，与磨轴下部平装的一个齿轮相衔接。水轮的转动是通过齿轮使磨转动的。这两种形式的水磨，构造比较简单，应用很广。

石磨是我国古代谷物加工中最重要的工具之一，它是社会生产力发展到一定阶段的产物。民间传说和文献记载石磨均为战国时期鲁班发明，但据考古发掘证明，早在新石器时代早期磨就已经存在。我们可将石磨的发展分为早、中、晚三个时期。

从战国到西汉为早期。这一时期的磨齿以洼坑为主流，坑的形状有长方形、圆形、三角形、枣核形等且形状多样极不规则。

从东汉到三国为中期。这一时期磨齿多样化，磨齿的形状为辐射分区斜线型，有四区型、六区型、八区型。

从西晋、隋唐至今为晚期。这一时期是石磨发展的成熟阶段，磨齿主流为八区斜线型，也有十区斜线型。石磨磨齿纯手工制作是一项专业性很强的复杂技术，其要具备合理、自然、科学的设计特征。

20世纪70年代，山西省平陆县利用当地的花岗岩资源，巧妙地将古老技术和现代化元素结合起来，创造出了用电动机驱动的石磨，具有固定和转动两部分，呈卧式结构，固定部分是在一长方形石头的一个长侧面上开出一个与转动部分相吻合的二分之一圆柱槽，转动部分制成圆柱体，中间凿孔穿入传动轴，二分之一圆柱石槽和转动圆柱相互接触区表面刻有类似古老石磨的花纹，加上相应的遮挡传动部分形成了古新结合的产物，曾风行一时。

1.2.2 古代粉体制备与应用技术

1.2.2.1 粉体用作建筑材料

公元前403～前221年的战国时代，出现用草拌黄泥浆筑墙，还用它在土墙上衬砌墙面砖。在我国建筑史上，“白灰面”很早就被淘汰，而黄泥浆和草拌黄泥浆作为胶凝材料则一直沿用到近代社会。

在公元5世纪的南北朝时期，出现了一种名叫“三合土”的建筑材料，它由石灰、黏土和细沙所组成。到明代，出现石灰、陶粉和碎石组成的“三合土”。在清代，除石灰、黏土和细沙组成的“三合土”外，还有石灰、炉渣和沙子组成的“三合土”。清代《宫式石桥做法》一书中对“三合土”的配备进行了说明，灰土即石灰与黄土的混合，所谓“三合土即灰土按四六掺合，石灰四成，黄土六成”。以现代人眼光看，“三合土”就是以石灰与黄土或其他火山灰质材料作为胶凝材料，以细沙、碎石和炉渣作为填料的混凝土。“三合土”与罗马的三组分砂浆，即“罗马砂浆”有许多类似之处。“三合土”自问世后一般用于地面、屋面、房基和地面垫层。“三合土”经夯实后不仅具有较高的强度，还有较好的防水性，在清代还将它用于夯筑水坝。

在欧洲大陆采用“罗马砂浆”的时候，遥远的东方古国——中国也在采用类似“罗马砂浆”的“三合土”，这是一个很有趣的历史巧合。

我国古代建筑胶凝材料发展中一个鲜明的特点是采用石灰掺有机物的胶凝材料，如“石灰-糯米”、“石灰-桐油”、“石灰-血料”、“石灰-白芨”以及“石灰-糯米-明矾”等。另外，在使用“三合土”时，掺入糯米和血料等有机物。秦代修筑长城中，采用糯米汁砌筑砖石。考古发现，南北朝时期的河南邓县的画像砖墙是用含有淀粉的胶凝材料衬砌的。

中国历史悠久，在人类文明创造过程中取得过辉煌成就，为人类进步做出了重要贡献。英国著名科学家、史学家李约瑟在《中国科学技术史》一书中写道：“在公元3世纪到13世纪之间，中国保持着西方国家所望尘莫及的科学知识水平”；“中国的那些发明和发现远远超过同时代的欧洲，特别是在15世纪之前更是如此”。不难看出，中国古代建筑胶凝材料发展的过程是从“白灰面”和黄泥浆起步，发展到石灰和“三合土”，进而发展到石灰掺有机物的胶凝材料。

然而，近几个世纪以来，中国的发展落后于西方，尤其是到清朝乾隆年间末期，即18世纪末期以后，科学技术与西方差距越来越大。中国古代建筑胶凝材料的发展，到达石灰掺有机物的胶凝材料阶段后就停滞不前。西方古代建筑胶凝材料则在“罗马砂浆”的基础上继续发展，朝着现代水泥的方向不断提高，最终发明了水泥。

1.2.2.2 粉体用于制造陶瓷

夹砂陶：新石器时代人们在制造陶器时，用陶土（一种黏土，含铁量一般在3%以上）作为原料，并掺入石英、长石等砂质粉体，以增强陶土的成型性能，降低陶坯在火烧过程中的收缩率，改善所烧出陶器的耐热急变性能，提高成品率和陶器耐用性。这种陶器称为夹砂陶。

彩绘陶：将陶器烧成后再行彩绘的陶器称为彩绘陶。所用的绘彩颜料为矿物粉体，并添加胶质物，使颜料贴附到陶器表面。1978 年，在甘肃省天水市秦安县大地湾遗址出土的大地湾文化时期的白色彩绘陶，先用淘洗过的陶土烧制成细泥，再把含有较多方解石的“料姜石”烧熟后研磨成白色颜料粉，绘在陶器表面上。在陕西省西安市的秦始皇陵出土的彩绘陶兵马俑，用朱砂、铅丹、赤铁矿、蓝铜矿、孔雀石、雌黄、白铅等矿物粉体作为颜料进行彩绘。其中，1975 年发掘的秦始皇陵兵马俑一号坑中有陶俑、陶马 6000 余件，形同真人、真马，色彩以大红大绿为主，有朱红、枣红、玫瑰红、橘红、粉红、紫红、粉紫、深绿、粉绿、天蓝、深蓝、珠宝蓝、杏黄、土黄、粉白等 10 多种颜色。

彩陶：将陶坯先彩绘再行焙烧的陶器称为彩陶。陶坯制成后在上面彩绘，一般以赤铁矿作为红色颜料，以软锰矿作为黑色颜料。将颜料矿物砸碎，研磨成粉，加水调和成颜料浆，使用类似毛笔的工具，在陶坯表面绘制各种图案。坯体绘彩后，有的用卵石等工具反复滚压、打磨，使陶坯表面质地致密、光洁细腻并且颜料嵌入坯表，牢固地附着在坯体上，使之成为坯表的有机组成部分而不致脱落，然后装入窑，用氧化性火焰经 900～1100℃焙烧，便在橙红的底色上呈现出红、褐、黑等颜色的图案，并且颜料由于发生化学变化而与陶坯融为一体。

釉陶：施以低温釉的陶器称为釉陶。将长石、石英、大理石、石灰等粉体掺入黏土并加水调配成釉料，涂覆于坯体表面，经一定温度焙烧而熔融，冷却后就形成一薄层玻璃态的釉。按颜色区分，有绿釉、褐釉、黄釉、黑釉等。釉提高了陶器的机械强度和热稳定性，并可防止液体渗透和气体侵蚀，釉还具有使陶器更为美观、便于洗拭、不被尘土黏染等作用。我国商代出现原始釉陶。春秋战国时期出现的铅釉陶器，以铅黄作为基本助熔剂，用 Cu 和 Fe 的化合物作为呈色剂，在氧化性气氛中焙烧，呈现出翠绿、黄褐和棕红色，釉层清澈透明，釉面光泽平滑。唐代烧制闻名于世的“唐三彩”以黄、褐、绿三色为主的绚丽多彩的彩色釉陶，先用白色黏土（经挑选、舂捣、淘洗、沉淀、晾干等处理）作坯料，经 1000～1100℃素烧，再用含有 Fe_2O_3、CuO、CoO、MnO_2 等的矿物作为着色剂，用铅黄作为助熔剂配成釉料，涂覆后，经 900℃釉烧而制成。在窑内釉烧时，各种金属氧化物熔融、扩散、任意流动，形成斑驳灿烂的多彩釉，有黄、绿、褐、蓝、紫、黑、白等颜色，造型有动物、器皿、人物。

瓷器：我国早在东汉时期就已成功烧制瓷器，是用高岭土作坯料，施釉后经 1300℃高温焙烧而成，此技术比欧洲领先约 1700 年。所用的高岭土因最早出产于江西景德镇东乡高岭村而得名，又称瓷土、瓷石，其主要矿物为高岭石，含铁量一般在 3%以下，粉体粒径小于 2μm，是长石类岩石经长期风化和地质作用而形成的。瓷器的釉料品种很多，其中以颜色釉为主，是在釉料中加入金属氧化物粉体颜料而成的。唐代盛行蓝釉，宋代有影青、粉青、定红、紫钧、黑釉等，明代宣德年间尤以青花瓷闻名，是以氧化钴粉作为呈色剂，在坯体上进行纹饰绘制后，再施以透明釉，入窑一次烧制成高温釉下彩瓷器，清代乾隆年间，景德镇已有各种颜色釉 60 多种。

1.2.2.3 粉体用于制墨和印染

出土于河南省安阳市殷墟的距今 3300 年的约 15 万片甲骨上，有黑色和红色的字迹 4500 个，经化验黑色是碳素单质，红色是朱砂。出土于湖北省云梦县睡虎地秦墓（战国末期至秦代的墓葬群）的墨丸，为最早出土的一块墨丸，是用碳素单质（煤、烟炱）与动物胶调和而成的。出土于河北省保定市望都汉墓的松塔形墨丸，黑腻如漆，烟细胶清，手感轻而致密，埋藏 1800 余年仍不龟裂。

在布料印染方面，我国古代最初用赤铁矿粉染红色，后来用朱砂；用石英和铅黄染黄色；用铜矿石染青色；用白云母和白铅染白色；用炭黑染黑色。

1.2.3 现代粉体制备技术与设备

随着科学技术的发展，新设备、新工艺的出现，以及粉体不同的用途，对现代粉体制备技术提出了一系列严格要求：产品粒度细，而且产品的粒度分布范围要窄；产品纯度高，无污染；能耗低，产量高，产出率高，生产成本低；工艺简单连续，自动化程度高；生产安全可靠。

制备方法可为机械粉碎法、物理法和化学法。机械粉碎法是借用各种外力，如机械力、流动力、化学能、声能、热能等使现有的块状物料粉碎成超细粉体，简单地表述为由大至小的制备方法。物理法是通过物质的物理状态变化来生成粉体，简单地表述为由小至大的制备方法。化学法主要包括溶液反应法（沉淀法）、水解法、气相反应法及喷雾法等，其中溶液反应法（沉淀法）、气相反应法及喷雾法目前在工业上已大规模用于制备微米、亚微米及纳米材料。

目前，工业中用得最多的是通过粉碎法来制备粉体材料。对不同的粉体产品生产，每一道工序都必须配置具有相应功能的设备，从而形成了庞杂的粉体加工车间。

1.2.3.1 传统的粉碎机械

粉体加工机械是应用机械力对固体物料进行粉碎作业，使之变为小块、细粒或粉末的机械。常见的机械粉碎方法有压碎、劈碎、折碎、磨碎、击碎等，而超细粉碎则要通过对物料的冲击、碰撞、剪切、研磨、分散等手段而实现。传统粉碎中的挤压粉碎方法不能用于超细粉碎，否则会产生造粒效果。由于粉碎方法的不同，也使得传统的粉碎设备和超细粉碎设备有所不同，下面介绍一些典型设备。破碎机械根据结构和工作原理的不同可分为下列几种类型。

(1) 颚式破碎机　由于活动颚板对固定颚板作周期性的往复运动，物料在两颚板之间被压碎，适用于粗、中碎硬质料或中硬质料。

(2) 圆锥式破碎机　外锥体固定，内锥体被安装在偏心轴套里的立轴带动进行偏心回转，物料在两锥体之间受到压力与弯曲力而被破碎，适用于粗、中、细碎硬质料或中硬质料。

(3) 锤式破碎机　物料被快速旋转的锤子所击碎，锤子悬挂在转子上，由转子带动，适用于中、细碎硬质料或中硬质料。

(4) 反击式破碎机　物料被快速旋转的转子上刚性固定的打击板打碎，并且撞击到反击板上进一步被破碎，适用于中、细碎硬质料或中硬质料。

(5) 辊式破碎机　物料在两个作相互旋转的辊筒之间被压碎，适用于中、细碎硬质料及软质料。

1.2.3.2 传统的粉磨机械

由于粉碎方法的不同，而且被处理物料的性质也差异很大。为了满足需要，按结构和工作原理的不同，粉磨机械可分为下列类型。

(1) 笼式破碎机　它利用快速旋转的笼子对物料进行冲击粉碎，适用于细碎和粗磨脆性及软质材料，一般在玻璃工业中应用比较多。

(2) 球磨机　物料与研磨体在旋转的筒体中，由于研磨体被筒体带起，然后从一定的高度下落，能将物料击碎和磨碎，适用于粗、细磨硬质料和磨蚀性料。

(3) 立式磨　磨辊受到弹簧的作用紧压在旋转磨盘上，物料即在磨盘及磨辊之间被压、研碎，然后被空气带走。适用于细磨软、中硬质料。

(4) 辊压机　物料在一对相向转动的轧辊中被压碾碎，平滑高压轧辊的直径是长度的3倍。一个轧辊具有固定可调底座，粉碎所需的压力由液压系统施加于另一个轧辊上，轧辊通过万向轴由安装在轴上的行星减速装置驱动，物料从漏斗喂入两个轧辊的缝隙中，被压出来的物料呈片状，压片中含有粗粒和细粒，所以必须通过二次粉磨把压片松散开。适用于粗磨和细磨脆性物料。

(5) 振动磨机　振动磨是利用圆筒的高频振动，筒中的钢球或钢棒介质依靠惯性力冲击物料，介质冲击物料时的加速度可达$10g\sim15g$，因此具有结构紧凑、体积小、重量轻、能耗低、产量高、粉磨粒度集中、流程简化、操作简单、维修方便、衬板介质更换容易等优点，可广泛用于冶金、建材、矿山、耐火、化工、玻璃、陶瓷、石墨等行业制粉。

(6) 搅拌磨机　搅拌磨是超细粉碎机中最有发展前途而且是能量利用率最高的一种超细粉磨设备，它与普通球磨机在机理上的不同点是：搅拌磨的输入功率直接高速推动研磨介质来达到磨细物料的目的。搅拌磨内置搅拌器，搅拌器的高速回转使研磨介质和物料在整个筒体内不规则地翻滚，产生不规则运动，使研磨介质之间产生相互撞击和研磨的双重作用，致使物料磨得很细并得到均匀分散的良好效果。

(7) 行星磨机　行星式球磨机是针对粉碎、研磨、分散金属、非金属、有机类、中草药等粉体进行设计的，特别适合实验室研究使用，其工作原理是利用磨料与试料在研磨罐内高速翻滚，对物料产生强力剪切、冲击、碾压达到粉碎、研磨、分散、乳化物料的目的。

(8) 锤击磨　物料被高速旋转的锤头击碎，锤头自由地悬挂或固定在转盘上，击碎后的物料被下面的空气带走。若使用热空气时，还可以同时进行物料的干燥。适用于细碎和粗磨软、中硬质料。

(9) 自磨机　又称无介质磨机，它基本上不用研磨体，物料在旋转筒体中被带起，然后从一定高度下落，物料相互间产生连续不断的碰撞而被击碎和磨碎。适用于细碎、粗、细磨中硬质料和硬质料。

(10) 气流磨机　气流磨作为超细粉碎的一种重要设备，广泛应用于非金属矿物及化工原料的超细粉碎，产品粒度上限取决于混合气流中的固体含量，与单位能耗成反比。气流粉碎产品除粒度细以外，还具有粒度分布窄、颗粒表面光滑、颗粒形状规则及纯度高、活性大、分散性好等特点。

1.2.3.3 超细粉体制备设备

在物料细微状态下，其物理及化学性质均会有明显的变化并出现许多优良性能。由于超细粉体粒度细、表面积大、分布均匀而且缺陷小，大大加快化学反应的速度，充分释放可燃性固体物料所含的能量，使药品的生化作用更加有效，使涂料、油墨的色彩更亮泽，使涂料黏合更为牢固等等。为了利用这些特殊的性能，现代化工、电子技术等对其所用物料的细度提出了更高要求，因此，超细粉碎技术应运而生。从20世纪40年代开始国外就开始注重以超细粉碎、分级及改性为基础的粉体深加工技术。目前，国外的超细粉碎设备已经可以加工颗粒粒度为0.5～10μm任意窄级别的粉体。超细粉碎通过对物料的冲击、碰撞、剪切、研磨、分散等手段而实现。超细粉碎设备按不同的粉碎方式可分为：机械冲击式粉碎机、振动磨、搅拌磨、气流粉碎机等。

(1) 机械超细粉碎机

① 搅拌球磨机。超细粉碎机中最有发展前途，而且能量利用率最高的一种超细粉碎

设备。

② 高速冲击式粉碎机。按转子的布置方式和锤头的个数、形式分为多种，其特点是粉碎效率高、粉碎比大、结构简单、运转稳定，适合于中、软硬度物料的粉碎，广泛应用于矿业、化工、建材、食品、药物等行业。

(2) 气流式超细粉碎机

① 圆盘式气流粉碎机。该气流粉碎机的腔体呈圆盘状而得名，圆周上的多个气流入口与固定的喷射环管成一定角度，使喷射气流所产生的旋转涡流既能使粒子得到良好的冲撞、摩擦，又能在离心力的作用下达到分级的目的。喷嘴喷射出来的空气的膨胀作用能降低粉碎室的温度。

② O形环气流粉碎机。原料由文丘里喷嘴加入粉碎区，气流经一组喷嘴喷入不等径变曲率的O形循环管式粉碎室，并加速颗粒使之相互冲击、碰撞、摩擦而粉碎。同时旋流还带动被粉碎的颗粒沿上行管向上运动进入分级区，在分级区离心力场的作用下，使密集的料流分流，细粒在内层经百叶窗式惯性分级器分级后排出，即为产品；粗粒在外层沿下行管返回继续循环粉碎。

③ 冲击靶式气流粉碎机。压缩空气从下部空气管送入，为了达到强制给料的目的，右上方安装有螺旋加料器，空气和物料在混合室内混合并以超音速与冲击板相冲击，从而将颗粒粉碎。气流连续喷射，颗粒经过一次冲击之后进入上升管，并在湍流作用下相互间撞击摩擦，从而达到超微粉碎的目的。

④ 对撞式气流粉碎机。它利用两股相对运动的高速气流夹带着颗粒对撞在一起，从而达到粉碎的目的。颗粒之间在混合气流作用下无规则的碰撞中向低压区移动，大量的混合粉体经连通管向上移动。细粉从上部排出；粗粉向下落，并在二次空气的夹带下通过料管重新进入粉碎区。

(3) 气力超细分级典型设备

① 离心转子式分级机。分级设备中的主导产品，现有多家公司生产，其关键部件略有不同。分级机工作部件主要是一高速旋转的转子，当气固两相流通过转子间隙由外向内运动时，颗粒在离心力场作高速旋转。较大的颗粒在强大离心力的作用下，被抛向器壁而失去动能，并在重力作用下，由排料口排出；较小的颗粒则在气体黏滞力的作用下，随气流向转子内部运动，成为产品而由出料口排出。

② 多次分散超微粉分级机。针对微细粉体的精密分级，在传统转子式分级机的基础上发展了带有多次分散风的分级机，这是一种切割粒径小至1μm的精密分级机。原料在一次空气的夹带下切向进入转子分级区域，沿器壁流动的同时被径向三次风吹散，空气与合格的细粉经过叶轮和细颗粒出口作为产品而收集；粗颗粒和团聚颗粒在下落的过程中，通过一个导向叶片环被分级区底部切向导入的二次空气再次分散。其处理能力为50～1500kg/h，空气耗量为15～150m^3/min，转子转速为800～2300r/min。

③ 多转子微粉分级机。由上部多个转子构成的分级腔和底部分散装置组成的大处理量分级机，原料在分级机的底部被流化分散，然后被上升气流带入分级区。细粉通过转子叶片后在上部提出，进入收集器。粗粉及团聚颗粒在下落过程中，与切向导入的二次气流相遇再次分散后，通过底部的出口阀卸出。该机专门为高细度、大处理量的分级过程而设计。其能力为1～6t/h，空气耗量为15～600m^3/min，转子的转速为300～2300r/min。分级切割粒径为5～15μm。

④ DS型分级机。一种无转子的半自由涡式分级机，含有微细颗粒的两相流，在负压的作用下旋转进入分级机。经沿上部筒体壁旋转分离后，部分空气和微粉通过插入管离开分级

机；剩余部分需要进一步分级的物料，通过中心锥体进入到分级区。由于离心力的作用被分成粗粉和细粉。二次空气经过可调整角度的叶片进入分级室，以使颗粒充分分散，提高其分级效率。粗粉经过环形通道进入卸料仓，细粉从中心锥体下部排出机外。还有其他几种形式，如SPC型涡轮分级机等。

1.2.3.4 粉体制备技术的发展方向

近20年来，为了满足“节能降耗”与“资源有效利用”的要求，粉体加工设备技术不断进步，主要体现在四个方面：从常规设计向优势设计的进化；粉体设备技术数字化；耐磨材料的多样化；设备功能组合的个性化。

（1）粉体加工设备从常规设计向优化设计进化　所谓“常规设计”，就是按照已有的知识和规划，进行一般机器的设计。

（2）粉体设备技术数字化　“数字化”是提高粉体加工设备技术水平的有效途径之一，它综合运用信息技术、计算机技术及控制技术的方法与成果，与粉体加工设备的设计、制造、模拟实验、运行相结合，更利于达到优化功能、提高性能和节省制造成本与运行费用的目的。

（3）抗磨技术与耐磨材料的多样化　抗磨技术与耐磨材料是摩擦学与材料工程所研究的问题，也是粉体加工设备发展所必须面对的问题。

（4）粉体加工设备功能的个性化　粉体加工设备的功能，不同于通常的制造业，其个性化要求高得多。特别是近20年来，功能个性化的趋势日益明显，除了受粉体加工原料与产品的多变性影响之外，还有一个市场争夺的因素。

1.2.3.5 存在的问题及需要重视的方面

随着高新技术和新材料产业的发展，对超细粉体产品粒度、纯度及粒度分布等各项精度要求也相应提高，其技术发展和工业化应用将进一步促进经济发展，同时又面临着节约能源、保护自然环境等可持续发展战略的严峻挑战，超细粉碎技术面临的问题也越来越多。为了满足今后社会生产的需要，在今后超细粉碎技术研究中应注重以下方面：

① 加强粉碎与超细粉碎基础理论的研究。

② 在深入研究超细粉碎理论和技术的基础上，注重学科交叉，积极借鉴其他学科知识。

③ 加强超细粉碎过程中的机械化学研究。

④ 改进现有超细粉碎设备，发展新型设备。

⑤ 寻求解决超细粉碎过程中磨损的有效途径。

⑥ 加强专用设备的研究，特别是超细粉碎设备，如有形状（球形、片状等）等特殊要求的粉体加工设备等。

⑦ 注重粉碎与分级的有机结合。

⑧ 粉碎是一个概率过程，其产物具有一定的粒度分布。应加强超细粉碎粒子的在线测试、监控及其相应监测仪器设备的研究。

⑨ 超细粒子的分散是制备高性能复合材料的基础，研究超微细粉的团聚机理、探索消除硬团聚的有效途径，将有助于制备纳米相均匀的纳米复合材料，充分发挥其性能。

⑩ 粉体特别是纳米粉体的表面改性在粉体制备和性能优化方面也具有十分重要的意义。为此，应加强改性机理的研究，针对改性需要研究改性的方法、技术、测试手段及其相应仪器设备。

1.2.4 现代粉体用途与应用领域

当今人们的衣、食、住、行生活中，国民经济的各行各业，无不与粉体密切相关，新材料、新能源、新工艺等领域的高新技术无不渗透着粉体的贡献，它的应用遍及材料、冶金、化学工程、矿业、机械、建筑、食品、医药、能源、电子及环境工程等诸多领域。

(1) 无机非金属材料工业　水泥、陶瓷、玻璃和窑业原料的粉碎、烧成和烧结、水硬性、研磨性，玻璃和陶瓷的特性，电极、反应容器等碳素制品的特性。

(2) 冶金和金属工艺学　粉末冶金、硬质合金、金属陶瓷、淬火和调质合金，选矿（包括浮选）的各种问题，团矿的各种问题，流动焙烧，自熔冶炼，高炉焦炭的强度和反应性，铸造的型砂、金属的塑性加工和组织结构，金属的表面处理，金属的腐蚀等问题。

(3) 颜料和感光剂工业　颜料和感光剂是在光、放射线、电场、磁场压力等条件下，表面出现独特性质的材料。其研究和生产领域涉及颜料的色调和涂附层的特性，照相乳剂、电子照相感光层、感压纸材料、感热材料、粉末系荧光体和涂层的特性、磁性录音、录像带等。

(4) 电化学和部分无机化学工业　主要涉及电池类的活性物质、碳素电极、拜耳法氧化铝的结晶特性、煅烧问题、固体肥料的固结问题等。

(5) 原子能和能源工业　主要涉及原子炉的陶瓷燃烧及石墨、氧化铍等高密度烧结材料、反射材料、由泥浆燃料的热引起周期性变形、固体燃料的着火性、粉尘的爆炸、固体炸药的特性、烧结、涡轮叶片等。

(6) 石油化学、高分子化学、有机精密化学工业　主要涉及各种固体催化剂的活性，流动催化剂层，乳剂、悬浮剂的分散聚合，橡胶或塑料的填充材料和配合剂，塑料的球晶化、纤维化，医药、农药的粉末性和造粒。

(7) 电子学　主要涉及集成电路的制造和分子加工、缺陷控制技术、磁芯、铁素体、烧结电阻体、退磁器、碳晶电极、电视机显像管的微粒子光电面等。

粉体的用途见表 1-1。

表 1-1　粉体的用途

行业	用　途
农业	粮食加工、化肥、粉剂农药、饲料
矿业	矿石的粉碎研磨、非金属矿物加工、低品位矿物利用
冶金	粉末冶金、冶金原料处理、冶金废渣利用、硬质合金生产
橡胶	固体填料、补强材料、废旧橡胶制品的再生利用
塑料	塑料原料制备、增强填料、粉末塑料制品、塑料喷涂
造纸	造纸填料、涂布造纸用超细料浆、纤维状增强填料
印刷	油墨生产、喷墨打印墨汁、激光打印机的碳粉
能源	煤粉、水煤浆、粉煤灰利用
医药	粉剂、注射剂、中药精细化、定向药物载体、喷雾施药
建材	水泥生产、建筑陶瓷生产、复合木质板材、涂料
机械	微粉磨料、铸造用砂、固体润滑剂

1.2.5 纳米粉体用途与应用领域

1.2.5.1 在半导体中的应用

当前微处理器已达到550 万个晶体管的集成度、600MHz 的频率和 0.18 的线宽，但仍不能满足技术发展的需要。例如，2011 年微处理器已达到 10 亿个晶体管的集成度、10GHz

的频率和0.07的线宽，这使以硅为主要材料的超大规模集成电路（VLSI）的工艺和原理已达到极限，继续发展必须寻求工艺和技术突破，其途径之一为“光电集成”，在硅电路中用光连接取代电连接。然而，大块的硅或锗的发光效率很低，且发光波段在近红外，不适合“光电集成”。寻求一种有效产生光发射的硅基材料已成为材料科学的热点之一。半导体纳米材料在可见光区具有较高的发光效率，发光波段与发光效率可由纳米材料的尺寸加以控制。因此，多孔硅中的量子点结构、二元半导体化合物中的嵌埋结构及半导体超晶格材料，在光纤通信和光探测器方面有广泛应用。

1.2.5.2 在磁性材料中的应用

纳米磁性材料包括纳米磁粉材料、纳米磁膜材料和纳米磁性液体。在铁磁质纳米磁性材料中，存在磁单畴结构，具有超顺磁性，即纳米结构的尺寸小于磁单畴的临界尺寸时，纳米结构中的原子磁矩有序化，具有顺磁质的特性；而在无外场时，对任何一个方向都不显磁性。加外磁场后，形成磁矩有序化，形成过程不是瞬时的，而有一个弛豫时间。超顺磁性材料，矫顽力远比普通材料大，对高密度磁记录元件十分重要。

1.2.5.3 在催化剂领域应用

纳米粒子表面积大、表面活性中心多，为催化剂提供了必要条件。目前纳米粉材如铂黑、银、氧化铝和氧化铁等广泛用于高分子聚合物氧化、还原及合成反应的催化剂。如用纳米镍粉作为火箭固体燃料反应催化剂，燃烧效率提高100倍；以粒度小于100nm的镍和铜-锌合金的纳米材料为主要成分制成加氢催化剂，可使有机物的氢化率达到传统镍催化剂的10倍；用纳米TiO_2制成光催化剂具有很强的氧化还原能力，可分解废水中的卤代烃、有机酸、酚、硝基芳烃、取代苯胺及空气中的甲醇、甲醛、丙酮等污染物。

1.2.5.4 在医药卫生行业的应用

药品颗粒小容易被人体吸收，使用纳米技术能使药品生产过程越来越精细，在纳米的尺度上直接利用原子、分子的排布制造具有特定功能的药品，纳米级粒子将使药物在人体内的传输更为方便，用数层纳米粒子包裹的智能药物进入人体后可主动搜索并攻击癌细胞或修补损伤组织；利用纳米技术制成纳米机器注入人体血管内，可对人体进行全身健康检查和治疗，吞噬病毒、杀死癌细胞、疏通脑血管中的血栓、清除心脏动脉脂肪沉积物、修复损坏器官，进行人体肢体再生、人体整容等；在人工器官表面涂上纳米粒子可预防移植后的排异反应，等等。

1.2.5.5 在军事上的应用

能有效吸收入射雷达波并使其散射衰减的一类功能材料称为雷达波吸收材料（简称吸波材料）。吸波材料的研究在国防上具有重大意义，这种“隐身材料”的发展和应用，是提高武器系统生存和空防能力的有效手段。纳米金属氧化物由于质量轻、厚度薄、颜色浅、吸波能力强等优点，成为吸波材料研究的热点。纳米微粉是一种非常有发展前途的新型军用雷达波吸收剂。例如，将纳米涂料涂在飞机上可以制造隐形飞机。

1.2.5.6 在电子工业中的应用

在电子领域，可以从阅读硬盘上读取信息的纳米级磁读卡机以及存储容量为目前芯片上千倍的纳米级存储器芯片都已投入生产。可以预见，未来以纳米技术为核心的计算机处理信息的速度将更快、效率将更高。利用纳米技术制造的分子逻辑器件的容量远远大于目前的微处理器和随机存取存储器芯片的容量，可实现通信瞬时化。采用纳米化材料后，计算机可以缩小成“掌上电脑”，体积将比现在的笔记本电脑小得多。

1.2.5.7 在化学工业中的应用

在化妆品方面，纳米微粒由于具有良好的黏附力和对紫外线的吸收功能，可制成抗掉色的口红、防灼的高级化妆品。例如，在化妆品中添加纳米 ZnO，既能屏蔽紫外线防晒，又能抗菌除臭。涂料方面，运用纳米技术可使涂料的许多指标大幅度提高，外墙涂料的耐洗刷性由 1 千多次提高到 1 万多次，老化时间延长两倍。例如，在涂料中添加纳米 SiO_2 可使其抗老化性能、光洁度及强度成倍提高；添加纳米 TiO_2 可制成杀菌、防污、除臭、自洁的抗菌防污涂料，用于房屋内墙涂饰。陶瓷方面，纳米 ZnO 可使陶瓷制品烧结温度降低 400～600℃，烧成品光亮如镜，加有纳米 ZnO 的陶瓷制品具有抗菌除臭和分解有机物的自洁作用。利用纳米碳管独特的孔状结构、大的比表面积、较高的机械强度做成纳米反应器，使化学反应在一个很小的范围内进行。

粉体的特性

颗粒的性质决定了粉体的性质，粉体学涉及的基本理论主要研究颗粒的体相性质（大小与分布、形状、比表面积、堆积特性、磁电热光等性质）。

2.1 粉体的几何性能

粉体颗粒是构成粉体的基本单位。粉体的诸多性质都由颗粒的大小、形状及分布状态所决定。颗粒的粒径（或粒度）是表征粉体所占空间范围的代表性尺寸。单个颗粒，常用粒径来表示几何尺寸的大小；对颗粒群，可用平均粒径、比表面积等表示。绝大多数颗粒群不可能是由同一粒径的粒子所组成的单分散系统，而是由不同粒度的颗粒组成的多分散系统。为此，对于颗粒群最重要的粒度特征是平均粒度和粒度分布。

2.1.1 单颗粒粒径大小的表示方法

球形颗粒的大小可用直径表示，立方体颗粒可用其棱长来表示，其他形状规则的颗粒可用适当的尺寸来表示。有些形状规则的颗粒可能需要一个以上的尺寸来表示其大小，如锥体需要用直径和高度表示，长方体需用长、宽、高来表示。

真正由规则球形颗粒构成的粉体颗粒并不多。对于不规则的非球形颗粒，是利用测定某些与颗粒大小有关的性质推导而来，并使之与线性量纲有关。常用如下方式来定义它们的大小和粒径。

2.1.1.1 三轴径

设一个颗粒以最大稳定度置于一个水平面上，此时颗粒的投影如图 2-1 所示。以颗粒的长度 l、宽度 b、高度 h 定义的粒度平均值称为三轴径。下面是几种不同意义的三轴径的计

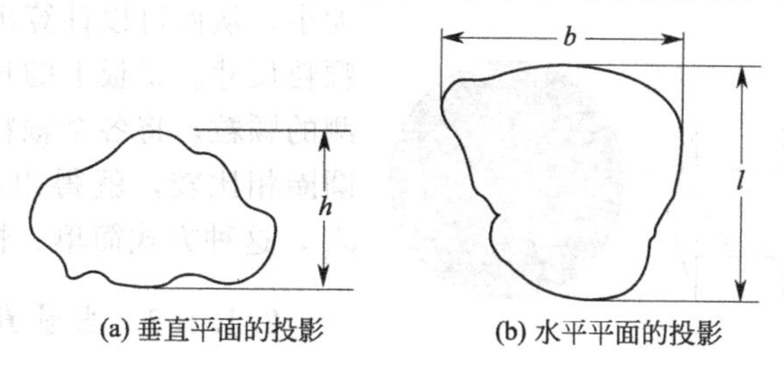

图 2-1 颗粒的投影图

算式。

算术三轴径：
$$d_{3a1}=\frac{l+b+h}{3} \tag{2-1}$$

调和三轴径：
$$d_{3a2}=\frac{3}{\frac{1}{l}+\frac{1}{b}+\frac{1}{h}} \tag{2-2}$$

几何三轴径：
$$d_{3a3}=\sqrt[3]{lbh} \tag{2-3}$$

表面几何三轴径：
$$d_{3a4}=\sqrt{\frac{2lb+2bh+2lh}{6}} \tag{2-4}$$

2.1.1.2 统计平均径

统计平均径是显微镜测定的一个术语。显微镜的线性目镜测微标尺如游丝测微标尺，将颗粒的投影面积分成面积大致相等的两部分。这个分界线在颗粒投影轮廓上截取的长度，称为“马丁直径” d_m。沿一定方向测量颗粒投影轮廓的两端相切的切线间的垂直距离，在一个固定方向上的投影长度，称为“弗雷特直径” d_f。如图 2-2 所示。

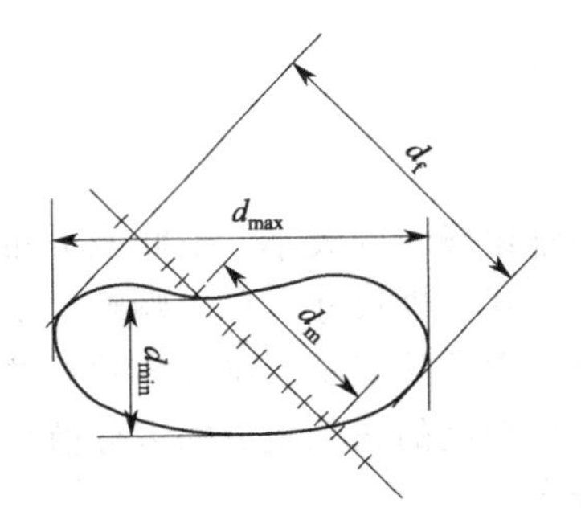

图 2-2 马丁直径和弗雷特直径

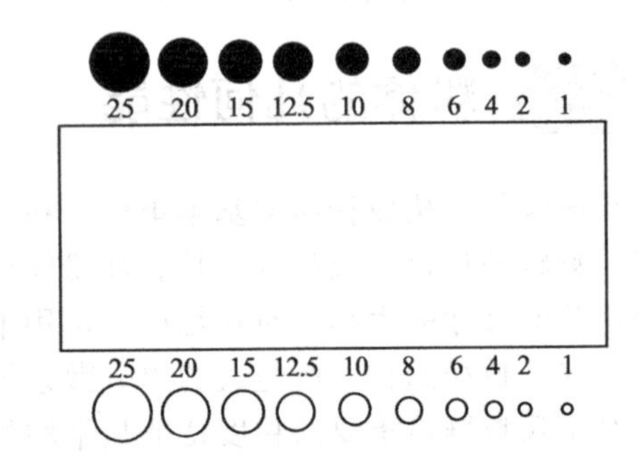

图 2-3 帕特森量板示意

显然，在显微镜下，一个不规则的颗粒的粒径 d_m 和 d_f 的大小均与颗粒取向有关。然而，当测量的颗粒数目很多时，因取向所引起的偏差大部分可以互相抵消，故所得到的统计平均粒径的平均值，还是能够比较准确地反映出了颗粒的真实大小。

还有一种表示颗粒统计平均粒径的方式，是用一个与颗粒投影面积大致相等的圆的直径来表示的，一般称为投影直径 d_p。为了测定颗粒直径，在显微镜目镜下的聚焦平面上，放置一块用玻璃板制成的量板，以取代线性目镜测微标尺。这种量板称为“帕特森量板”，如图 2-3 所示。量板上刻有直径由小到大排列的 10 个暗的和 10 个明的圆圈，其上的数字表示各圆圈的相对直径。利用显微镜物镜测微标尺，可以确定最小的那个圆圈所代表的直径大小，从而可以计算出其余各圆圈所代表的颗粒尺寸。量板上的长方形廓出了一部分待测的颗粒，将各个颗粒的投影面积与相应的圆圈相比较，就得出各个颗粒的投影直径 d_p。这种方式简单、快速，但准确性较差。

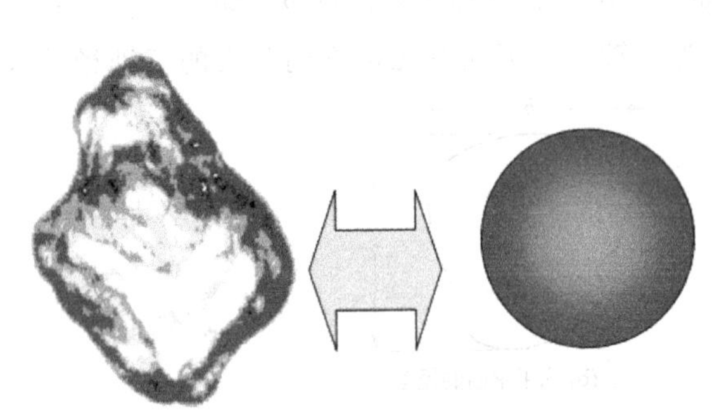

图 2-4 球当量径的示意

2.1.1.3 当量直径

“当量直径”是利用测定某些与颗粒大

小有关的性质推导而来，并使之与线性量纲有关。用得最多的是“球当量径”，如图 2-4 所示。假如某棱长为 1 的立方体，其体积等于直径为 1.24 的圆球体积，则 1.24 就是该颗粒的等体积球当量直径。类似地，还有等表面积球当量径。

从几何角度来看，球是最容易处理的，以球为基础，将不规则的颗粒看作相当的球，与颗粒具有相同体积的球直径称为等体积球当量径，计算公式：

$$d_V=\sqrt[3]{\frac{6}{\pi}V} \tag{2-5}$$

与颗粒具有相同表面积的球直径称为等表面积球当量径，计算公式：

$$d_S=\sqrt{\frac{S}{\pi}} \tag{2-6}$$

与颗粒具有相同比表面积的球直径称为等比表面积球当量径，计算公式：

$$d_{SV}=\frac{6V}{S}=\frac{6}{\frac{S}{V}}=\frac{6}{S_V}=\frac{d_V^3}{d_S^2} \tag{2-7}$$

对于薄片状的二维颗粒，常用与圆形颗粒相类比的方法，所得到的粒径称为投影圆当量径，常用的有等投影面积圆当量径和等周长圆当量径。与颗粒具有相同投影面积的圆直径称为等面积圆当量径，计算公式：

$$d_S=\sqrt{\frac{4a}{\pi}} \tag{2-8}$$

与颗粒具有相同投影周长的圆直径称为等周长圆当量径，计算公式：

$$d_S=\frac{l}{\pi} \tag{2-9}$$

2.1.2 颗粒形状

绝大多数粉体颗粒都不是球形对称的，颗粒的形状影响粉体的流动性、包装性能、颗粒与流体相互作用以及涂料的覆盖能力等性能。所以严格地说，所测得的粒径，只是一种定性的表示。如果除了粒径大小外，还能给出颗粒形状的某一指标，那么就能较全面地反映出颗粒的真实形象。常用各种形状因数来表示颗粒的形状特征。

2.1.2.1 颗粒的扁平度和伸长度

一个不规则的颗粒放在一平面上（例如，放在显微镜的载玻片上），一般的情形是颗粒的最大投影面与支承平面相黏合。此时，颗粒具有最大的稳定度。如图 2-1 所示，扁平度为短径 b 与厚度 h 之比，伸长度为长径 l 与短径 b 之比，计算公式：

$$m=\frac{b}{h} \tag{2-10}$$

$$n=\frac{l}{b} \tag{2-11}$$

2.1.2.2 表面积形状因数和体积形状因数

不管颗粒形状如何，只要它是没有孔隙的，它的表面积就一定正比于颗粒的某一特征尺寸的平方，其体积正比于这一尺寸的立方。如果用 d 代表这一特征尺寸，那么有：

表面积形状因数：

$$\varphi_S=\frac{S}{d^2}=\frac{\pi d_S^2}{d^2} \tag{2-12}$$

体积形状因数：

$$\varphi_V = \frac{V}{d^3} = \frac{\pi d_V^3}{6d^3} \tag{2-13}$$

φ_S 和 φ_V 分别称为颗粒的表面积形状因数和体积形状因数。显然，对于球形对称颗粒 $\varphi_S = \pi$、$\varphi_V = \frac{\pi}{6}$。各种不规则形状的颗粒，其 φ_S 和 φ_V 值如表 2-1 所示。

表 2-1　各种形状颗粒的 φ_S 和 φ_V 值

各种形状的颗粒	φ_S	φ_V
球形颗粒	π	π/6
圆形颗粒(水冲蚀的沙子、溶凝的烟道灰和雾化的金属粉末颗粒)	2.7～3.4	0.32～0.41
带棱的颗粒(粉碎的煤粉、石灰石和沙子等粉体物料)	2.5～3.2	0.20～0.28
薄片状颗粒(滑石、石膏等)	2.0～2.8	0.12～0.10
极薄的片状颗粒(如云母、石墨等)	1.6～1.7	0.01～0.03

2.1.2.3　球形度 ϕ_c

球形度 ϕ_c 是一个应用较广泛的形状因数，其定义是：一个与待测颗粒体积相等的球形颗粒的表面积与该颗粒的表面积之比。

表 2-2 为理论计算的一部分形状规则的颗粒的球形度值和少数几种物料的实测球形度值。

表 2-2　各种颗粒的球形度

颗粒形状或物料名称	球形度	颗粒形状或物料名称	球形度
球形颗粒	1.000	圆盘体 $h=r$	0.827
八面体	0.847	$h=r/3$	0.594
正方体	0.806	$h=r/10$	0.323
长方体 $L\times L\times 2L$(L 为单边长)	0.767	天然煤粉	0.650
$L\times 2L\times 2L$	0.761	粉碎煤粉	0.730
$L\times 2L\times 3L$	0.725	粉碎玻璃	0.650
圆柱体 $h=3r$(h 为高度，r 为半径)	0.860	参差不齐的燧石砂	0.650
$h=10r$	0.691	参差不齐的片状燧石砂	0.430
$h=20r$	0.580	接近于球体的渥太华砂	0.95

2.1.3　颗粒群的平均粒径

在粉体粒度的测定中，采用各式各样的平均粒径，来定量地表达颗粒群的粒度大小。本节简单介绍一些在工程技术上经常采用的平均粒径。设：

颗粒群粒径分别为 d_1、d_2、d_3、d_4、…、d_i、…、d_n；

相对应的颗粒个数为 n_1、n_2、n_3、n_4、…、n_i、…、n_n；总个数 $N=\sum n_i$；

相对应的颗粒质量为 w_1、w_2、w_3、w_4、…、w_i、…、w_n，总质量 $W=\sum w_i$。

以颗粒个数为基准和质量为基准的平均粒径计算公式如下。

个数长度平均径：

$$D_{nL} = \frac{\sum(nd)}{\sum n} \tag{2-14}$$

$$D_{nL} = \frac{\sum(w/d^2)}{\sum(w/d^3)} \tag{2-15}$$

长度表面积平均径：

$$D_{LS}=\frac{\sum(nd^2)}{\sum(nd)} \tag{2-16}$$

$$D_{LS}=\frac{\sum(w/d)}{\sum(w/d^2)} \tag{2-17}$$

表面积体积平均径

$$D_{SV}=\frac{\sum(nd^3)}{\sum(nd^2)} \tag{2-18}$$

$$D_{SV}=\frac{\sum w}{\sum(w/d)} \tag{2-19}$$

体积四次矩平均径

$$D_{Vm}=\frac{\sum(nd^4)}{\sum(nd^3)} \tag{2-20}$$

$$D_{Vm}=\frac{\sum(w/d)}{\sum w} \tag{2-21}$$

个数表面积平均径

$$D_{nS}=\sqrt{\frac{\sum(nd^2)}{\sum n}} \tag{2-22}$$

$$D_{nS}=\sqrt{\frac{\sum(w/d)}{\sum(w/d^3)}} \tag{2-23}$$

个数体积平均径

$$D_{nV}=\sqrt[3]{\frac{\sum(nd^3)}{\sum n}} \tag{2-24}$$

$$D_{nV}=\sqrt[3]{\frac{\sum(w)}{\sum(w/d^3)}} \tag{2-25}$$

长度体积平均径

$$D_{LV}=\sqrt{\frac{\sum(nd^3)}{\sum(nd)}} \tag{2-26}$$

$$D_{LS}=\sqrt{\frac{\sum w}{\sum(w/d^2)}} \tag{2-27}$$

平均粒径表达式的通式归纳如下。

以个数为基准：

$$D=\left(\frac{\sum nd^{\alpha}}{\sum nd^{\beta}}\right)^{\frac{1}{\alpha-\beta}} \tag{2-28}$$

以质量为基准：

$$D=\left(\frac{\sum wd^{\alpha-3}}{\sum wd^{\beta-3}}\right)^{\frac{1}{\alpha-\beta}} \tag{2-29}$$

在工程技术上，最常用的平均粒径是 D_{nL} 和 D_{SV}。前者主要用光学显微镜和电子显微镜测得，后者则主要用比表面积测定仪测得。同一种粉体物料，各种平均粒径的大小，有时相差很大。

2.1.4 颗粒群的粒度分布

本节介绍如何用粒度分布的概念，来表征一堆多分散体的粉体物料的粒度。实践证明，千奇百态的多分散体，其颗粒大小服从统计学规律，具有明显的统计效果。如果将这种物料的粒径看成是连续的随机变量，那么，从一堆粉体中按一定方式取出一个分析样品，只要这个样品的量足够大，完全能够用数理统计的方法，通过研究样本的各种粒径大小的分布情况，来推断出总体的粒度分布。有了粒度分布数据，便不难求出这种粉体的某些特征值，例如平均粒径、粒径的分布宽窄程度和粒度分布的标准偏差等，从而可以对成品粒度进行评价。

2.1.4.1 粒度的频率分布

在粉体样品中，某一粒度大小（用 D_p 表示）或某一粒度大小范围内（用 ΔD_p 表示）的颗粒（与之相对应的颗粒个数为 n_p）在样品中出现的百分含量（%），即为频率，用 $f(D_p)$ 或 $f(\Delta D_p)$ 表示。若样品中的颗粒总数用 N 表示，则有如下关系：

$$f(D_p)=\frac{n_p}{N}\times 100\% \tag{2-30}$$

或

$$f(\Delta D_p)=\frac{n_p}{N}\times 100\% \tag{2-31}$$

这种频率与颗粒大小的关系，称为频率分布。

例 2-1：设用显微镜观察 300 个颗粒的粉体样品。经测定，最小颗粒的直径为 1.5μm，最大颗粒为 12.2μm。将被测定出来的颗粒按由小到大的顺序以适当的区间加以分组，组数用 h 来表示，一般多取 10～25 组。小于 10 组，数据的准确性大大降低；大于 25 组，数据处理的过程又过于冗长。取 $h=12$。区间的范围称为组距，用 ΔD_p 表示。设 $\Delta D_p=1\mu m$。每一个区间的中点，称为组中值，用 d_i 表示。落在每一区间的颗粒数除以 N，便是 $f(\Delta D_p)$。将测量的数据加以整理，结果见表 2-3。

表 2-3 颗粒大小的分布数据

h	$\Delta D_p/\mu m$	n_p	$d_i/\mu m$	$f(\Delta D_p)/\%$
1	1.0～2.0	5	1.5	1.67
2	2.0～3.0	9	2.5	3.00
3	3.0～4.0	11	3.5	3.67
4	4.0～5.0	28	4.5	9.33
5	5.0～6.0	58	5.5	19.33
6	6.0～7.0	60	6.5	20.00
7	7.0～8.0	54	7.5	18
8	8.0～9.0	36	8.5	12.00
9	9.0～10.0	17	9.5	5.67
10	10.0～11.0	12	10.5	4.00
11	11.0～12.0	6	11.5	2.00
12	12.0～13.0	4	12.5	1.33
总和		300		100

这种频率分布数据，可用一种图形形象地表示出来，这种图形称为直方图。根据表 2-3 的数据绘制的直方图如图 2-5 所示。每一个直方图的底边长，就是组距 ΔD_p；高度即为频率；底边的中点即为组中值 d_i。

如果将各直方图回归成一条光滑的曲线，便形成频率分布曲线（见图 2-5）。工程上往往采用分布曲线的形式来表示粒度分布。

如果进而能用某种数学解析式来表示这种频率分布曲线，则可以得到相应的分布函数式，记为 $f(D_p)$。频率分布曲线与横坐标轴围成的面积为：

$$\int_{d_{min}}^{d_{max}} f(D_p)\mathrm{d}D_p=100\% \tag{2-32}$$

应当指出，粒度的频率分布的纵坐标，不限于用颗粒个数表示（当然，对于显微镜观

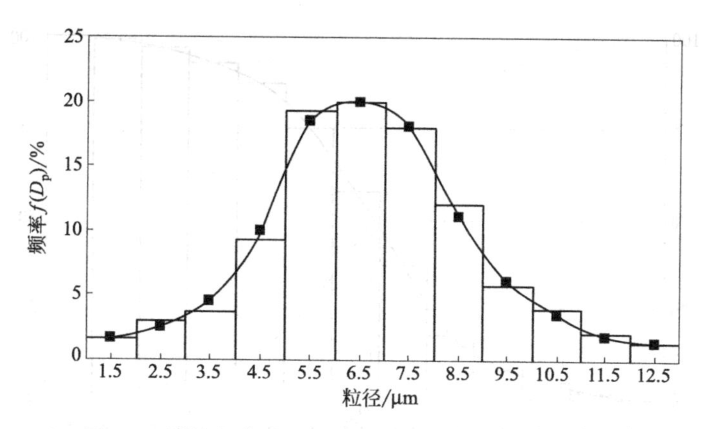

图 2-5 颗粒频率分布的等组距直方图及分布曲线图

测，因为可以数出颗粒个数，故用颗粒的个数表示很方便），也可以使用颗粒质量表示。这时所得到的分布，称为质量粒径分布。

此外，粒径分组的组距，不一定非为等组距不可，完全可以采用不等组距。这样，粒度的直方图分布，又可以分为等组距和不等组距两种。

2.1.4.2 粒度的累积分布

将颗粒大小的频率分布按一定方式累积，便得到相应的累积分布。它可以用累积直方图的形式表示，但更多的是用累积曲线表示。一般有两种累积方式：一是按粒径从小到大进行累积，称为筛下累积（用“－”号表示）；另一种是从大到小进行累积，称为筛上累积（用“＋”号表示）。前者所得到的累积分布表示小于某一粒径的颗粒数（或颗粒质量）的百分数，而后者则表示大于某一粒径的颗粒数（或颗粒质量）的百分数。筛下累积分布常用 $D(D_p)$ 表示，筛上累积分布常用 $R(D_p)$ 表示。

将表 2-3 的数据进行累积处理后，便得到表 2-4。图 2-6 便是根据表 2-4 绘制的累积直方图和两种累积曲线。

表 2-4 颗粒的累积频率

组距/μm	组中值 d_i/μm	频率分布 $f(D_p)$/%	累积分布/%	
			筛下累积	筛上累积
0～1.0	0.5	0.00	0.00	100.00
1.0～2.0	1.5	1.67	1.67	98.33
2.0～3.0	2.5	3.00	4.67	95.33
3.0～4.0	3.5	3.67	8.34	91.66
4.0～5.0	4.5	9.33	17.67	82.33
5.0～6.0	5.5	19.33	37.00	63.00
6.0～7.0	6.5	20.00	57.00	43.00
7.0～8.0	7.5	18	75.00	25.00
8.0～9.0	8.5	12.00	87.00	13.00
9.0～10.0	9.5	5.67	92.67	7.33
10.0～11.0	10.5	4.00	96.67	3.33
11.0～12.0	11.5	2.00	98.67	1.33
12.0～13.0	12.5	1.33	100.00	0.00

由表 2-4 中筛上和筛下分布中的数据和图 2-6 中的筛上和筛下两条分布曲线可以看出有这样一些关系：

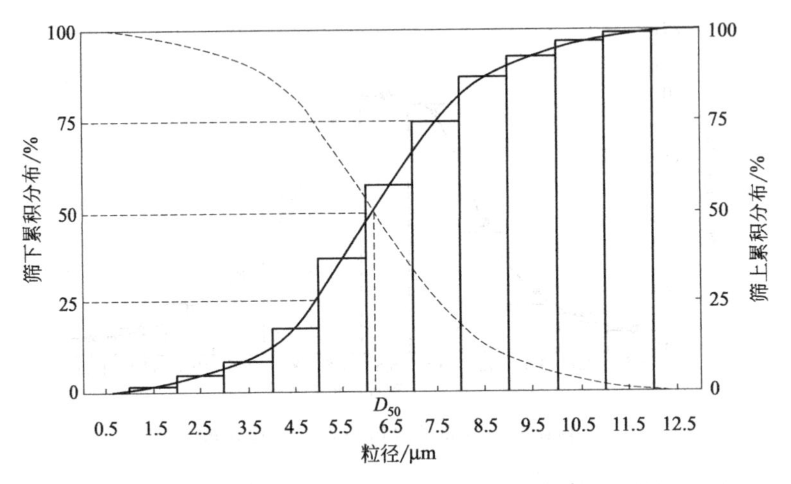

图 2-6　筛上和筛下累积分布直方图与累积曲线图

$$D(D_p)+R(D_p)=100\% \tag{2-33}$$

$$\begin{cases} D(D_{min})=0 \\ D(D_{max})=100\% \\ R(D_{min})=100\% \\ R(D_{max})=0 \end{cases} \tag{2-34}$$

较之频率分布，累积分布更有用。许多粒度测定技术，如筛析法、重力沉降法、离心沉降法等，所得的分析数据，都是以累积分布显示出来的。它的优点是消除了直径的分组，特别适用于确定中位数粒径等。

2.1.4.3　频率分布和累积分布的关系

频率分布 $f(D_p)$ 和累积分布 $D(D_p)$ 或 $R(D_p)$ 之间的关系，是微分和积分的关系：

$$\begin{cases} D(D_p)=\int_{D_{min}}^{D_p} f(D_p)\mathrm{d}D_p \\ R(D_p)=\int_{D_{max}}^{D_p} f(D_p)\mathrm{d}D_p \\ f(D_p)=\dfrac{\mathrm{d}D(D_p)}{\mathrm{d}D_p} \\ f(D_p)=-\dfrac{\mathrm{d}R(D_p)}{\mathrm{d}D_p} \end{cases} \tag{2-35}$$

因此，$f(D_p)$ 又称为颗粒粒度分布微分函数，而 $D(D_p)$ 或 $R(D_p)$ 又称为颗粒粒度分布积分函数。

2.1.4.4　表征粒度分布的特征参数

（1）中位粒径 D_{50}　所谓中位粒径 D_{50}，乃是在粉体物料的样品中，将样品的个数（或质量）分成相等两部分的颗粒粒径。如图 2-6 所示。根据式(2-33) 有：$D(D_{50})=R(D_{50})=50\%$。这样，若已知粒度的累积频率分布，很容易求出该分布的中位粒径。

（2）最频粒径　最频粒径以 D_{mo} 表示。在频率分布坐标图上，纵坐标最大值所对应的粒径，便是最频粒径，即在颗粒群中个数或质量出现概率最大的颗粒粒径。如果某颗粒群的频率分布式 $f(D_p)$ 已知，则令 $f(D_p)$ 的一阶导数为零，便可求出 D_{mo}；同样，若 $D(D_p)$ 或 $R(D_p)$ 为已知，则令其二阶导数等于零，也可求出 D_{mo}。

(3) 标准偏差 标准偏差以 σ 表示，几何标准偏差以 σ_g 表示。它是最常采用的表示粒度频率分布的离散程度的参数，其值越小，说明分布越集中。对于频率分布，σ 与 σ_g 的计算公式如下：

$$\sigma=\sqrt{\frac{\sum n_i(d_i-D_{nL})^2}{N}} \tag{2-36}$$

$$\sigma_g=\sqrt{\frac{\sum n_i(\lg d_i-\lg D_g)^2}{N}} \tag{2-37}$$

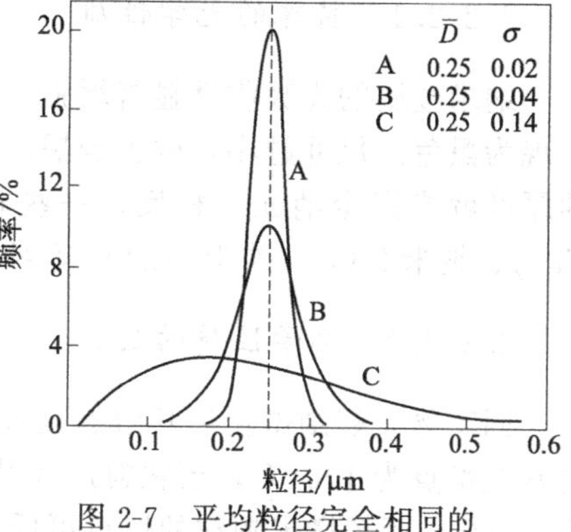

图 2-7 平均粒径完全相同的三条不同粒度分布曲线

如图 2-7 所示，虽然个数平均粒径 $D_{nL(A)}=D_{nL(B)}=D_{nL(C)}$，但因 $\sigma_A<\sigma_B<\sigma_C$，故曲线 A 的分布最窄，C 分布最宽。

2.2 粉体的物理性能

2.2.1 粉体的容积密度与填充率

2.2.1.1 容积密度 ρ_B

在一定填充状态下，单位填充体积的粉体质量称为容积密度，也称表观密度，单位为 kg/m^3。

$$\rho_B=\frac{填充粉体的质量}{粉体填充体积}=\frac{V_B(1-\varepsilon)\rho_p}{V_B}=(1-\varepsilon)\rho_p \tag{2-38}$$

式中 V_B——粉体填充体积，m^3；

ρ_p——颗粒的密度，kg/m^3；

ε——空隙率。

2.2.1.2 填充率 ψ

在一定填充状态下，颗粒体积占粉体体积的比率称为填充率 ψ。

$$\psi=\frac{V_p}{V_B}=\frac{M/\rho_p}{M/\rho_B}=\frac{\rho_B}{\rho_p} \tag{2-39}$$

式中 M——填充粉体的质量。

2.2.1.3 空隙率 ε

空隙体积占粉体填充体积的比率称为空隙率 ε。

$$\varepsilon=1-\psi=1-\frac{\rho_B}{\rho_p} \tag{2-40}$$

2.2.2 粉体的尺寸效应

当超细粉体的粒径尺寸与光波波长及传导电子德布罗意波长以及超导态的相干长度或透

射深度等尺寸相当或更小时，周期性的边界条件将被破坏，从而产生一系列特殊的性质。

2.2.2.1 特殊的光学性质

纳米金属的光吸收性显著增强。粒度越小，光反射率越低。所有金属在超微颗粒状态都呈现为黑色。尺寸越小，颜色越黑。金属超微颗粒对光的反射率通常可低于1%，约几微米的厚度就能完全消光。相反，一些非金属材料在接近纳米尺度时，出现反光现象。纳米TiO_2、纳米SiO_2、纳米Al_2O_3等对大气中的紫外线具有很强的吸收性。

2.2.2.2 热学性质的改变

固态物质超细微化后其熔点显著降低，当颗粒小于10nm数量级时尤为显著。例如，金的常规熔点为1064℃，当颗粒尺寸减小到2nm尺寸时熔点仅为327℃左右；银的常规熔点为670℃，而超微银颗粒的熔点可低于100℃。

2.2.2.3 特殊的磁学性质

小尺寸的超微颗粒磁性与大块材料有显著不同，大块的纯铁矫顽力约为80A/m；而当颗粒尺寸减小到20nm以下时，其矫顽力可增大1000倍；当颗粒尺寸约小于6nm时，其矫顽力反而降低到零，呈现出超顺磁性。

2.2.2.4 特殊的力学性质

纳米材料的强度、硬度和韧性明显提高。纳米铜的强度比常态提高5倍，纳米金属比常态金属硬3～5倍。纳米陶瓷材料具有良好的韧性，因为纳米材料具有大的界面，界面的原子排列相当混乱，原子在外力变形的条件下很容易迁移，因此表现出甚佳的韧性与一定的延展性。

2.2.3 表面与界面效应

与宏观物体相比，纳米粒子因为表面原子数目增多，比表面积增大。这会导致无序度增大；同时晶体的对称性变差，其部分能带被破坏，因而出现了界面效应。较大的比表面积和小尺寸的纳米粒子，导致位于表面的原子占有相当大的比例，原子配位不足，表面原子的配位不饱和性导致大量的悬空键和不饱和键，表面能高，因而这些表面原子具有高的活性。纳米材料较高的化学活性，使其具有了较大的扩散系数，大量的界面为原子扩散提供了高密度的短程快扩散路径。这种表面原子的活性就是表面效应。纳米粒子的表面与界面效应，主要表现为：①熔点降低，这是由于表面原子存在振动弛豫，即振幅增大，频率减小；②比热容增大。

2.2.4 宏观量子隧道效应

量子隧道效应是从量子力学的粒子具有波粒二象性的观点出发的，解释粒子能够穿越比总能量高的势垒，这是一种微观现象。近年来，发现一些宏观量也具有隧道效应，称为宏观量子隧道效应。用此概念可以定性解释纳米镍晶粒在低温下继续保持超顺磁性现象。量子尺寸效应和宏观量子隧道效应将是未来微电子器件的基础，或者说它确立了现存微电子器件进一步微型化的极限。

2.2.5 介电限域效应

随着纳米晶粒粒径的不断减小和比表面积不断增大，其表面状态的改变将会引起微粒性质的显著变化。例如，当在半导体纳米材料表面修饰一层某种介电常数较小的介质时，相对于裸露在半导体纳米材料周围的其他介质而言，被包覆的纳米材料中电荷载体的电力线更易穿过这层包覆膜，从而导致它与裸露纳米材料的光学性质相比发生了较大变化，这就是介电限域效应。当纳米材料与介质的介电常数值相差较大时，便产生明显的介电限域效应。纳米材料与介质的介电常数相差越大，介电限域效应就越明显，在光学性质上就表现为明显的红移现象。同时介电限域效应越明显，吸收光谱的红移也就越大。

2.3 粉体的机械力化学性能

2.3.1 概述

在固体材料的粉碎过程中，粉碎设备施加于物料的机械力除了使物料粒度变小、比表面积增大等物理变化外，还会发生机械能与化学能的转换，致使材料发生结构变化、化学变化及物理化学变化。这种固体物质在各种形式的机械力作用下所诱发的化学变化和物理化学变化称为机械力化学效应。与热、电、光、磁化学等化学分支一样，研究粉碎过程中伴随的机械力化学效应的学科称为粉碎机械力化学，简称为机械力化学。

机械力化学效应的发现可追溯至19世纪90年代。1893年，Lea在研磨$HgCl_2$时发现有少量Cl_2逸出，说明在研磨过程中部分$HgCl_2$发生了分解。机械力化学概念的提出则是在20世纪60年代。Peter将其定义为：“物质受机械力作用而发生化学变化或物理化学变化的现象。”从能量转换的观点可理解为机械力的能量转化为化学能。自20世纪80年代开始，机械力化学作为一门新兴学科，在冶金、合金、化工等领域受到了广泛重视。十多年来，随着材料科学的发展和新材料研究开发的不断深入，机械力化学的研究十分活跃。目前，利用机械力化学作用制备纳米材料和复合材料、进行材料的改性等已经成为重要的材料加工方法和途径。

2.3.2 粉碎机械力化学作用机理

固体物质受到各种形式的机械力（如摩擦力、剪切力、冲击力等）作用时，会在不同程度上被“激活”。若体系仅发生物理性质变化而其组成和结构不变时，称为机械激活；若物质的结构或化学组成也同时发生了变化，则称为化学激活。

在机械粉碎过程中，被粉碎材料可能发生的变化可分为以下几类。

（1）物理变化　颗粒和晶粒的微细化或超细化、材料内部微裂纹的产生和扩展、表观密度和真密度的变化以及比表面积的变化等。

（2）结晶状态变化　产生晶格缺陷，发生晶格畸变、结晶程度降低甚至无定形化、晶型转变等。

（3）化学变化　含结晶水或羟基物质的脱水，形成合金或固溶体，降低体系的反应活化能并通过固相反应生成新相等。

2.3.2.1 粉碎平衡

各种粉碎设备当其工作条件（如转速、振动频率、振幅、介质与物料比、粉碎介质级配、助磨剂等）一定时，粉碎过程中往往会发生这样的现象：在粉碎的最初阶段，物料的粒度迅速减小，相应地比表面积增大；粉碎至一定时间后，粒度和比表面积不再明显变化而稳定在某一数值附近。实际上，这是物料颗粒在机械力作用下的粒度减小与已细化的微小颗粒在表面能、范德华力及静电力等的作用下相互团聚成二次颗粒导致的粒度“增大”达到的某种平衡。这种粉碎过程中颗粒微细化过程与微细颗粒团聚过程的平衡称为粉碎平衡。粉碎平衡出现的原因如下。

(1) 颗粒团聚　一旦微细化粉体的表面相互间有引力（范德华力、静电力、磁力）、水膜凝聚力、机械压力、摩擦力等作用，便产生颗粒的团聚。微颗粒界面积越大，越易于团聚。此外，结晶化、活化能小的离子晶体也容易发生团聚。

(2) 粉体应力作用出现缓和状态　微颗粒团聚体中由于颗粒间的滑移，颗粒本身的弹性变形以及颗粒表面的晶格缺陷、晶界不规则结构所产生的粉体应力作用出现缓和，致使碎裂作用减小。

粉碎平衡出现的位置或达到粉碎平衡所需的粉碎时间既与粉碎设备的工作条件有关，也视物料的物理化学性质而不同。一般来说，脆性物料的粉碎平衡出现在微细粒径区域，而塑性材料则出现在较大粒径区域。即使对于同一种物料，粉碎条件改变时，其出现粉碎平衡的时间也会发生变化。换言之，如同化学反应平衡一样，粉碎平衡也是相对的、有条件的。一旦条件发生改变，则将在新的条件下建立新的平衡。另外，有些物料粉碎至一定时间后，比表面积会急剧减小，这是由于微颗粒间的团聚速度超过细颗粒产生的速度。

值得注意的是，粉碎平衡又是动态的，即当粉碎达到平衡后，即使继续进行粉碎，颗粒的粒度大小也将不再变化，但作用于颗粒的机械能将使颗粒的结晶结构不断破坏、晶格应变和晶格扰乱增大。因此，达到粉碎平衡后，尽管粉体的宏观几何性质不变，但其物理化学性质的变化和内能的增大将使其固相反应活性及烧结性大大提高。

2.3.2.2　晶体结构的变化

粉碎过程中，在颗粒微细化的同时，还产生颗粒表面乃至内部晶格的畸变及结晶程度的减弱，所谓晶格畸变是指晶格中质点的排列部分失去其点阵结构的周期性导致的晶面间距发生变化、晶格缺陷以及形成非晶态结构（无定形结构）等。

随着粉碎过程的继续进行，非晶层不断增厚，最后导致整个颗粒的无定形化。由于在此过程中，晶体颗粒内部储存了大量能量，使之处于热力学不稳定状态。内能增大的直接结果是颗粒被激活，即活性提高，体系的反应活化能降低。这是颗粒能够在后续固相反应中显著提高反应速度和反应程度或降低高温反应温度的主要原因。

对粉碎过程中物质发生晶型转变的解释是：由于机械力的反复作用，晶格内积聚的能量不断增加，使结构中某些结合键发生断裂并重新排列形成新的结合键。随着晶体结构的变化，物料的物理化学性质也将发生变化，主要表现为：溶解度增大、溶解速率提高、密度减小（个别情形例外）、颗粒表面吸附能力和离子交换能力增强、表面自由能增大、产生电荷、生成游离基、外激电子发射等。

2.3.2.3　机械力作用导致的化学变化

(1) 脱水效应　二水石膏在粉磨过程中，即使维持体系的温度低于100℃，仍将部分脱去3/2H_2O而变为半水石膏。XRD结果表明，粉磨15min就已出现半水石膏。

滑石加热时，分别在495～605℃和845～1058℃脱水。粉磨5～60min的TG、DTA和IR测定结果表明，随着粉磨时间的延长，不仅第一阶段脱水消失，脱水量逐渐减少，而且脱水温度也降低了。

有些含OH^-的化合物，如$Ca(OH)_2$和$Mg(OH)_2$，它们的OH^-不大容易脱离，因此，将其单独进行机械粉磨时，变化很少，然而，加入一定量的SiO_2后，情况大不相同。

如在 $Ca(OH)_2$ 中加入 SiO_2 粉磨14h后，CH的XRD衍射峰完全消失，代之以一个宽衍射峰；$Mg(OH)_2$-SiO_2 混合物在粉磨60min后，$Mg(OH)_2$ 的XRD特征峰和热分析吸热峰均已消失，说明其结晶水已全部脱去。

对于粉磨过程中出现的脱水现象，存在不同解释。一种解释认为，在被粉磨的颗粒表面附有一层水膜，使物质溶解于其中，从而加速了反应物之间的相互反应。但此观点并不能说明上述例子中所产生的现象，因为 $Mg(OH)_2$ 和 SiO_2 在水中的溶解度都非常低。所以，更合理的解释应该是 SiO_2 的存在加速了 $Mg(OH)_2$ 和 SiO_2 之间固相反应的进行。

（2）固相反应　在粉磨过程中，粉体颗粒承受较大应力或反复应力作用的局部区域可以产生分解反应、溶解反应、水合反应、合金化、固溶化、金属与有机化合物的聚合反应以及直接形成新相的固相反应等。机械力化学反应与一般的化学反应所不同的是，机械力化学反应与宏观温度无直接关系，它被认为主要是由颗粒的活化点之间的相互作用而导致的。这是机械力化学反应的特点之一。

① 机械合金化（mechanical alloying，MA）。通过高能球磨过程中的机械合金化作用可以合成弥散强化合金、纳米晶合金及金属间化合物等。

Benjamin首先使用MA技术制备出氧化物弥散强化镍基高温合金。

Jangg等将Al和炭黑的粉末混合物高能球磨后，再在550℃下挤压成型，获得了 Al/Al_4C_3 弥散强化材料。该复合材料具有低密度、高强度、高硬度、高热阻、良好的变形性及抗过烧等性能。MA法制备的Al-Mg合金及SiC颗粒增强的Al-Cu基合金具有良好的阻尼性质和高抗腐蚀性能。通过球磨Al、Ti粉的混合物，可制备含细而稳定的 Al_3Ti 颗粒的Al-Ti复合材料，该材料具有高弹性模量、高温强度高和高延展性等特点。室温下MA制备的Sm-Fe-Ti系磁性材料的矫顽磁力可达60kOe。

用MA法可制备高熔点金属间化合物，如 Fe_2B、$TiSi_2$、TiB_2、NiSi、WC、SiC等。

关于机械合金化目前尚无公认的机理。有的观点认为，机械力化学反应球磨可分为两类：一类是机械诱发自蔓延高温合成（SHS）反应；另一类是无明显放热的反应球磨，其反应过程缓慢。在存在SHS的球磨过程中，由于化学反应一般为高放热反应，因而过程温升要比根据动力学估算来得高。对于SHS反应，存在一个点火温度 T_{ig}。在球磨过程中，T_{ig} 远低于燃烧绝热温度 T_{ad}，这主要是因为球磨过程产生的高密度缺陷和纳米界面大大促进了反应的进行。球磨引起燃烧反应所需时间即临界球磨时间 t_{ig} 通常随 T_{ig} 的升高而缩短，且SHS反应存在一个临界的颗粒尺寸，只有粉末颗粒达到临界尺寸时反应才会进行。颗粒越小，反应速率越快。

在球磨过程中，大量的反复碰撞发生在球-粉末-球之间，被捕获的粉末在碰撞作用下发生严重的塑性变形，使粉末不断重复着冷焊、断裂、再焊合的过程，最终达到原子级混合，从而实现合金化。

Schaffer等在室温下球磨单质金属元素X（X＝Al、Ca、Ti、Mn、Fe、Ni等）与CuO粉末的混合物，发现由MA可实现室温下的固态置换反应。反应的机制如下：在MA初期，通过球磨导致重复的冷焊与断裂作用形成了大量的置换元素/被置换元素氧化物间的微小反应偶，增大了反应界面积。同时，在粉末颗粒中引入了大量缺陷，大大降低了扩散活化能，因而在室温下可显著地进行原子和/或离子间的扩散。一旦反应开始，由于元素与CuO的置换反应将放出大量热量，因而可将反应区的温度提高至某一点火温度之上而引起自维持的燃烧反应。反应可在燃烧的瞬间完成。

关于高能球磨导致纳米晶结构的机制，有人认为，在高应变速率下，由位错的密集网络组成的切变带的形成是主要的形变机制。在球磨初期，平均原子水平的应变因位错密度的增加而增加。这些强应变区域在某一位错密度下，晶体解体为亚晶粒，这种亚晶粒开始时被具有小于20°偏倾角的低角晶界分隔开来，继续球磨导致原子水平应变的下降和亚晶粒的形成。进一步球磨时，在材料的未应变部分的切变带中发生形变，该带中已存在的亚晶粒粒度进一步减小至最终晶粒尺寸（约5～15nm），且亚晶粒相互间的相对取向最终变成完全无规则的。由于纳米晶晶粒本身是相对无位错的，当达到完全纳米晶结构时，位错运动所需要的极高应力阻止极小微晶体的塑性变形。因此，进一步的形变和储能只能通过晶界滑移来完成，这将导致亚晶粒的无规则运动。所以，球磨最终所获得的材料是由相互间无规则取向的纳米微晶粒组成的。

当然，由于高能球磨过程中引入了大量应变、缺陷以及纳米量级的微结构，使得合金化过程的热力学与动力学均不同于普通的固态反应过程。如利用MA可实现混合焓为正值的多元体系的非晶化，可以制备常规方法难以合成或根本不可能合成的许多新型合金。这些现象用经典热力学和动力学理论目前尚不能得到完全合理的解释。所以，关于机械合金化的确切机理还有待于进一步研究。

② 分解反应。$NaBrO_3$ 在加热条件下按下式发生分解反应：

$$NaBrO_3 \longrightarrow NaBr+\frac{3}{2}O_2$$

而机械力化学分解则按下式进行：

$$2NaBrO_3 \longrightarrow Na_2O+\frac{5}{2}O_2+Br_2$$

有些分解反应如 $MeCO_3 \longrightarrow MeO+CO_2$（Me为二价金属离子）可建立“机械力化学平衡”，该平衡取决于固相组成——氧化物与碳酸盐的摩尔比。这是与热力学中的相律相抵触的，故它区别于“热化学平衡”。

③ 化合反应　机械力作用可使许多在常规室温条件下不能发生的反应成为可能。

固相反应：

$$2CaO+SiO_2 \longrightarrow \beta\text{-}2CaO\cdot SiO_2$$

$$BaO+TiO_2 \longrightarrow BaTiO_3$$

$$MgO+SiO_2 \longrightarrow MgSiO_3$$

固气反应：

$$Au+\frac{3}{4}CO_2 \longrightarrow \frac{1}{2}Au_2O_3+\frac{3}{4}C$$

此反应是在常规条件下热力学不可能发生的。

固液反应：

$$NiS+H_2O \longrightarrow NiO+H_2S$$

④ 置换反应。将金属Mg与CuO粉末混合物进行高能球磨，可发生如下置换反应：

$$Mg+CuO \longrightarrow MgO+Cu$$

⑤ 其他反应。如将 $CaCO_3$ 与 SiO_2 混合物进行高能球磨，可生成硅酸钙：

$$CaCO_3+SiO_2 \longrightarrow CaO\cdot SiO_2+CO_2$$

上述各类反应中，有的是热力学定律所不能解释的；有的对周围环境压力、温度的依赖性很小；有的则比热化学反应快几个数量级，如在25℃下，无机械力作用时，羰基镍的合成反应速率常数为 5×10^{-7}mol/h，而在机械力作用的情形下该值剧增为 3×10^{-5}mol/h。

由于上述这些特点，机械力化学具有重要的理论意义和广泛的适用性。

机械粉碎法制备粉体原理和技术

3.1 概述

机械粉碎的目的在于减小固体物料的尺寸，使之变成粉体。物料粉碎后有利于不同组分的分离、选矿及除去原料中的杂质；粉碎能使固体物料颗粒化，使其具有某些流体性质，而具有良好的流动性，因而有利于物料的输送及给料控制；物料粉碎后能够减小固体颗粒尺寸，提高分散度，因而使之容易和流体或气体作用，有利于均匀混合，促进制品的均质化；把固体物料加工成为多种粒级的颗粒料，采用多级颗粒级配，可以获得紧密堆积，因而有利于提高制品的密度，而且粉碎加工可破坏封闭气孔，有利于提高制品的密度；颗粒尺寸越小，其比表面积也就越大，表面能也越大，因而可加快物理化学反应速度，促进陶瓷和耐火材料的烧结，提高水泥的水化活性，加速玻璃配合料的熔化速度。

3.1.1 粉碎的基本概念

机械粉碎制备粉体方法是以机械力将物料碎裂成粉末的制取方法，即固体物料在机械力的作用下，克服分子间的内聚力。使固体物料外观尺寸由大变小，物料的比表面积由小变大的过程，称为粉碎。由于该方法处理物料的尺寸大小不同，常常将机械粉碎过程分为破碎和粉磨两类处理过程，使大块物料碎裂成小块物料的加工过程称为破碎（crush）过程；使小块物料碎裂成细粉末状物料的加工过程称为粉磨（mill）过程，与其相应的机械设备分别称为破碎机械和粉磨机械。机械粉碎制备粉体方法常常指的是小块物料碎裂成细粉末状物料的加工过程，因此本章重点介绍机械粉碎制备粉体的原理和方法。

机械粉碎制备粉体方法的关键是粉碎设备，即破碎机械和粉磨机械，两者通常是按排料粒度的大小进行大致区分的，排料中粒度大于3mm的含量占总排料量50%以上者称为破碎机械，小于3mm的含量占总排料量50%以上者则称为粉磨机械。有时也将粉磨机械称为粉碎机械，这是粉碎设备的狭义含义，应用机械力对固体物料进行粉碎作业，使之变为小块、细粉或粉末的机械。

为了定量描述固体物料经某一粉碎机械粉碎后颗粒尺寸变化的大小，采用粉碎比这一概念。物料粉碎前的平均粒径 D 与粉碎后的平均粒径 d 之比称为平均粉碎比，用符号 i 表示。数学表达式为：

$$i=D/d \tag{3-1}$$

平均粉碎比是衡量物料粉碎前后粒度变化程度的一个指标，也是粉碎设备性能的评价指标之一。

对破碎机而言，为了简单地表示和比较它们的这一特性，可用其允许的最大进料口尺寸与最大出料口尺寸之比（称为公称粉碎比）作为粉碎比。因实际破碎时加入的物料尺寸总小于最大进料口尺寸，故破碎机的平均粉碎比一般都小于公称粉碎比，前者约为后者的70%～90%。

粉碎比与单位电耗（单位质量粉碎产品的能量消耗）是粉碎机械的重要技术和经济指标，后者用以衡量粉碎作业动力消耗的经济性，前者用以说明粉碎过程的特征及粉碎质量。当两台粉碎机粉碎同一物料且单位电耗相同时，粉碎比大者工作效果就好。因此，鉴别粉碎机的性能要同时考虑其单位电耗和粉碎比的大小。

各种粉碎机械的粉碎比大都有一定限度，且大小各异。一般地，破碎机械的粉碎比为3～100，粉磨机械的粉碎比为500～1000或更大。

由于粉碎机的粉碎比有限，生产上要求的物料粉碎比往往远大于上述范围，因而有时需用两台或多台粉碎机串联起来进行粉碎。几台粉碎机串联起来的粉碎过程称为多级粉碎，串联的粉碎机台数称为粉碎级数。在此情形下，原料尺寸与最终产品的尺寸之比称为总破碎比。在多级破碎时，如果各级的破碎比为 i_1、i_2、…、i_n，则总破碎比为：

$$i = i_1 i_2 \cdots i_n \tag{3-2}$$

即多级破碎时的总破碎比等于各级破碎比的乘积。如果已知破碎机的破碎比，则可根据总破碎比求得所需的破碎级数。

3.1.2 材料的粉碎机理

固体承受外力的作用，在出现破坏之前，首先产生弹性变形，这时材料并未破坏。当变形达到一定值后，材料硬化，应力增大，因而变形还可继续进行。当应力达到弹性极限时，开始出现永久变形，材料进入塑性变形状态。当塑性变形达到极限时，材料才产生破坏。当然，有的材料屈服点不显著。材料受拉或受压时的破坏形式是不相同的。

材料有的是在相互垂直的应力的作用下被拉裂，有的是在剪应力作用下产生滑移，或是在两者共同作用下而断裂。例如，在上方对脆性材料的立方体试件施加压缩力，当其达到压缩强度极限时，试件将沿纵向破坏。如果在瞬时卸去压缩力，则只产生压缩破坏。如果继续施加外力，则已破坏的材料将进一步碎裂，这就是破碎。由于很难确定破碎时材料各部分的力，因此计算其应力分布也很困难。进一步而言，对粉体的压缩应力更难确定。显然，为了能够破坏材料，不仅作用于断裂面上的应力必须达到特定值，而且，它还与断裂面被拉裂的距离有关。因此，破坏量取决于功的大小。

所谓粉碎与单个材料的破坏不同，它是指对于集团的作用，即对于被粉碎的材料是粒度和形状不同的杂多颗粒体的集团。该颗粒集团的粉碎总量与加于它的能量大小有关，但是，终究粉碎还是以单个颗粒体的破坏为基础，其破碎的总和就是粉碎的总量。由于各个颗粒体在粉碎时所处的状态不同，要一一追求其各自的状态几乎是不可能的，因此，只能确定其近似的状态，这也就是确立粉碎理论困难的原因。

在理想情况下，如果施加的外力未超过物体的应变极限，则物料被压缩而进行弹性变形，当除去载荷时，物体又恢复原状未被粉碎。实际上，在上述过程中物体虽未破坏，没有增加新表面，却生成若干裂纹，特别是扩展了物体原来的微裂纹。另外，由于局部薄弱面的存在，或因颗粒形状的不规则，致使施加之力首先作用在颗粒表面的突出点上，形成所谓的应力集中。这一现象可用格里菲斯强度理论（Griffith's strength theory）加以说明。

Griffith 指出，固体材料内部的质点实际上并非严格地规则排布，而是存在着许多微裂纹。当材料受拉时，这些微裂纹会逐渐扩展，于其尖端附近产生高度的应力集中，结果使裂纹进一步扩展，直至使材料破坏。设裂纹扩展时，其表面积增加 ΔS，令比表面能为 γ，则表面能增加 $\gamma\Delta S$，此时其附近约一个原子距离 a 之内的形变能为 $\frac{\sigma^2}{2E}a\Delta S$，裂纹扩展所需的能量即由此所储存的变形能所提供。根据热力学第二定律，裂纹扩展的条件是：

$$\frac{\sigma^2}{2E}a\Delta S \geqslant \gamma\Delta S \tag{3-3}$$

其临界条件是：

$$\sigma = \sqrt{\frac{2E\gamma}{a}} \tag{3-4}$$

式中　E——弹性模量。对于玻璃、大理石和石英等典型材料，上式中的 E 为 $10^{10} \sim 10^{11}$ Pa，γ 约为 10J/m^2，a 约为 3×10^{-6}m 数量级，于是 σ 约为 10^{10} Pa，但实际强度仅为 $10^7 \sim 10^8$ Pa，即实际强度为理论强度的 1/100～1/1000。

用平板玻璃进行的拉伸试验发现，试体表面有一极窄的长轴长度为 2cm 的椭圆形微裂纹，按垂直于平板中椭圆孔长轴作纯拉伸推算，在裂纹被拉开的瞬间，试件单位厚度所储存的弹性变形能为 $\frac{\pi c^2\sigma^2}{E}$。根据裂纹扩展的临界条件，实际断裂强度为：

$$R = \left(\frac{2\gamma E}{\pi c}\right)^{\frac{1}{2}} \tag{3-5}$$

由此可知，若裂纹长度为 1μm，则强度降低至理论强度的 1/100。

根据 Griffith 裂纹学说，还可以进一步认为，在材料粉碎过程中，即使未发生宏观破坏，但实际上内部已存在的微裂纹会不断“长大”，同时也会生成许多新的微裂纹，这些裂纹的不断生成和长大，使得材料的粉碎在一定范围内不断进行。

3.1.3 粉碎方式及粉碎模型

固体材料在机械力作用下由块状物料变为粒状或由粒状变为粉状的过程均属于粉碎范畴。由于物料的性质以及要求的粉碎细度不同，粉碎的方式也不同。按施加外力作用方式的不同，物料粉碎一般通过挤压、冲击、磨削和劈裂几种方式进行，各种粉碎设备的工作原理也多以这几种原理为主。

3.1.3.1 粉碎方式

如图 3-1 所示，基本的粉碎方式有挤压粉碎［见图 3-1(a)］、冲击粉碎［见图 3-1(b)］、摩擦剪切粉碎［见图 3-1(c)］和劈裂粉碎［见图 3-1(d)、(e)］等。

(1) 挤压粉碎　挤压粉碎是粉碎设备的工作部件对物料施加挤压作用，物料在压力作用下发生粉碎。挤压磨、颚式破碎机等均属此类粉碎设备。

物料在两个工作面之间受到相对缓慢的压力而被破碎。因为压力作用较缓慢和均匀，故物料粉碎过程较均匀。这种方法通常多用于物料的粗碎，当然，近年来发展的细颚式破碎机也可将物料破碎至几毫米以下。另外，挤压磨出磨物料有时会呈片状粉料，故常作为细粉磨前的预粉碎设备。

(2) 挤压-剪切粉碎　这是挤压和剪切两种基本粉碎方法相结合的粉碎方式，雷蒙磨及各种立式磨通常采用挤压-剪切粉碎方式。

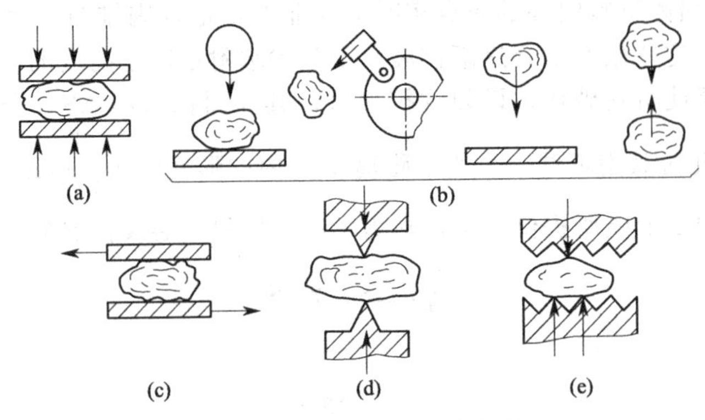

图 3-1　常用的基本粉碎方式

（3）冲击粉碎　冲击粉碎包括高速运动的粉碎体对被粉碎物料的冲击和高速运动的物料向固定壁或靶的冲击。这种粉碎过程可在较短时间内发生多次冲击碰撞，每次冲击碰撞的粉碎是在瞬间完成的，所以粉碎体与被粉碎物料的动量交换非常迅速。发生碰撞时，颗粒因受到压缩作用会发生变形。对于脆性材料，碰撞后的颗粒总能量减小了，而这部分减小的能量克服了颗粒间的结合能，从而使之发生粉碎。从此意义上讲，碰撞冲击的速度越快，时间越短，则在单位时间内施加于颗粒的粉碎能量也就越大，越易于将颗粒粉碎。

（4）研磨、磨削粉碎　研磨和磨削本质上均属剪切摩擦粉碎，包括研磨介质对物料的粉碎和物料相互间的摩擦作用。振动磨、搅拌磨以及球磨机的细磨仓等都是以此为主要原理的。与施加强大粉碎力的挤压和冲击粉碎不同，研磨和磨削是靠研磨介质对物料颗粒表面的不断磨蚀而实现粉碎的。

3.1.3.2　粉碎模型

Rosin-Rammler 等认为，粉碎产物的粒度分布具有二成分性（严格地讲是多成分性），即合格的细粉和不合格的粗粉。根据这种双成分性，可以推论，颗粒的破坏与粉碎并非由一种破坏形式所致，而是由两种或两种以上破坏作用所共同构成的。Hüting 等人提出了以下三种粉碎模型，如图 3-2 所示。

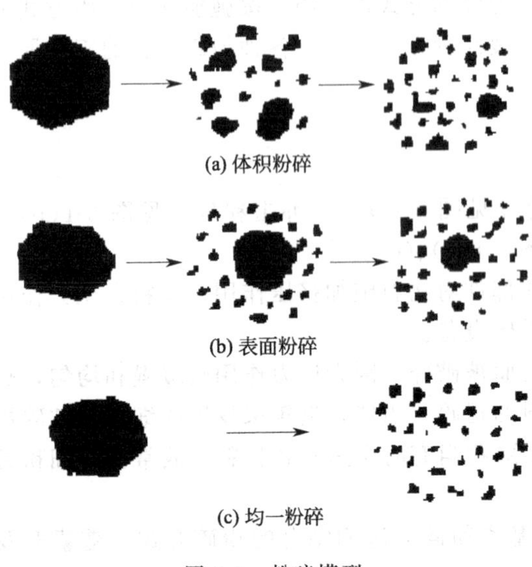

图 3-2　粉碎模型

（1）体积粉碎模型　整个颗粒均受到破坏，粉碎后生成物多为粒度大的中间颗粒。随着粉碎过程的进行，这些中间颗粒逐渐被粉碎成细粉成分。冲击粉碎和挤压粉碎与此模型较为接近。

（2）表面粉碎模型　在粉碎的某一时刻，仅是颗粒的表面产生破坏，被磨削下微粉成分，这一破坏作用基本不涉及颗粒内部。这种情形是典型的研磨和磨削粉碎方式。

（3）均一粉碎模型　施加于颗粒的作用力使颗粒产生均匀的分散性破坏，直接粉碎成微粉成分。

上述三种模型中，均一粉碎模型仅符合结合极其不紧密的颗粒集合体如药片等的特殊粉碎情形，一般情况下可不考虑这一模型。

实际粉碎过程往往是前两种粉碎模型的综合，前者构成过渡成分，后者形成稳定成分。

体积粉碎与表面粉碎所得的粉碎产物的粒度分布有所不同，体积粉碎后的粒度较窄较集中，但细颗粒比例较小；表面粉碎后细粉较多，但粒度分布范围较宽，即粗颗粒也较多。

应该说明，冲击粉碎未必能造成体积粉碎，因为当冲击力较小时，仅能导致颗粒表面的局部粉碎；而表面粉碎伴随的压缩作用力如果足够大时也可产生体积粉碎，如辊压磨、雷蒙磨等。

3.1.4 破碎机械设备简介

最常见的破碎机械主要有颚式破碎机、圆锥式破碎机、辊式破碎机、锤式破碎机和反击式破碎机等。下面就对一些典型设备原理进行介绍。

3.1.4.1 颚式破碎机

颚式破碎机依靠活动颚板对固定额板进行周期性的往复运动。当靠近时，物料在两块颚板间被压碎，当离开时，已被破碎的物料由于自重从破碎腔卸出。适用于粗、中破碎硬质料或中硬质料。

3.1.4.2 圆锥式破碎机

圆锥式破碎机中，破碎物料的部件是两个截锥体，其中外锥体是固定的，内锥体被安装在偏心轴套里的立轴带动进行偏心旋转运动，使物料受到挤压、弯曲、剪切作用而破碎。连续破碎，生产能力较颚式破碎机大，功耗低。适用于粗、中、细碎硬质料或中硬质料。

3.1.4.3 辊式破碎机

辊式破碎机的原理是物料在两个作相互旋转的辊筒之间被压碎。适用于破碎中低硬度、脆性、黏性和松软的物料。常用来破碎黏土、煤、混合材等。

3.1.4.4 锤式破碎机

锤式破碎机的主要工作部件为带有锤头的转子。当物料进入破碎机中，受到高速旋转的锤头的冲击而被破碎。物料获得能量后又高速撞向衬板而被第二次破碎。较小的物料通过箅条排出，较大的物料在箅条上再次受到锤头的冲击被破碎，直至能通过箅条而排出。适用于中、细碎中硬质料。

3.1.4.5 反击式破碎机

反击式破碎机是在锤式破碎机的基础上发展起来的。原理是物料被快速旋转的转子上刚性固定的打击板打碎，并且撞击到反击板上而进一步被破碎。适用于中、细破碎硬质料和中硬质料。

3.1.4.6 笼式粉碎机

笼式粉碎机由两个相向转动的笼子所构成。每个笼子分别有一个固定在轮毂上的钢制圆盘，每个盘上固装有两圈或三圈钢棒，钢棒按同心圆布置并和圆盘垂直。每圈钢棒的另一端由钢环固接，以增加其强度，两个钢盘上各圈钢棒是相间分布的。当物料从加料口进入两个相向转动的笼子中心部分时，料块首先落入最里面的一圈钢棒上，由于轮子的高速转动，物料受到钢棒的猛烈打击而被粉碎，然后在离心力作用下被抛到下一圈钢棒上，物料在此圈钢棒上受到同样方式的打击，但打击的方向相反。如此进入下去，直至物料通过所有各圈钢棒为止，磨好的物料落至机壳的下部后卸出。

3.2 球磨法制备粉体的原理和技术

3.2.1 概述

球磨法制备粉体技术是物料被上述破碎机破碎后，在球磨机中粉碎的关键技术。它广泛应用于水泥、硅酸盐制品、建筑材料、耐火材料、化工、造纸、电力、化肥、粉末冶金、选矿、玻璃、陶瓷等生产行业，对各种矿物或矿石、可磨性物料进行干式或湿式粉磨。由于生产情形的不同，制备粉体技术的流程可有不同的方式。如图 3-3 所示，(a) 为简单的粉磨流程；(b) 为带有预筛分的粉磨流程；(c) 为带检查筛分的粉磨流程；(d) 为带预筛分和检查筛分的粉磨流程。

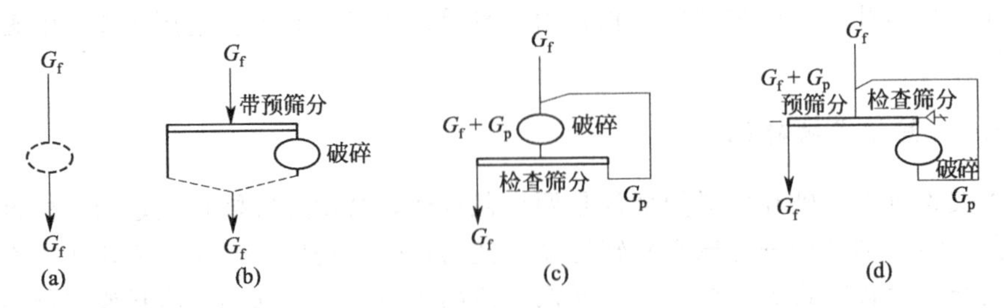

图 3-3 球磨法制备粉体系统的基本流程

图 3-1(a) 所示流程中，只有球磨机，没有设置筛分设备，从球磨机出来的物料就是产品，产品中会存在部分粒度不合格的粗颗粒物料，有时甚至难以满足生产要求。

图 3-1(b)、(d) 所示流程中，由于预先设置筛分设备，可去除物料中无须粉碎的细颗粒，故可增加粉碎流程的生产能力，减小动力消耗、工作部件的磨损等。这种流程适合于原料中细粒级物料较多的情形。

图 3-1(c)、(d) 所示流程由于设有检查筛分环节，故可获得粒度合乎要求的粉碎产品，为后续工序创造有利条件。但这种流程较复杂，设备多，建筑投资大，操作管理工作量也大，因而，此种流程一般主要用于最后一级粉碎作业。

凡从球磨机中卸出的物料即为产品，不带检查筛分或选粉设备的粉磨流程称为开路（或开流）流程。开路流程的优点是比较简单，设备少，扬尘点也少。缺点是当要求粉碎产品粒度较小时，粉磨效率较低，产品中会存在部分粒度不合格的粗颗粒物料。

凡带检查筛分或选粉设备的粉磨流程称为闭路（或圈流）流程。该流程的特点是从粉碎机中卸出的物料须经检查筛分或选粉设备，粒度合格的颗粒作为产品，不合格的粗颗粒作为循环物料重新回至粉磨机中再行粉磨。粗颗粒回料质量与该级粉磨产品的质量之比称为循环负荷率。

设出球磨机的物料质量为 F，回料质量为 G，产品质量为 Q，则循环负荷率的数学表示式为：

$$K=G/Q\times 100\% \tag{3-6}$$

如果选粉机进料、粗粉回料、出选粉机成品物料的某一粒径的累积筛余分别为 x_F、x_A、x_B，并且物料循环过程中无损失，则有：

$$F=G+Q$$

$$Fx_F = Gx_A + Q x_B$$

上两式联立并整理后可得循环负荷率的实用计算式为：

$$K=\frac{G}{Q}=\frac{x_F-x_B}{x_A-x_F}\times 100\% \tag{3-7}$$

检查筛分或选粉设备分选出的合格物料质量 m 与进该设备的合格物料总质量 M 之比称为选粉效率，用字母 E 表示。

$$E=\frac{m}{M}\times 100\% \tag{3-8}$$

如上同理，有：

$$F(100-x_F)=G(100-x_A)+Q(100-x_B) \tag{3-9}$$

整理得：

$$E=\frac{m}{M}=\frac{Q(100-x_B)}{F(100-x_F)}=\frac{(x_A-x_F)(100-x_B)}{(x_A-x_B)(100-x_F)}\times 100\% \tag{3-10}$$

3.2.2 球磨机

球磨机是在建材、冶金、选矿和电力等工业中应用极为广泛粉磨机械，它由水平的筒体、进出料空心轴及磨头等部分组成。筒体为长的圆筒，筒内装有研磨体，筒体为钢板制造，有钢制衬板与筒体固定，研磨体一般为钢制圆球，并按不同直径和一定比例装入筒中，研磨体也可用钢段，根据研磨物料的粒度加以选择。物料由球磨机进料端空心轴装入筒体内，当球磨机筒体转动时，研磨体由于惯性和离心力作用、摩擦力的作用，附在筒体衬板上被筒体带走，当被带到一定高度时，由于其本身的重力作用而被抛落，下落的研磨体像抛射体一样将筒体内的物料击碎。

3.2.2.1 球磨机的分类

按筒体的长度与直径之比（长径比）分为：短磨机、中长磨机和长磨机。

长度与直径之比（长径比）小于 2 的球磨机称为短磨机，短磨机多为单仓；长径比为 3 左右的球磨机称为中长磨机；长径比大于 4 时称为长磨机或管磨机。中长磨机和长磨机内部一般分成 2～4 个仓。

按是否连续操作可分为：连续磨机和间歇磨机。

按传动方式分为：中心传动磨机和边缘传动磨机。

中心传动磨机指电动机通过减速机带动磨机卸料端空心轴而驱动磨体回转，减速机输出轴与磨机的中心线在同一直线上；边缘传动磨机是电动机通过减速机带动固定在卸料端筒体上的大齿轮而驱动磨体回转。

按卸料方式分为：尾卸式磨机和中卸式磨机。

被粉磨物料从磨机的一端（磨头）喂入，从另一端（磨尾）卸出，这种磨机称为尾卸式磨机；被粉磨物料从磨机的两端（磨头和磨尾）喂入，从磨机中部卸出，这种磨机称为中卸式磨机。

按磨内研磨介质的形状可分为：球磨机、棒球磨机和砾石磨。

磨内研磨介质主要为钢球或钢段，这种磨机称为球磨机。这种磨机通常有 2～4 个仓，在第一仓内装入圆柱形钢棒作为研磨介质，后面几个仓装入钢球或钢段。这种磨机称为棒球磨机。磨内装入的研磨介质为砾石、卵石、瓷球和刚玉球等，用花岗岩或瓷质材料作为衬板的磨机称为砾石磨，它主要用于物料对金属污染较严格的粉磨作业。

按操作工艺可分为：干法磨机和湿法磨机。

3.2.2.2 球磨机的工作原理

物料由进料装置经入料中空轴螺旋均匀地进入磨机第一仓，该仓内有阶梯衬板或波纹衬板，内装各种规格钢球，筒体转动产生离心力将钢球带到一定高度后落下，对物料产生重击和研磨作用。物料在第一仓达到粗磨后，经单层隔仓板进入第二仓，该仓内镶有平衬板，内有钢球，将物料进一步研磨。粉状物通过卸料箅板排出，完成粉磨作业。

筒体在回转的过程中，研磨体也有滑落现象，在滑落过程中给物料以研磨作用。为了有效地利用研磨作用，对进料颗粒较大的物料进行磨细时，通常把磨机筒体用隔仓板分隔为两段，即成为双仓，物料进入第一仓时被钢球击碎，物料进入第二仓时，钢段对物料进行研磨，磨细合格的物料从出料端空心轴排出。对进料颗粒小的物料进行磨细时，如矿渣、粗粉煤灰，磨机筒体可不设隔仓板，成为一个单仓筒磨，研磨体也可以用钢段。

原料通过空心轴颈给入空心圆筒进行磨碎，圆筒内装有各种直径的磨矿介质（钢球、钢棒或砾石等）。当圆筒绕水平轴线以一定的转速回转时，装在筒内的介质和原料在离心力和摩擦力的作用下，随着筒体达到一定高度，当自身的重力大于离心力时，便脱离筒体内壁抛射下落或滚下，由于冲击力而击碎矿石。同时在磨机转动过程中，磨矿介质相互间的滑动运动对原料也产生研磨作用。磨碎后的物料通过空心轴颈排出。

3.2.2.3 球磨机的结构

如图 3-4 和图 3-5 所示，球磨机由给料部分、出料部分、回转部分、传动部分（减速机、小传动齿轮、电机、电控）等主要部分组成。中空轴采用铸钢件，内衬可拆换，回转大齿轮采用铸件滚齿加工，筒体内镶有耐磨衬板，具有良好的耐磨性。

球磨机主机包括筒体，筒体内镶有用耐磨材料制成的衬，有承载筒体并维系其旋转的轴承，还要有驱动部分，如电动机和传动齿轮、皮带轮、三角带等。

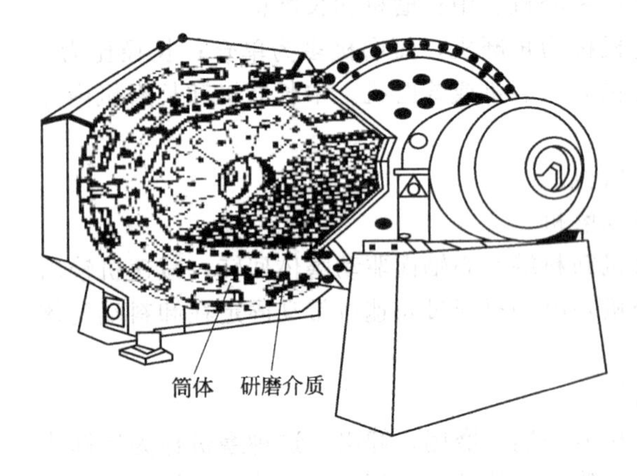

图 3-4　球磨机示意

图 3-5　球磨机实物

（1）筒体　球磨机的筒体是其主要工作部件之一。被粉磨物料是在筒体内受到研磨体的冲击和粉磨作用而成细粉末的。筒体上的每一个仓都开设一个磨门（又称人孔）。设置磨门是为了便于镶换衬板、装填或倒出研磨体、停磨检查磨机的情况等。

（2）衬板　衬板的作用是保护筒体，使筒体免受研磨体和物料的直接冲击和摩擦。另外，利用不同形式的衬板可调整磨内各仓研磨体的运动状态。

物料进入磨内之初粒度较大，要求研磨体以冲击粉碎为主，故研磨体应呈抛落状态运动；后续各仓内物料的粒度逐渐减小。为了使粉磨达到较细的产品细度，研磨体应逐渐增强研磨作用，加强泻落状态。由前述可知，研磨体的运动状态取决于磨机的转速，这样，粉磨过程要求各仓内研磨体呈不同运动状态与整个磨机筒体具有同一转速相矛盾。解决此矛盾的有效方法就是利用不同表面形状的衬板使之与研磨体之间产生不同的摩擦系数来改变研磨体的运动状态，以适应各仓内物料粉磨过程的要求，从而有效提高粉磨效率，增加产量，降低金属消耗。

常见的衬板类型有平衬板、压条衬板、凸棱衬板 、波形衬板、阶梯衬板 、半球形衬板、小波纹衬板 、分级衬板、端盖衬板、沟槽衬板、圆角方形衬板等。

衬板的固定方式有螺栓连接和镶砌两种。通常一、二仓的衬板都是用螺栓固定的，所用螺栓有圆头、方头和椭圆头等。安装衬板时，要使衬板紧贴在筒体内壁上，不得有空隙存在。为了防止料浆或料粉进入冲刷筒体，应在衬板与筒体间加设衬垫。

(3) 隔仓板　隔仓板的作用如下。

① 分隔研磨体。在粉磨过程中，物料的粒度向磨尾方向逐渐减小，要求研磨体开始以冲击作用为主，向磨尾方向逐渐过渡到以研磨作用为主，因而从磨头至磨尾各仓内研磨体的尺寸依次减小。加设隔仓板可将这些执行特定任务的研磨体加以分隔，以防止它们窜仓。

② 防止大颗粒物料窜向出料端。隔仓板对物料有筛析作用，可防止过大的颗粒进入冲击力较弱的细磨仓。否则，未粉碎细的颗粒堆积起来会严重影响粉磨效果，或者未经磨细而出磨造成产品细度不合格。

③ 控制磨内物料流速。隔仓板的箅板孔的大小及开孔率决定了磨内物料的流动速度，从而影响物料在磨内经受粉磨的时间。

隔仓板分单层和双层两种，双层隔仓板又分为过渡仓式、提升式和分级式几种。

隔仓板的箅板孔的排列方式有多种，主要是同心圆和辐射状排列两大类。

(4) 主轴承　各类磨机主轴承的主要构造基本相同，都是由轴瓦、轴承座、轴承盖、润滑及冷却系统组成。轴承的润滑采用动压润滑和静压润滑两种方式。

(5) 进料、卸料装置　磨机进料、卸料装置是磨机整体中的一个组成部分，物料和水（湿法磨）或气流（干法磨）通过进料装置进入磨内，通过出料装置排出磨外。根据生产工艺要求，磨机的进、卸料装置有不同的类型。

进料装置大致有溜管进料、螺旋进料和勺轮进料等装置。

卸料装置大致有翻板阀和叶轮卸料器。

(6) 传动系统　边缘传动包括高速电动机的边缘传动和低速电动机的边缘传动，中心传动分为单传动和双传动两种。边缘传动与中心传动相比，边缘传动磨机的大齿轮直径较大，制造困难，占地多，但齿轮精度要求较低。中心传动结构紧凑，占地面积小，但制造精度要求较高，对材质和热处理的要求也高。中心传动较边缘传动装置总质量小些，加工精度高，一般情况下，中心传动较边缘传动的造价要高一些。中心传动的机械效率一般为0.92～0.94，最高可达0.99；边缘传动的机械效率一般约为0.86～0.90，二者相差5%左右。边缘传动较中心传动的零部件分散，供油点多，检查点多，操作及检查不方便，磨损快，寿命短。

3.2.2.4　球磨机运动分析

为了确定磨机的适宜工作转速、所需功率、研磨体最大装载量及对磨机进行机械计算等，必须对动态研磨体的运动规律进行分析。

磨机以不同转速回转时，磨内研磨体可能出现三种基本运动状态，如图 3-6 所示。图 3-6(a) 所示为转速太快的情形，此时研磨体与物料贴附筒体与之一起转动，称为“周转状态”，此情形时研磨体对物料无任何冲击和研磨作用。图 3-6(c) 所示为转速太慢的情形，研磨体和物料因摩擦力被筒体带至等于动摩擦角的高度，然后在重力作用下下滑，称为“泻落状态”。此情形时对物料有较强的研磨作用，但无冲击作用，对大块物料的粉碎效果不好。图 3-6(b) 所示为转速适中的情形，研磨体被提升至一定高度后以近抛物线轨迹抛落下来，称为“抛落状态”。此时研磨体对物料有较大的冲击作用，粉碎效果较好。

实际上，磨内研磨体的运动状态并非如此简单，既有贴附在磨机筒壁向上的运动，也有沿筒壁和研磨体层的向下滑动、类似抛射体的抛落运动以及绕自身轴线的自转运动和滚动等。研磨体对物料的基本作用是上述各种运动对物料综合作用的结果，其中以冲击和研磨作用为主。

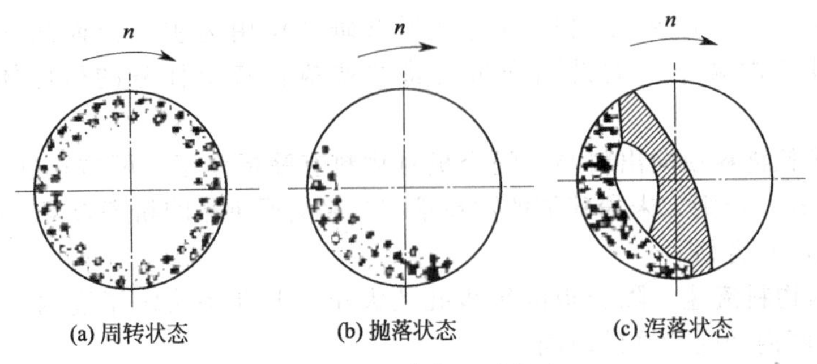

图 3-6 研磨体的运动状态

分析研磨体粉碎物料的基本作用的目的就是根据磨内物料的粒度大小和装填情况确定合理的研磨体运动状态。这是正确选择和计算磨机工作转速、所需功率、生产能力以及磨机机械设计计算的依据。

3.2.2.5 球磨机主要参数

(1) 磨机转速

① 磨机的临界转速 n_0。所谓临界转速是指磨内紧外层两个研磨体恰好开始贴随磨机筒体作周转状态运转时的磨机转速。

② 磨机的理论适宜转速 n。当磨机达到其临界转速时，由于研磨体作周转运动，故对物料不起粉磨作用；但当转速较低时，由于研磨体呈泻落状态运动，对物料的粉碎作用又较弱；只有当研磨体呈抛落状态运动时才对物料起较强的粉碎作用。可见研磨体对物料的粉碎功是磨体转速的函数。我们希望研磨体产生最大的粉碎作用，使研磨体产生最大粉碎功的磨机转速称为理论适宜转速。

③ 磨机的实际工作转速 n_g。为使磨机具有最好的粉磨效果，应考虑冲击和研磨作用的平衡问题；同时，还要注意使外层研磨体呈无滑落循环运动。只有如此才能使磨机功率和衬板磨耗达到合理，从而获得较好的技术经济指标。

上述分析可作为确定磨机转速的理论依据，实际上，在确定磨机实际工作转速时，应考虑磨机的规格、生产方式、衬板形式、研磨体种类及填充率、被粉磨物料的物理化学性质、入磨物料粒度和要求的粉磨细度等因素。就是说，应通过实验来确定磨机的实际工作转速，比较全面地反映上述因素的影响。

对于干法磨机的实际工作转速的确定，有下面的经验公式：

当 $D>2m$ 时， $n_g=32/\sqrt{D_0}-0.2D$ (r/min) (3-11)

当 $1.8m \leqslant D \leqslant 2m$ 时， $n_g=n=32/\sqrt{D_0}$ (r/min) (3-12)

当 $D<1.8m$ 时， $n_g=n+(1\sim1.5)$ (r/min) (3-13)

式中 D——球磨机的直径，m；

n_g——磨机的实际工作转速，r/min；

n——磨机转速，r/min；

D_0——磨机有效直径，m。

磨机的实际工作转速随磨机规格的不同而与理论适宜转速有所差异。一般进料粒度相差不大，对于大型磨机没有必要将研磨体提升到具有最大降落高度，因为在块状物料的粉磨过程中，在满足冲击粉碎的条件下还应加强对于细物料的研磨作用，才能获得更好的粉磨效果。当磨机转速低于理论适宜转速时，研磨体的滑动和滚动现象增强，对物料的粉磨作用也随之加强。所以，大直径的磨机实际工作转速较理论适宜转速略低；而小直径磨机，为使研磨体具有必要的冲击力，其实际工作转速较理论适宜转速略高。

对于湿法磨机，在同一条件下转速应比干法磨稍高，原因是湿法磨除料浆阻力对冲击力有影响外，还由于水分的湿润降低了研磨体之间以及研磨体与衬板之间的摩擦系数，相互间产生较大的相对滑动，因此，湿法磨机的工作转速应比相同条件下的干法磨机高25%。但湿法棒球磨的转速却应比干法磨低，这主要是因为钢棒的质量比钢球大得多，其冲击动量比较大，粉碎作用较强。

此外，磨筒在闭路操作时，由于磨内物料流速加快，生产能力较高，因而闭路操作可比开路操作的磨机转速高些。

(2) 磨机的功率计算 磨机的功率分为主传动装置和辅助传动装置所需功率的计算。

① 主传动装置所需功率的计算。主传动装置所需功率的计算常用的两种方法是：a. 磨机以实际工作转速运转时所需的能量消耗主要用于运动研磨体和克服传动与支承装置的摩擦；b. 聚集层法。所谓聚集层是假想磨机筒体中所有的研磨体都集中在某一中间层运动，研磨体在这一中间层运动的各种性质可代表全部研磨体在筒体内的运动情况。该中间层称之为聚集层。

按第一种方法推导出来的磨机主传动装置所需的功率为：

$$N=\frac{1}{\eta}\times0.222nD_0V\left(\frac{G}{V}\right)^{0.8}\ (\mathrm{kW}) \tag{3-14}$$

式中 n——磨机转速，r/min；

D_0——磨机有效直径，m；

V——磨机有效容积，m^3；

G——研磨体总装载量，t；

η——机械效率，中心传动磨机 $\eta=0.90\sim0.94$，边缘传动磨机 $\eta=0.85\sim0.90$。选用高速电机时，η 取较低值；反之，选用低速电机时，η 取高值。

按第二种方法推导出来的磨机主传动装置所需的功率为：

$$N=0.041GR_0ng/\eta \quad (\mathrm{kW}) \tag{3-15}$$

式中　R_0——磨机的有效半径，m；

g——重力加速度，$\mathrm{m/s^2}$。

其余符号的意义同式(3-14)。

应用式(3-14) 计算磨机主电机功率时，应注意以下几点：

该式仅适用于干法磨机。湿法磨机中由于存在水分，研磨体与衬板这间摩擦系数小，故研磨体提升高度小。另外，水分多处于磨体下部从而使湿法磨机的重心下移，故湿法粉磨比干法所需功率要小。实测证明，约小 10%。

该式仅适用于填充率为 0.25～0.35 的磨机。磨机填充率过高或过低时都会引起误差。

在电动机选型时，应考虑不小于 5%的储备能力，以保证磨机的安全启动和承受运转时可能出现的过载情形时的安全运转。

另外，在计算磨机产量时采用粉磨物料所需功率 N_0，而计算 N_0 不应包括机械传动和运动物料所需功率。如果按磨内物料质量约占研磨体质量的 14%计，则磨机粉磨物料所需功率为：

$$N_0=\frac{1}{\eta}\frac{N}{1.14^{0.8}}=\frac{1}{\eta}nD_0V\left(\frac{G}{V}\right)^{0.8} \quad (\mathrm{kW}) \tag{3-16}$$

② 辅助传动装置所需功率的计算。分析辅助传动所需功率目的是为正确选择辅助电动机和辅助减速机的规格提供依据。

开辅助传动装置带动磨机转动时，由于转速慢，研磨体在磨内的运动完全处于泻落状态，因而其功率计算方法与主传动功率计算方法不同。磨机辅助传动所需功率包括用于提升研磨体及物料需要的功率 N_1 和克服磨机主轴承与中空轴摩擦消耗的功率 N_2，克服传动系统摩擦消耗的功率用 η_F 表示。则辅助传动所需功率 N_F 为：

$$N_F=(N_1+N_2)/\eta_F \quad (\mathrm{kW}) \tag{3-17}$$

$$N_1=1000gGan_F/9545 \quad (\mathrm{kW}) \tag{3-18}$$

$$N_2=1000g(G+G_m)frn_F/9545(\mathrm{kW}) \tag{3-19}$$

$$N_F=1.02[Ga+(G+G_m)fr]n_F/\eta_F(\mathrm{kW}) \tag{3-20}$$

式中　G——研磨体及物料的质量，$G=1.14G_n$，G_n 为研磨体质量，t；

g——重力加速度，$\mathrm{m/s^2}$；

a——研磨体堆积重心的偏心距，m；

n_F——开辅助传动时的磨机转速，r/min；

r——中空轴颈半径，m；

G_m——磨体部分总质量，t；

f——主轴承与中空轴的摩擦系数，按边界润滑条件，$f=0.05$。

(3) 磨机产量计算　影响球磨机产量的主要因素如下：

① 粉磨物料的种类、物理性质、入磨物料粒度及要求的产品细度；

② 磨机的规格和形式、仓的数量及各仓的长度比例、隔仓板形状及其有效面积、衬板形状、筒体转速；

③ 研磨体的种类、装载量及其级配；

④ 加料均匀程度及在磨内的球料比；

⑤ 磨机的操作方法，如湿法或干法、开路或闭路；湿法磨中水的加入量、流速；干法磨中的通风情况；闭路磨中选粉机的选粉效率和循环负荷率等；

⑥ 是否加助磨剂等。

上述因素对磨机产量的影响以及彼此关系目前尚难以从理论上进行精确、系统地定量描述。

常用的磨机产量计算公式为

$$Q=N_0 q\eta_c/1000=0.2nD_0V\left(\frac{G}{V}\right)^{0.8}\left(\frac{q\eta_c}{1000}\right)(\mathrm{t/h}) \tag{3-21}$$

式中 N_0——磨机粉磨物料所需功率，kW；

q——单位功率单位时间的产量，kg/(kW·h)；

η_c——流程系数，开路时 $\eta_c=1.0$，闭路时 $\eta_c=1.15\sim1.5$。

3.2.3 自磨机

自磨机又称无介质磨矿机，其工作原理与球磨机基本相同，不同的是它的筒体直径更大，不用球或任何其他粉磨介质，而是利用筒体内被粉碎物料本身作为介质，在筒体内连续不断地冲击和相互磨削以达到粉磨的目的。有时为了提高处理能力，也可加入少量钢球，通常只占自磨机有效容积的2%～3%。

自磨机的最大特点是可以将来自采场的原矿或经过粗碎的矿石等直接给入磨机。通常矿物按一定粒级配比给入磨机棒磨。自磨机可将物料一次磨碎到粒径0.074mm以下的含量占产品总量的20%～50%，粉碎比可达4000～5000，比球、棒磨机高十几倍。自磨机是一种兼有破碎和粉磨两种功能的新型磨矿设备。它利用被磨物料自身为介质，通过相互的冲击和磨削作用实现粉碎，自磨机因此而得名。

按磨矿工艺方法不同，自磨机可分为干式（气落式）和湿式（泻落式）两种。目前我国广泛使用的是湿式自磨机。

自磨机有变速和不同功率定转速两种拖动方式，有的自磨机还配备有微动装置。为便于维修，配备有筒体顶起装置；对于大型磨机，为消除启动时的静阻力矩，采用了静压轴承等现代先进技术，以确保自磨机能够安全运转。干式自磨机特点如下：

① 中空轴颈短，筒体短，这样可以使物料容易给入和易于分级，缩短物料在磨矿机中滞留时间，因而生产能力高；

② 端盖和筒体垂直，并装有双凹凸波峰状衬板（或称换向衬板），其作用除保护端盖外，还可以防止物料产生偏析现象，即物料落到一衬板的波峰后，可以被反弹到另一方，使之增加与下落的物料相互碰撞的机会，同时保证不同块度的物料在筒体内作均匀分布；

③ 筒体上镶有丁字形衬板，称为提升板，其作用是将物料提升到一定高度后靠其自重落下，以加强冲击破碎作用；

④ 给料经过进料槽进入自磨机，被破碎后的物料则随风机气流从自磨机中排出，再进入相应的分级设备中进行分级，粗粒物料则又在排出过程中借助于自重返回自磨机中再磨；

⑤ 自磨机的筒体直径很大，通常约为其长度的三倍。

湿式自磨机特点如下：

① 端盖与筒体不是垂直连接，端盖衬板呈锥形；

② 排矿端侧增加了排矿格子板，从格子板排出的物料又通过锥形筒筛，筛下物由排矿口排出，筛上物则经螺旋自返装置返回自磨机再磨，形成了自行闭路磨矿，可以进一步控制排矿粒度，减少返矿量；

③ 给矿侧采用移动式的给矿小车；

④ 大齿轮固定在排矿端的中空轴颈上。湿式自磨机的其他部分构造和干式自磨机大致相同。

3.2.4 附属机械设备——分级设备

3.2.4.1 筛分设备

筛分一般适用于较粗物料（粒度大于0.05mm）的分级。在筛分过程中，大于筛孔尺寸的物料颗粒被留在筛面上，这部分物料称为筛上料；小于筛孔尺寸的物料颗粒通过筛孔筛出，这部分物料称为筛下料。

筛分机械的类型很多，按筛分方式可分为干式筛和湿式筛；按筛面的运动特性，可将其分为如下四大类：振动筛、摇动筛、回转筛和固定筛。

3.2.4.2 选粉机

在离心力场中，颗粒可获得比重力加速度大得多的离心加速度，故同样的颗粒在离心场中的沉降速度远大于重力场情形，换言之，即使较小的颗粒也能获得较大的沉降速度。

设颗粒在离心场中的圆周运动速度为 u_t，角速度为 ω，回转半径为 r，则在 Stokes 沉降状态下，颗粒所受离心力 F_c 和介质阻力 F_d 分别为：

$$F_c=\frac{\pi}{6}D_p^3(\rho_p-\rho)\omega^2 r=\frac{\pi D_p^3(\rho_p-\rho)u_t^2}{6r} \tag{3-22}$$

$$F_d=K\rho D_p^2 u_r^2 \tag{3-23}$$

式中　u_r——流体的径向运动速度。

F_d 与 F_c 的方向相反，即指向回转中心。当 $F_c>F_d$ 时，颗粒所受的合力方向向外，因而发生离心沉降；反之，当 $F_c<F_d$ 时，颗粒向内运动；当 $F_c=F_d$ 时，有：

$$\frac{\pi D_p^3(\rho_p-\rho)u_t^2}{6r}=K\rho D_p^2 u_r^2$$

所以，临界分级粒径为：

$$D_c=\frac{6K\rho}{\rho_p-\rho}\frac{u_r^2}{u_t^2}r \tag{3-24}$$

此式表明，如果颗粒的圆周速度（即运动角速度）足够大时，即可获得足够小的分级粒径。

常见的选粉机有离心式选粉机、旋风式选粉机、组合式选粉机和O-Sepa选粉机。

3.2.4.3 水力旋流器

湿法粉磨时，出磨物料为料浆需要湿法分级设备，水力旋流器是一种利用流体压力产生旋转运动的装置。当料浆以一定的速度进入旋流器，遇到旋流器器壁后被迫作回转运动。由于所受的离心力不同，料浆中的固体粗颗粒所受的离心力大，能够克服水力阻力向器壁运动，并在自身重力的共同作用下，沿器壁螺旋向下运动，细而小的颗粒及大部分水则因所受的离心力小，未及靠近器壁即随料浆作回转运动。在后续给料的推动下，料浆继续向下和回转运动，于是粗颗粒继续向周边浓集，而细小颗粒则停留在中心区域，颗粒粒径由中心向器壁越来越大，形成分层排列。随着料浆从旋流器的柱体部分流向锥体部分，流动断面越来越小，在外层料浆收缩压迫之下，含有大量细小颗粒的内层料浆不得不改变方向，转而向上运动，形成内旋流，自溢流管排出，成为溢流，而粗大颗粒则继续沿器壁螺旋向下运动，形成外旋流，最终由底流口排出，成为沉砂。

3.2.4.4 收尘器

凡能将气体中的粉尘捕集分离出来的设备均称为收尘器，常称除尘器。

按收尘器主要用途分有两种：一种是除去空气中的粉尘，改善环境，减少污染，所以有时候又把这种用途的收尘设备叫作除尘设备，比如工厂的尾气排放使用的收尘设备；另一种用途是通过收尘设备筛选收集粉状产品，如水泥系统对成品水泥的收集提取，这类称为收尘设备。按气固分离原理可分为以下几类。

重力收尘器：利用重力使粉尘颗粒沉降至器底，如沉降室等。这种收尘装置能收集的粉尘粒径通常为50μm以上。

惯性收尘器：利用气流运行方向突然改变时其中的固体颗粒的惯性运动而与气体分离，如百叶窗收尘器等。这种收尘器的分离粒径一般大于30μm。

离心收尘器：在旋转的气固两相流中利用固体颗粒的离心惯性力作用使之从气体中分离出来，如旋风收尘器。该收尘器的分离粒径可达5μm。

过滤收尘器：含尘气体通过多孔层过滤介质时，由于阻挡、吸附、扩散等作用而将固体颗粒截留下来，如袋式收尘器、颗粒层收尘器等。这种收尘器的分离粒径可达1μm。

电收尘器：在高压电场中，利用静电作用使颗粒带电从而将其捕集下来，如各种静电收尘器。这种收尘器的分离粒径可达10^{-2}μm。

常用的有旋风收尘器、袋式收尘器、静电收尘器和电袋组合收尘器。

3.2.5 球磨法制备粉体的工艺流程

3.2.5.1 开路流程

在粉磨过程中，当物料一次通过磨机后即为产品时，称为开路系统，如图3-7(a)所示。即物料由进料装置经入料中空轴螺旋均匀地进入球磨机第一仓，该仓内有阶梯衬板或波纹衬板，内装不同规格钢球，筒体转动产生离心力将钢球带到一定高度后落下，对物料产生重击和研磨作用。物料在第一仓达到粗磨后，经单层隔仓板进入第二仓，该仓内镶有平衬板，内有钢球，将物料进一步研磨。粉状物通过卸料箅板排出，完成粉磨作业。

优点：流程简单，设备少，投资省，操作维护方便。

缺点：容易产生过粉磨现象。即磨内物料必须全部达到合格细度后才能出磨。当一些容易磨细的物料提前磨细后，在磨内形成缓冲层，妨碍其他物料的粉磨，有时甚至出现细粉包球现象，从而降低了粉磨效率，使磨机产量降低、电耗升高。

3.2.5.2 闭路流程（圈流过程）

当物料经球磨机粉磨后，再经过分级设备选出产品，粗料返回磨机内再磨，称为闭路系统，如图 3-7(b) 所示。

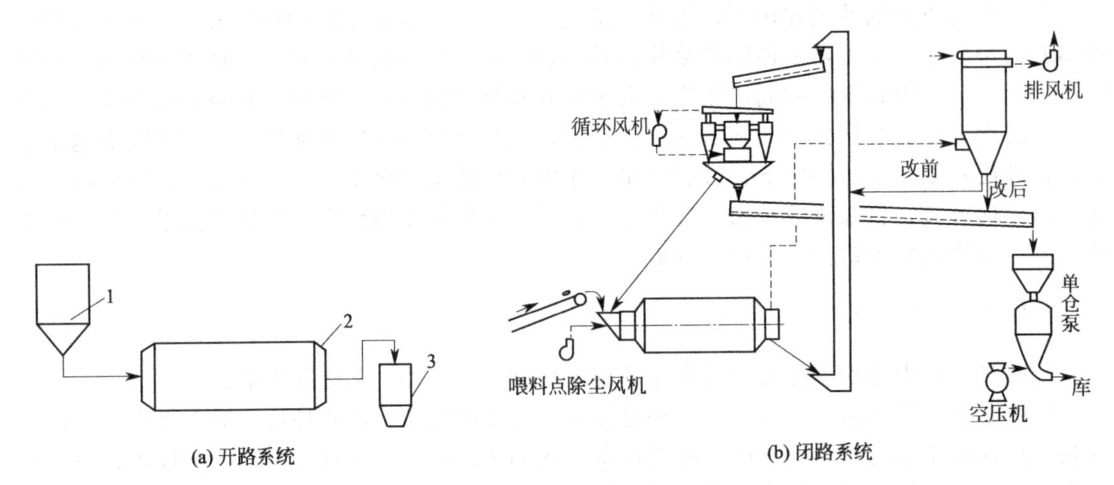

图 3-7 球磨法制备粉体流程

1—料仓；2—球磨机；3—产品

闭路循环粉磨系统由选粉机与球磨机共同组成。选粉机的作用是将在磨内粉磨到一定粒度的合格细粉分离出去，把粗粉送回磨机重新粉磨，以调节粉料产品的颗粒组成，改善粗细粉不均匀现象，并能防止细粉对磨内研磨体的黏附，使磨机的粉磨效率得到提高。

优点：闭路系统能够将合格的细粉及时选出，减少了磨内的缓冲作用，消除了过粉磨现象，能提高磨机产量。同时出磨物料经过输送和分级可散失一部分热量，粗粉回磨再磨时，可降低磨内温度，有利于提高磨机产量和降低粉磨电耗。一般闭路系统比开路系统可提高产量 15%～25%。

产品细度还可通过调节分级设备的方法来控制，比较方便。开路系统产品的颗粒分布较宽，而闭路系统产品的颗粒组成较均匀，粗粒少，微粉也少，产品细度波动小，并易于调整。当 0.08mm 筛筛余为 5%时，波动范围能控制在±0.5%以内。改变粉磨细度，仅调选粉机而不必改变钢球级配。

缺点：闭路粉磨的流程较复杂，附属设备较多，维修工作量大，设备运转率相对要低些，操作管理技术要求也高，基建投资大。

3.2.6 工业中采用球磨法制备粉体的技术实例

实例 1：水泥厂原料粉磨

生料粉磨是水泥生产的重要工序，其主要功能在于原料经过粉碎后，提高物理作用的效果及化学反应的速度；几种不同原料在粉体状态下，容易达到混合均匀的效果，方便烘干、运输和储存等，并为煅烧熟料和制成水泥，保证出厂水泥的合格率创造了条件。粉磨后细度要求通过 0.08mm 方孔筛筛余 10%以下，随着筛余量的减少，粉磨单位产品的电耗将显著增加，产量也相应降低。因此，生料粉磨细度，通常控制在 0.08mm 方孔筛筛余 10%左右，0.20mm 方孔筛筛余小于 1.0%。采用大型球磨机生产时，由于产品粒度较均匀，粗大颗粒较少。在易烧性允许的前提下，0.08mm 方孔筛筛余可放宽至 12%～16%，但应控 0.20mm 方孔筛筛余小于 1.5%。

图 3-8～图 3-10 表示了三种利用中卸烘干磨机制备水泥生料粉的工艺流程。

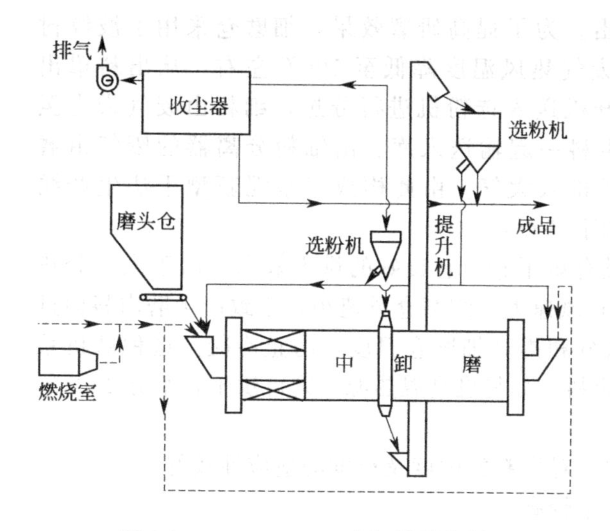

图 3-8 ϕ3.5m×10m 中卸烘干磨制备水泥生料粉闭路流程

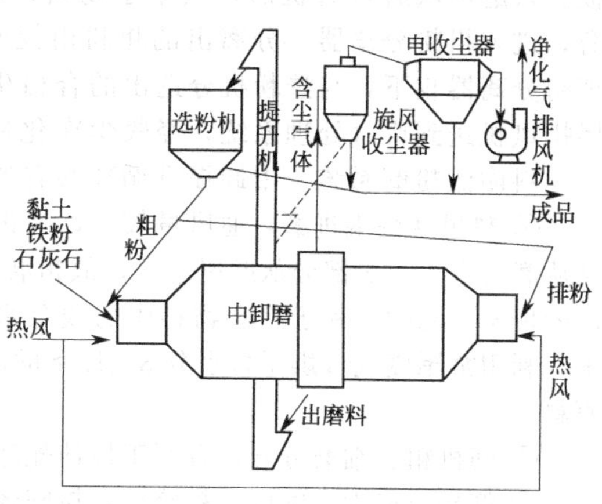

图 3-9 ϕ3m×13m 中卸烘干磨制备水泥生料粉闭路流程

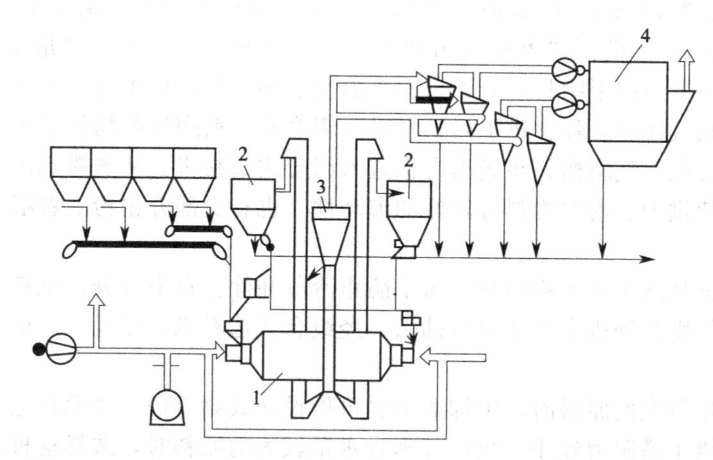

图 3-10 ϕ4.6m×13.5m 中卸烘干磨制备水泥生料粉双闭路流程

1—球磨机；2—选粉机；3—粗粉分离器；4—袋式收尘器

随着水泥工业的发展，粉磨设备工艺不断创新发展，大多数球磨机采用了中间卸料、烘干兼粉磨的形式，以便更好地对原料进行粉磨。

根据原料配比要求配制的混合料，由喂料设备喂入磨机进料装置，进入烘干仓。同时从窑尾（或热风炉）引来的废热气经进风管道进入烘干仓，与由烘干仓内扬料板扬起的混合料料幕交叉，废热气与混合料进行充分的热交换，带走混合料中的水分，烘干仓内的物料经过仓尾的卸料锥，导料板进入粗磨仓，物料在粗磨仓内受到由阶梯衬板提升到较大高度、具有较大势能的大钢球的冲击而被破碎，并继续受到热风的烘干，被破碎的物料中小于卸料仓箅板箅缝的物料通过箅缝进入卸料仓，从卸料仓出磨的物料由提升机送入选粉机进行分选，合格生料输送入库，粗粉被分为两路分别入磨。其中，约三分之一由输送设备送回磨机的进料装置，与混合料混合以改善其流动性；其余粗粉由输送设备送回磨机的回料装置，由料勺经导料板及中空轴内的螺旋筒喂入磨机细磨仓中。从窑尾（或热风炉）引来的废热气由回料装置的热风管进入细磨仓中，使物料得到进一步烘干。由于粗粉的粒度已经较小，所以细磨仓中的研磨体平均球径较小，以利于更好地将物料研磨细，磨细的物料也从卸料仓卸出。为了提高研磨效果，细磨仓采用了波纹衬板。入磨热风通过磨机后，烘干了物料，废气热风温度降低至100℃左右，从出料罩出磨，进入粗粉分离器。分离出的粗粉由提升机送入选粉机进行分选，细粉由废气带走至细粉分离器收下，与选粉机分选出的合格生料一起输送入库。出细粉分离器的废气由磨尾排风机送到废气处理系统，经收尘净化后排入大气。由此构成了水泥新型干法生产线的生料圈流粉磨系统。中卸提升循环磨有如下特点：

① 热风从两端进磨，通风量较大，又设有烘干仓，有良好的烘干效果。由于大部分热风从磨头进入，少部分从磨尾进入，故粗磨仓风速大，细磨仓风速小，不致产生磨内料面过低的现象，同时有利于除去物料中的残余水分和提高细磨仓温度，防止冷凝。这种磨机系统，利用窑尾废气可烘干含水分8%以下的原料，如另设高温热源，则可烘干含水分14%的原料。

② 磨机粗、细磨分开，有利于最佳配球，对原料的硬度及粒度的适应性较好。

③ 循环负荷大，磨内过粉碎少，粉磨效率较高。

④ 缺点是密封困难，系统漏风较多，生产流程也比较复杂。

图3-8为北京某设计院设计的中卸磨流程图。磨机规格为ϕ3.5m×10m，产量85～110t/h，入料粒度为25mm，产品细度为0.08mm孔筛筛余12%，磨机为中心传动，功率为1250kW，利用350℃的预热器废气可烘干8%以下的水分，废气用量1.4～1.5m^3/kg。热气体通过锁风装置后同湿物料一起通过磨头的空心轴，进入烘干仓，烘干仓中的扬料板使物料充分暴露在热气体中，强化烘干后物料进入粗磨仓。粗磨后的物料通过磨机中部的卸料口离开磨机，然后经空气斜槽、斗式提升机进入组合式选粉机。从选粉机出来的粗粉导入细磨仓，但是为了使烘干仓内的物料有较好的流动性，也有少部分粗粉随着喂入的原料一起再回到粗磨仓中去。

热气体大部分从磨头进入粗磨仓，为了防止冷凝和除去自由水分，也有少部分热气通过细磨仓。烘干废气则从磨机中部卸料口抽出，经组合式选粉机、排风机，最后进入窑尾电收尘净化后排出。

在烘干含水量较大的原料时，中卸磨前也可增设立式烘干塔，对原料进行预烘干后再入磨机。由于立式烘干塔阻力较小，故在处理含水量较大的原料时，选择这种系统是有利的。

图3-9为ϕ3m×13m烘干中卸磨流程图，是日产2500t熟料生产线生料粉磨系统配套开发设计的专业主机设备。具有流程简单、烘干能力大、粉磨效率高、过粉磨少、安全可靠、运行稳定的优点，其特点如下：

① 中卸磨设备是中心驱动，中间卸料式提升循环磨，磨机回转部分分为烘干仓、粉磨仓、细磨仓及卸料仓，磨机与选粉机组成闭路循环系统，用来烘干兼粉磨烧制水泥熟料用原料。

② 由于磨机大量采用预热器的废气作为物料的烘干介质，所以可以在磨内烘干水分含量为5%～8%的物料，从而降低水泥生产的单位消耗，提高技术经济指标。

③ 由于物料在磨内同时进行烘干与粉磨，与传统干法相比，简化了工艺流程，从而降低了一次性投资及日常维护和管理费用。

图3-10为ϕ4.6m×13.5m烘干中卸磨双选粉系统流程图。该磨机具有如下特点：

① 热风从两端进磨，通风量较大，又设有烘干仓，有良好的烘干效果。由于大部分热风从磨头进入，少部分从磨尾进入，故粗磨仓风速大，细磨仓风速小，不致产生磨内料面过低的现象，同时有利于除去物料中的残余水分和提高细磨仓温度，防止冷凝。这种磨机系统，利用窑尾废气可烘干含水分8%以下的原料，如另设高温热源，则可烘干含水分14%的

原料。

② 磨机粗、细磨分开，有利于最佳配球，对原料的硬度及粒度的适应性较好。

③ 循环负荷大，磨内过粉碎少，粉磨效率较高。

④ 缺点是密封困难，系统漏风较多，生产流程也比较复杂。

实例 2：水泥粉磨

水泥粉磨是水泥制造的最后工序，也是耗电最多的工序。将水泥熟料、缓凝剂、性能调节材料等粉磨至适宜的粒度，形成一定的颗粒级配，增大其水化面积，加速水化速率，满足水泥浆体凝结、硬化要求。

水泥粉磨闭路钢球磨系统由管磨机、提升机、选粉机和风机等主要设备所组成，如图 3-11 所示，在粉磨过程中，粗粒物料依次通过磨机，它具有减少水泥过粉碎、避免颗粒凝聚和粘仓、粘研磨体等优点，有利于生产高细度水泥，改变生产水泥的品种，提高粉磨效率。

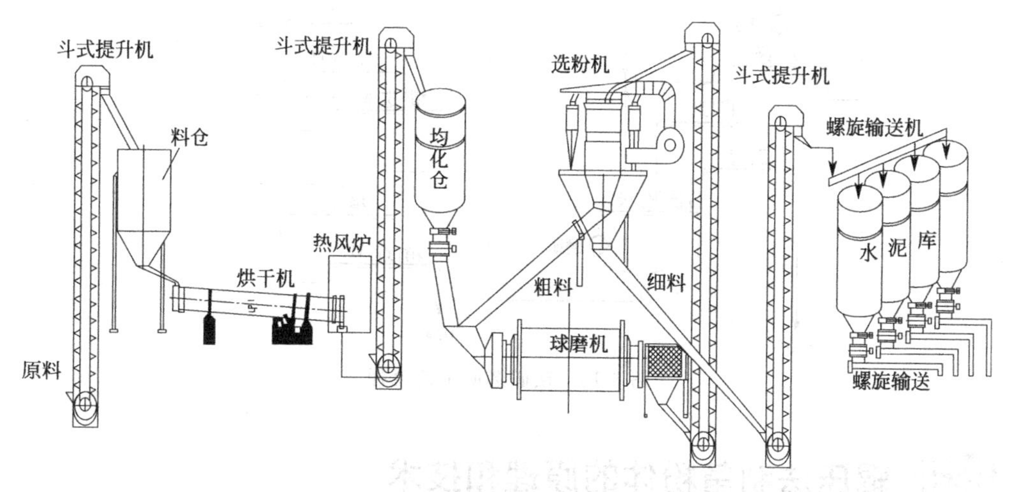

图 3-11　ϕ3.8m×13m 闭路水泥粉磨系统流程

实例 3：粉末冶金中锰矿选矿技术

我国锰矿绝大多数属于贫矿，必须进行选矿处理。但由于多数锰矿石属细粒或微细粒嵌布，并有相当数量的高磷矿、高铁矿和共（伴）生有益金属，如图 3-12 所示，给选矿加工带来很大难度。目前，常用的锰矿选矿方法为机械选矿法（洗矿、筛分、重选、强磁选和浮选）和特殊选矿法（火法富集、化学选矿法等）。锰矿选矿工艺流程如图 3-13 所示。锰矿选矿生产线由颚式破碎机、锤式破碎机、球磨机、分级机、磁选机、浮选机、浓缩机和烘干机等主要设备组成，配合给矿机、提升机、传送机可组成完整的选矿生产线。这样的一条锰矿选矿生产线具有高效、低能、处理量高、经济合理等优点。其选矿工艺流程是对原矿进行第一段破碎后进入双层振动筛筛分，上层产品通过再破碎后与中层产品一同进行第二段破碎，第二段破碎产品返回合并第一段破碎产品又进行筛分。筛分后的最终产品通过第一段球磨机进行磨矿并与分级机构构成闭路磨矿，其分级溢流经旋流器分级后进入第二段球磨机再磨，然后与旋流器构成闭路磨矿。旋流器溢流首先进行优先浮选，其泡沫产品进行二次精选、三次精选最终成为精矿产品，经优先浮选后的尾矿经过一次粗选、一次精选、二次精选、三次精选、四次精选、一次扫选的选别流程，一次精选的尾矿与一次扫选的泡沫产品一并进入旋流器进行再分级、再选别，二次精选与一次精选构成闭路选别，三次精选与二次精选构成闭路选别。

(a) 原矿　　(b) 选矿后的矿物

图 3-12　矿物实物

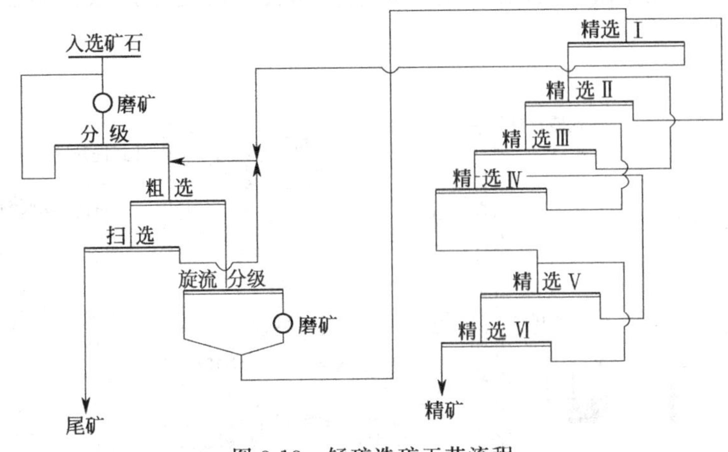

图 3-13　锰矿选矿工艺流程

3.3 辊压法制备粉体的原理和技术

高压辊式磨机又称辊压机或挤压磨。它是 20 世纪 80 年代中期开发的一种新型节能粉碎设备，由合肥水泥研究设计院、天津水泥工业设计研究院、洛阳矿山机器厂、唐山水泥机械厂四家单位联合引进德国 KHD 公司辊压机设计制造技术以来，经过数十年的不断完善，国产辊压机的辊径由 800mm 发展到 1600mm；辊宽由 200mm 发展到 1400mm；装机功率由 90kW×2 发展到 1120kW×2；整机质量由 30 多吨发展到 200 多吨，通过量由 40t/h 发展到 800t/h；配套磨机的产量由 20t/h 发展到 180t/h，辊压机产品质量逐步提高，节能幅度达 30%以上。大致可以分成三个阶段。

研究开发阶段：参加引进辊压机设计制造技术的四家单位在做好引进样机的转化设计和制造的同时，相继开发出各自的国产化辊压机，并在 1990 年前后通过鉴定。在此期间国内的减速机生产厂家、轴承生产厂家、液压元器件生产厂家、耐磨堆焊生产研发等单位也都为国产化辊压机的研制成功做出了贡献。合肥水泥研究设计院经国家“七五”重点科技攻关专题研究，推出第一台国产辊压机，并成功地应用于工业性生产，取得了使磨机增产 40%、节电 15%的效果。

整改提高阶段：在此期间，由于各厂家制造的辊压机在水泥生产中相继出现问题，让一些辊压机用户“既尝到了增产节能甜头，也吃尽了频繁检修的苦头”。使得许多青睐辊压机增产节能效果的企业想上而不敢上。合肥水泥研究设计院对此进行了分析和整改、完善：一是注重加工件、配套件的质量提高；二是优化工艺系统及设备的选型与配套。经国家“八五”、“九五”重点科技攻关课题的持续研究，10余年的应用经验，推出了具有自主知识产权，设计更合理、性能更优越、可靠性更高的第三代HFCG系列辊压机，有效解决了包括辊压机偏辊、偏载、水平振动和传动系统扭振等一系列关键性技术难题。国内的减速机、轴承、液压元器件、耐磨堆焊材料等研发单位的配套件质量也都大大提高，为国产辊压机的长期安全运转奠定了基础，使主机设备运转率达90%以上，同时还开发出具有自主知识产权的SF系列打散分散机和V形分级机等，使挤压粉磨系统工艺更加完善，参数更加合理。

快速发展阶段：解决了大型国产化辊压机设备制造和工艺配套两方面的问题，使国产辊压机进入全面推广应用的新阶段。近年来随着国家水泥产业结构调整，淘汰立窑，发展新型干法旋窑，5000t/d熟料生产线已成为市场的主流，这就要求国产化辊压机也朝着大型化发展，及时开发出装机功率在1120kW×2的大型HFCG160-140辊压机，与ϕ4.2m×13m开路水泥磨配套，产量可达170t/h以上；而ϕ4.2m×13m闭路水泥磨配套的产量则可达180t/h以上，取得增产100%、节电30%的实际应用效果。

3.3.1 主机设备——高压辊式磨机

辊压机主要由给料装置、料位控制装置、一对辊子、传动装置（电动机、皮带轮、齿轮轴）、液压系统、横向防漏装置等组成。采用高压料层粉碎原理使物料得以粉碎，是大能量一次性输入。为了实现工业生产连续性作业，采用一对相向运动的辊子。其中，一个是支承轴承上的固定辊，另一个是活动辊子，它可在机架的内腔中沿水平方向移动。两个辊子以同速相向转动，辊子两端的密封装置可防止物料在高压作用下从辊子横向间隙中排出。

3.3.1.1 工作原理

辊压机的工作原理如图3-14所示。物料由辊压机上部通过给料装置（重力或预压螺旋给料机）均匀喂入，主要依靠两个水平安装且同步相向旋转的挤压辊进行高压料层粉碎。被封闭的物料层在被迫向下移动的过程中所受挤压力逐渐增至足够大，直至被粉碎且被挤压成密实料饼从机下排出。

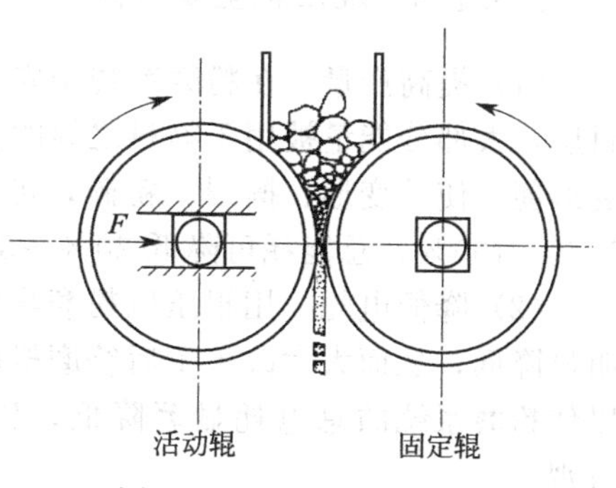

图3-14 辊压机工作原理

3.3.1.2 辊压机的结构

辊压机的结构，由机架、两个辊系、传动装置、扭矩支承、辊罩、进料装置、液压（加压）系统、主轴承润滑系统、干油润滑系统、电气系统等部分组成，如图3-15所示。

在高压区上部，所有物料首先进行类似于辊式破碎机的单颗粒粉碎。随着两辊的转动，物料向下运动，颗粒间的空隙率减小，这种单颗粒的破碎逐渐变为对物料层的挤压粉碎。物料层在高压下形成，压力迫使物料之间相互挤压，因而即使是很小的颗粒也要经过这一挤压过程。这是其粉碎比较大的主要原因。料层粉碎的前提是两辊间必须存在一层物料，而粉碎作用的强弱主要取决于颗粒间的压力。由于两辊间隙的压应力高达50～300MPa（通常使用为150MPa左右），故大多数被粉碎物料通过辊隙时被压成了料饼，其中含有大量细粉，并且颗粒中产生大量裂纹，这对进一步粉磨非常有利。在辊压机正常工作过程中，施加于活动辊的挤压粉碎力是通过物料层传递给固定辊的，不存在球磨机中的无效撞击和摩擦。试验表明，在料层粉碎条件下，利用纯压力粉碎比剪切和冲击粉碎能耗小得多，大部分能量用于粉碎，因而能量利用率高。这是辊压机节能的主要原因。

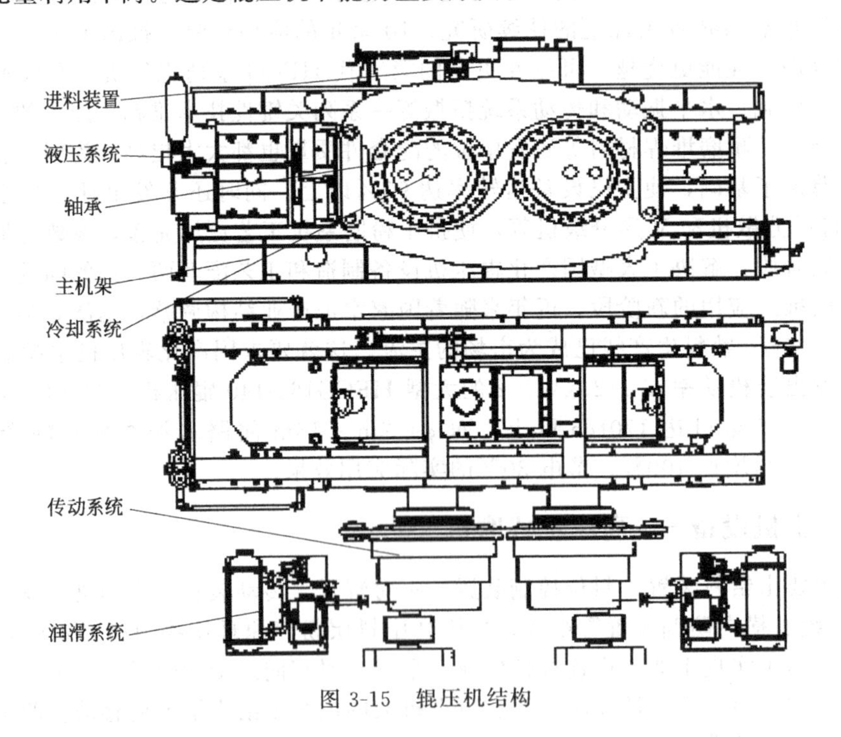

图 3-15　辊压机结构

3.3.1.3　辊压机主要特点

(1) 提高产量　在粉磨系统中安装辊压机，其高压负荷通过双辊直径传递到被粉磨的物料层，大部分能量被用于物料之间的相互挤压，物料摩擦产生的声能、热能被转化为物料的变形能，使其变形、撕裂、粉碎，可以使粉磨设备的潜在能力得以充分发挥，增加产量达50%～100%，总能耗可降低20%～30%，提高了整个系统的生产效率。

(2) 降低电耗　用辊压机粉磨物料，辊压后的物料不仅粒度大幅度减小，邦德功指数也明显降低，从而大大改善了后续磨机的粉磨状况，使整个粉磨系统的单位电耗明显下降，可以使粉磨系统的总电耗显著降低，比传统粉磨方式节能25%～50%，每年节电效益相当可观。

(3) 节省投资　同样生产能力要求的辊压机与管磨机相比，辊压机结构简单、体积小、重量轻，占用厂房空间小，可以节省土建投资，同时也便于对原有粉磨系统进行改造。此外，辊压机的操作、维修也非常简便。

(4) 工作环境好　物料在挤压辊罩内，被连续稳定地挤压粉碎，有害粉尘不易扩散，同时，由于近乎无冲击发生，故辊压机的噪声比管磨机小得多。

(5) 易于发展　传统管磨机受到加工、运输、热处理等条件的限制，管磨机大型化受到很大制约。配辊压机粉磨系统很好地解决了此类问题，使粉磨系统向大型化发展变成了现实。

3.3.1.4　辊压机安全稳定工作需满足的条件

① 喂入的物料应具有一定的料压，以保证物料稳定连续地喂入辊间，形成较密实的料层。

② 喂入的物料粒度应满足设计要求，以形成较密实的料层，但在高压料层粉碎前可以发生单颗粒破碎的部分除外。

③ 粉磨时应具有足够大的挤压粉碎力，不过，该粉碎力数值对于不同的物料和挤压效果有不同要求，应通过试验确定最佳值。

3.3.1.5 辊压机的主要参数

(1) 结构参数 辊压机的主要结构参数有：钳角、辊子尺寸、两辊间隙宽度和最大给料粒度等。

① 钳角。从球形物料与辊子接触点分别引两条切线，它们的夹角称为辊压机的钳角。它与排料间隙的关系为：

$$\alpha^2=\frac{2e(\eta-1)}{D} \tag{3-25}$$

式中 e——两辊间隙宽度；

D——辊子直径；

η——物料压实度。可通过辊压机的体积产量 V 来计算：

$$V=\eta eLv \tag{3-26}$$

式中 V——辊压机的体积产量；

L——辊子长度；

v——物料速度。

② 辊子尺寸。辊子长径比 (L/D) 称为辊压机的几何参数，对于同一种物料，尺寸越大，生产能力越大。对于几何参数相似或相同的磨机（长径比不变），同样的拉入条件和线速度，磨机产量与辊子直径的平方成正比。辊子长径比较小，根据资料统计，辊子长径比一般为：

$$L/D=1/3\sim1 \tag{3-27}$$

③ 两辊间隙宽度。两辊间隙宽度 e 与辊子直径 D 的比值 (e/D) 称为相对间隙宽度，比值为 0.01～0.02，即两辊间隙宽度约为辊子直径的 1%～2%。辊子间隙宽度与磨机的物料通过量密切相关，间隙越大，通过量也就越大。因此，辊子间隙设计为可调，视物料性质（硬度、形状、结构特点等）、湿度、粒度组成、最大给料粒度、物料与辊间的摩擦力等因素而定。两辊间的间隙宽度一般为 6～12mm。

④ 最大给料粒度。最大给料粒度 d_{max} 与辊子直径有以下关系：

$$d_{max}=(0.07\sim0.08)D \tag{3-28}$$

采用光面辊子时，给料中大于间隙宽度 e 的物料 (d_{max}) 的含量应小于 20%，比值应小于 3。一般喂料粒度小于 50mm，最大可达 80mm。

(2) 主要工艺参数

① 辊压力。辊间最大辊压力 p_{max} 与辊压机单位压力 p 成正比，即

$$p_{max}=\frac{p}{\alpha C} \tag{3-29}$$

式中 p——辊压机单位压力；

α——钳角；

C——物料压缩特性系数，$C=0.18\sim0.22$。

因为$\frac{1}{\alpha C}=40\sim60$，所以最大辊压力$p_{max}$可达辊子单位压力$p$的50倍左右。

② 辊子线速度。对于给定物料，开始时产量与线速度成正比增加，过高的线速度会导致产量降低，存在一个速度上限，超过此上限，设备运转不稳定。给料粒度越小，物料流动性越好，线速度也越高。

最大线速度的选择取决于要求的产品细度。若产量一定时，所取的线速度越高，磨机的规格就越小。一般而言，辊子表面线速度为0.5～2.0m/s，最高可达3m/s。

③ 单位能耗。安装在管（球）磨机前作为预粉磨设备时，单位电耗为2～5kW·h/t；若用管（球）磨机作为预粉磨设备时为5～11kW·h/t，因此，比管（球）磨机可节电10%～20%，同时可使细磨机械增产15%～30%。

④ 驱动功率。辊压机的驱动功率可用下式计算：

$$N=2\beta DLvp=2\beta V_{p}p \tag{3-30}$$

式中 β——辊压力作用角，$\beta<\alpha$，可由辊压力和驱动力矩测量结果确定，一般用近似项代替；

V_{p}——辊压机的名义体积产量，这是一个理想值（$V_{p}=vLD$）；

v——辊子表面线速度。

3.3.2 附属设备

3.3.2.1 稳流称重仓

辊压机必须满料操作，运行过程中两辊之间必须保证充满物料不能间断，因此，在辊压机进料口上部设置稳流作用的称重仓是必要的，称重仓的容量设计也不能太小，否则缓冲余地太小，影响辊压机的正常运行，造成辊压后料饼质量的较大波动。还要控制好称重仓的料位，如果料位过低，辊压机上方不能形成稳定的料柱，使称重仓失去靠物料重力强制喂料的功能，且容易形成物料偏流入辊现象，引起辊压机振动或跳停。

3.3.2.2 除铁装置

辊压机辊面耐磨层容易磨损，尤其对金属异物反应敏感，因此喂入辊压机的物料应尽可能地除铁彻底。系统中除了在进料皮带上设置除铁器外，还有必要在进料皮带上设置金属探测仪；而且在生产过程中，应确保金属探测仪与进料系统联锁畅通，反应快捷，以便及时排除物料中混杂的金属异物，避免金属异物在辊压机与打散分级机组成的闭路系统中不断循环而反复损伤辊面层。

3.3.2.3 斜插板

辊压机斜插板位置不当，会造成辊压机入口内料柱压力过大或过小，对形成稳定料床有影响。位置过高，料柱压力过大，入辊压机物料多，辊缝大，物料会冲过辊压机或形成料饼过厚，增大下道工序负荷，挤压效果变差，成品含量低；位置过低，料柱压力小，入辊压机物料少，难以形成稳定厚实的料床，产量降低，严重时还可能造成设备振动，无法运行。

3.3.2.4 打散分级机

打散分级机是一种集物料打散与分级于一体的新型设备，如图3-16所示。挤压过的物料进入打散分级机后首先进行充分打散，打散是利用离心冲击破碎的原理。物料接触到高速旋转的打散盘后被加速，加速后的物料在离心力的作用下脱离打散盘，冲击在反击板上而被粉碎。粉碎后的物料进入风力选粉区内，粗粉运动状态改变较小，而细粉运动状态改变较大，从而使粗、细粉分离。如打散效果降低，应考虑反击衬板磨损、打散机传动动皮带打滑、物料水分偏高以及分级环形通道堵塞等原因。

3.3.2.5 V形选粉机

V形选粉机是专为辊压机配套使用的一种静态分级打散设备，如图3-17所示，物料从上部加入，左边是进风口，右边为出风口，从辊压机里出来的成饼物料经过中间阶梯形的结构被打散，然后将打散后物料中的合格细粉分离出来，有利于辊压机的平稳运行，提高系统产量，并具有烘干功能。结构简单，耐磨部件使用寿命长。使用风量小，压差损失小，成品细度可以通过调节风速来控制。其功能与打散分级机基本一致，多使用其与辊压机配套。上述两种分级系统的主要区别如下。

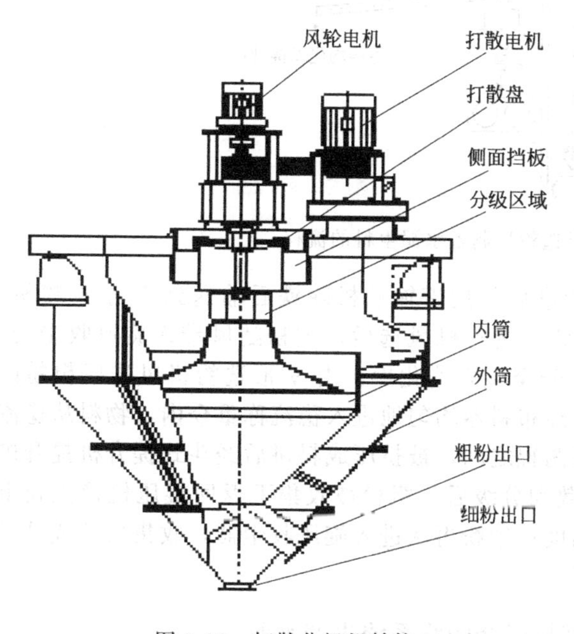

图3-16 打散分级机结构

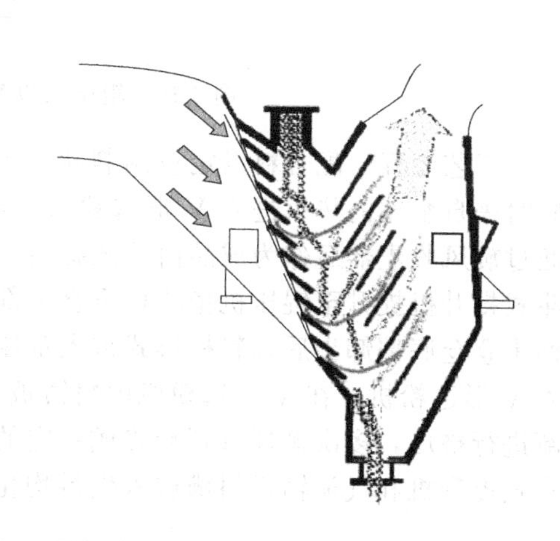

图3-17 V形选粉机结构

(1) 分级原理、分级精度不同 V形分级机完全靠风力提升分选，分级精度较高，适合分选0.5mm以下的物料；而打散分级机机械与风力结合，分级精度较低，分选粒径可达3.0mm。

(2) 分级系统的装机功率、复杂程度和日常维护费用不同 V形分级机设备本身结构简单，无回转部件，但系统复杂，磨损主要集中在隔板、管道、旋风筒、循环风机等；而打散分级机内部有回转部件，设备结构相对复杂，但系统简单，磨损主要是内部的风轮、打散盘、衬板等。V形分级机系统辊压机和球磨机主机电耗低，输送和分选电耗高；而打散分级机辊压机和球磨机电耗略高，输送和分选电耗低。分选0.5mm以下物料时，V形分级机系统占优势，反之打散分级机占优势。

(3) 对辊压机工艺参数的要求　V形分级机系统必须采用低压大循环操作方式，否则料饼无法打散，更无法选出料饼中挤压好的细粉，要求辊压机磨辊长径比大；而打散分级机可以采用高压力小循环操作方式，磨辊长径比应小一些。

3.3.3　辊压法制备粉体的工艺流程

实例1：辊压机制备水泥生料粉

若采用辊压机终粉磨制备水泥生料粉，其系统配置为：辊压机、斗提机、V形选粉机。不需要球磨机，粉磨工作全部由辊压机完成，合格的产品经高效动态选粉机分离出来，粗粉返回辊压机循环粉磨。该系统工艺简单，操作方便，系统工艺流程图如图3-18所示。

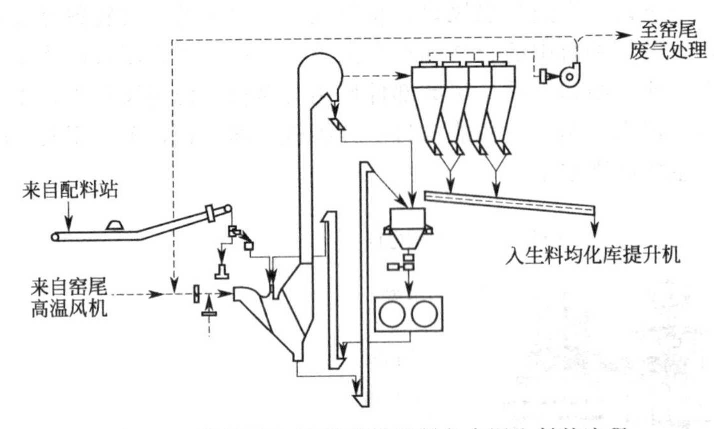

图3-18　辊压机和V形选粉机制备水泥生料的流程

工艺流程：配合料以定量给料机分别计量后经皮带输送机除铁后输送到V形选粉机，同时来自窑尾的热风进入V形选粉机，经V形选粉机风选后，细粉随风带入旋风收尘器，通过旋风收尘器后作为成品由斗式提升机提升至生料均化库；由V形选粉机风选后粗粉由斗式提升机提升至辊压机稳流称重仓上部，经布料器均匀地进入稳流称重仓内，物料从稳流称重仓仓底部卸出后以料柱形式进入辊压机两辊之间，被挤压成料饼后经斗式提升机提升进入V形选粉机。在V形选粉机内料饼被打散和分级后，粗粉被收集下返回辊压机稳流仓重新进行挤压，多次循环直到粉碎成一定的细度；细粉再次进入旋风收尘器，收集后的成品经斗式提升机和气流输送斜槽进入生料均化库。

实例2：辊压机与球磨机联合闭路系统生产水泥

图3-19和图3-20分别是辊压机（V形选粉机或打散分级机）与球磨机联合生产水泥闭路系统的流程图，生产水泥的配合料（熟料、石膏及混合材）由皮带机、提升机送入V形分级机或打散分级机打散分级，分出的粗粉返回稳流称重仓进行二次挤压，细粉由分级气流进入旋风收尘器收集后入球磨机粉磨，磨细后的出磨物料由提升机、斜槽等送到高效选粉机分级，分选出的粗粉通过斜槽回到球磨机，细粉随气流进入高浓度收尘器内，收下的粉料即为水泥成品，再由输送设备送入水泥库储存。

实例3：辊压机与球磨机联合开路系统生产水泥

图3-21和图3-22分别是辊压机和V形选粉机或打散分级机与球磨机联合生产水泥

开路系统的流程图。熟料、石膏及混合材等生产水泥的配合料按一定比例配料后，由皮带机、提升机送入稳流称重仓内，经辊压机挤压后，再经提升机后，由气流送入V形分级机或打散分级机分级，分级后的粗粉返回稳流称重仓进行二次挤压，细粉由气流进入旋风收尘器收集后入球磨机进一步粉磨，粉磨后出磨的水泥成品再由输送设备送入水泥库。

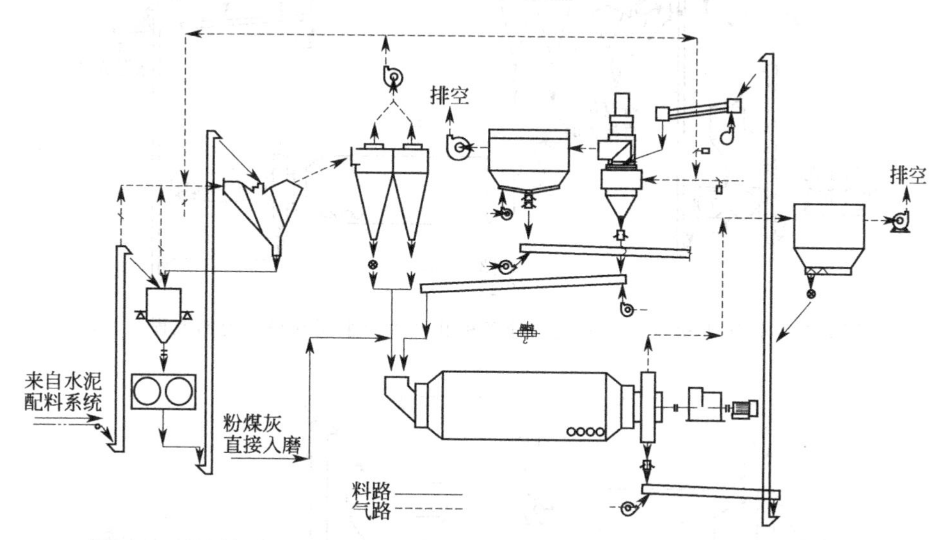

图3-19 辊压机和V形选粉机与球磨机联合生产水泥闭路系统的流程（一）

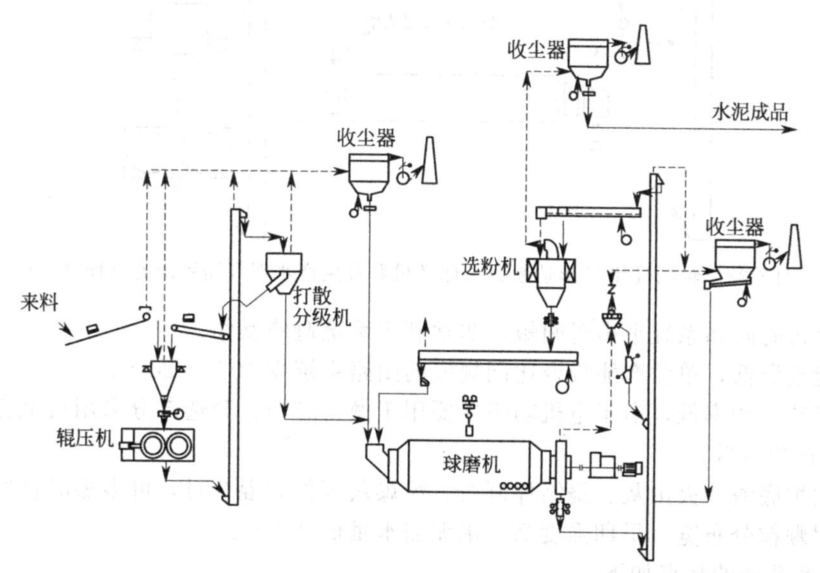

图3-20 辊压机和V形选粉机与球磨机联合生产水泥闭路系统的流程（二）

辊压机与球磨机开路系统与闭路系统的特点如下。

辊压机与球磨机联合粉磨系统配V形分级机还是打散分级机都不影响水泥的性能指标，而主要取决于球磨机是开路还是闭路磨系统。两种系统各有特点。

开路粉磨系统的优点如下：

① 开路粉磨系统的车间主体为单层厂房，在线设备少，操作简单，系统运转率高，一般可达85%以上；

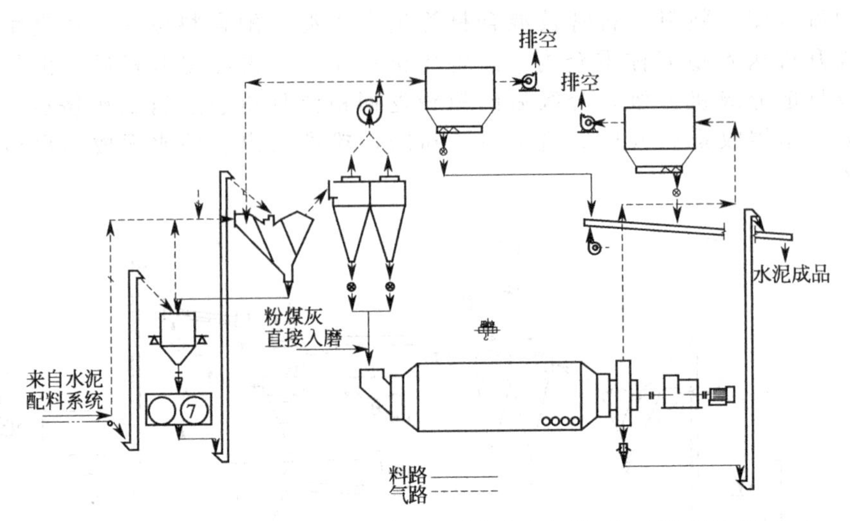

图 3-21　辊压机和 V 形选粉机与球磨机联合生产水泥开路系统的流程（一）

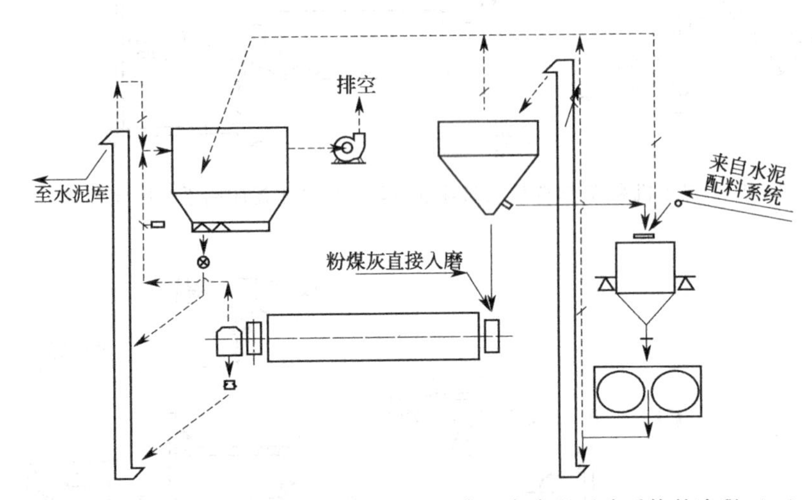

图 3-22　辊压机和 V 形选粉机与球磨机联合生产水泥开路系统的流程（二）

② 开停机时间和系统平衡时间短，非常利于系统避峰操作；

③ 系统投资低，单位产能投资比同规模的闭路系统少 10%～20%；

④ 系统装机功率低，由于电机功率主要用于做粉磨功，分选部分采用机械方式，因此，单位产能装机功率低；

⑤ 使用炉底渣、火山灰、烧结煤矸石、粉煤灰等作为混合材，可多掺混合材；

⑥ 水泥颗粒分布宽，早期强度高，水泥需水量低 2%～4%。

开路粉磨系统的缺点如下：

① 成品中筛余有粗颗粒；

② 水泥成品温度较高，尤其是用于熟料生产线上的大型磨机时。但如果在窑系统选用好的箅冷机，有效降低入磨熟料的温度，并适当考虑磨内喷水，则可将出磨水泥温度控制在要求范围内。但一般高于同样情况的 O-Separ 选粉机的闭路系统。

闭路粉磨系统的优点如下：

① 闭路系统适用于普通大型磨机配以经过改进的 O-Separ 选粉机，生产高标号水泥和特种水泥；

② 同规格的球磨机闭路磨系统台时产量比普通开路磨机产量高 20%，比同规格带内筛分的开路磨机产量一般不高于 10%；

③ 出磨水泥温度较低，对输送、包装、使用，尤其对大型磨机生产高标号水泥有利；

④ 筛余中无粗颗粒，适合生产高层喷浆水泥。

闭路粉磨系统的缺点如下：

① 增加设备数量，系统工艺复杂，年运转率低；

② 由于系统复杂，开停机过程时间长，如系统为避峰，不能长时间连续运行，其系统电耗增加；

③ 单位产能投资、单位产能装机功率均高于开路粉磨系统。

3.4 立磨制备粉体的原理和技术

3.4.1 立磨的历史及发展现状

在水泥生产中，传统的生粉料磨系统是球磨机粉磨系统，而当立磨出现后，由于它以其独特的粉磨原理克服了球磨机粉磨机理的诸多缺陷，逐渐引起人们的重视。特别是经过技术改进后的立磨与球磨系统相比，具有显著的优越性，其工艺特点尤其适宜于大型预分解窑水泥生产线，因为它能够大量利用来自预热器的余热废气，能高效综合地完成物料的中碎、粉磨、烘干、选粉和气力输送过程，集多功能于一体。由于它利用料床原理进行粉磨，避免了金属间的撞击与磨损，金属磨损量小、噪声低；又因为它是风扫式粉磨，带有内部选粉功能，避免了过粉磨现象，因此减少了无用功的消耗，粉磨效率高；与球磨系统相比，粉磨电耗仅为后者的 50%～60%；还具有工艺流程简单、单机产量大、入料粒度大、烘干能力强、密闭性能好、负压操作无扬尘、对成品质量控制快捷、更换产品灵活、易实现智能化和自动化控制等优点，故在世界各国得到广泛应用，已成为当今国际上生料粉磨和煤粉磨的首选设备。

立磨又称立式磨、辊磨、立式辊磨。第一台立磨是 20 世纪 20 年代在德国研制出来的。第一台用于水泥工业的立磨于 1935 年在德国出现，立磨在欧洲的水泥厂使用多年以后，才在美国和加拿大得到采用。

进入 20 世纪末，东南亚地区经济快速发展，同时也带动了水泥市场的蓬勃发展。国际上的大型水泥生产线如雨后春笋般地在这个地区兴建，大型立磨也大量地得到了采用。

立磨技术的突破开始于 20 世纪 60 年代，从那时起立磨得到了改进和大型化，相继在欧洲、美洲、亚洲的水泥工业中被用来粉磨生料，70 年代得到了迅速发展，当时就出现了 500t/h 能力的大型立磨，进入 90 年代，国际上立磨技术又有了新的飞跃。应用有限元分析、热传导分析、流体学计算、工艺参数优化等现代方法，解决了大型立磨工艺和结构难点；新型耐磨材料的应用，延长了使用寿命，从而保证了立磨超大型化的实现，保证了大型干法水泥生产线对立磨能力的要求。因此，在国外现代新型干法水泥生产线建设中，立磨占有率超过 90%。目前，世界上最大的是德国莱歇（Loesche）公司于 1999 年设计制造的 LM63：41 立磨，电机功率 5600kW，用于泰国 Thung. Song 集团的 Siam 水泥厂 6# 线，实际生产能力为 709t/h；伯力鸠斯（Polysius）公司生产的 RM69/29 立磨，功率 5000kW，生产能力 600t/h，已用于印尼 Indrol/Ihdoxement 水泥厂；普费佛（Pfeiffer）公司制造的 MPS5600B 立磨，电机功率 5400kW，设计生产能力 480t/h，已用于印度的 Mahara Shtra 水泥厂。

立磨在我国的应用始于20世纪40年代末，当时用于白水泥厂的生料粉磨。50年代起，在一些小水泥厂开始使用小型立磨磨生料，也有用于湿法水泥厂磨煤粉。自70年代末，国内在干法水泥厂开始发展窑外分解新型干法工艺时，才比较重视立磨粉磨生料的研究开发工作。80年代初，天津水泥研究设计院开发出了TKM系列立磨。其中TKM25型立磨用于河南新乡水泥厂1000t/d新型干法生产线上，产能为80t/h，系统电耗15.4（kW·h)/t。合肥水泥工业设计研究院研究开发出了HRM系列立磨，产能限于1000t/d的生产线配用。与此同时，我国开始引进国外大型立磨用于新型干法水泥厂。据统计，国内引进用于日产2000t以上生产线配套的大型立磨已超过47台。沈阳重型机器厂1985年从德国Pfeiffer公司引进了与日产2000t以下规模生产线配套的MPS立磨制造技术，其产品在琉璃河水泥厂、万年水泥厂采用；又与海螺集团合作开发制造与2500t/d、5000t/d生产线配套的MPS3424、MPS5000（MLS4531）立磨，目前已在荻港海螺、铜陵海螺和池州海螺等公司投入使用。其中MLS4531立磨是已投入使用的最大的国产立磨。

随着预热预分解技术的诞生和新型干法水泥生产线的大型化，立磨在国外水泥工业中得到了广泛应用，其技术水平得到了进一步的提高和完善。国外多家公司相继研制了各种类型的立磨，均取得了成功。德国莱歇公司生产了LM立磨，非凡公司生产了MPS立磨，伯利休斯公司生产了RM立磨，丹麦史密斯公司生产了Atox立磨，日本宇部公司生产了UB-LM立磨。目前世界上最大的立磨单台产量可达600t/h，能与8000t/d熟料的水泥生产线配套粉磨水泥原料。

由于我国水泥行业产业政策的改变以及生产规模的扩大，我国还不得不从国外进口数十台与4000～6000t/d水泥生产线配套的原料立磨。到目前为止，我国已经研制出具有自主知识产权并成功应用在水泥工业的生料、煤粉、矿渣和水泥粉磨作业中的各型立磨，如中信重工的LGM和LGMS型立磨、沈阳重型机械集团的MLS和MLK型立磨、黎明重工科技股份的LM立式磨、合肥水泥研究设计院的HRM型立磨、天津水泥工业设计研究院的TRM型立磨、成都建筑材料工业设计研究院的CDRM型立磨、北京电力设备总厂的ZGM系列中速辊式磨。中信重工是国内第一家进行加工制造、贴牌生产的企业，也是国内第一家推出自主品牌的立磨制造企业，自2006中信重工自主立磨进入市场后，大幅度拉低了国外进口立磨的价格，幅度达到总价的三分之一，国外每台立磨价格下降1000余万元。

纵观国际国内立磨的应用和演变，立磨正朝大型化和超大型化发展，以适应大型干法水泥生产线的建设，其结构设计更趋向合理，功能更趋向完善。近年海螺集团采用的立磨，基本是经改进后的第三代立磨。其选粉功能、细度调节功能、碾磨效率、耐磨性、节能措施、控制水平都大大提升。立磨在水泥熟料粉磨的应用上也已出现成功的例子，大有在水泥厂取代球磨机系统的趋势，但立磨的技术含量高于球磨机，它是集机（含液压)、电、仪于一体的，功能综合性强的设备，无论是操作或维修的技术要求都超过球磨机，需要在实践中认真总结研究，以尽快管好、用好、维护好立磨，促进生产发展，最大化地提高经济效益。

3.4.2 主机设备——立磨

立磨的类型很多，结构和功能各有特色，但基本结构大同小异，它们都具有传动装置、磨盘、磨辊、喷口环、液压拉伸装置、选粉装置、润滑系统、机壳等，其主要工作原理也基本相同。

3.4.2.1 立磨主要工作原理

由传动装置带动机壳内磨盘旋转，磨辊在磨盘的摩擦作用下围绕磨辊轴自转，物料通过锁风喂料装置和进料口落入磨盘中央，受到离心力的作用向磨盘边移动。经过碾磨轨道时，被啮入磨辊与磨盘间碾压粉碎。磨辊相对物料及磨盘的粉碎压力由液压拉伸装置提供（适宜的粉碎压力可根据不同物料的硬度进行调整）。物料在粉碎过程中，同时受到磨辊的压力和磨盘与磨辊间相对运动产生的剪切力作用。物料被挤压后，在磨盘轨道上形成料床（料床厚度由磨盘挡料环高度决定），而料床物料颗粒之间的相互挤压和摩擦又引起棱角和边缘的剥落，起到了进一步粉碎的作用。粉磨后的物料继续向盘边运动，直至溢出盘外。磨盘周边设有喷口环，热气流由喷口环自下而上高速带起溢出的物料上升，其中大颗粒最先降落到磨盘上，较小颗粒在上升气流作用下带入选粉装置进行粗细分级，粗粉重新返回到磨盘再粉磨，符合细度要求的细粉作为成品，随气流带向机壳上部出口进入收尘器被收集下来。喷口环处上升的气流也允许物料中密度较大的物质落入喷口环下面，从机壳下部的吐渣口排出，由于喷口环处的气流速度高，因此热传递速率快，小颗粒瞬时得到烘干。据估算进入立磨的每一颗粒在成为成品之前，平均在磨辊下和上升气流中往复内循环运动达几十次，存在多级粉碎的事实。

从上述可以看出，立磨工作时对物料发挥的是综合功能：它包括在磨辊与磨盘间的粉磨作用；由气流携带上升到选粉装置的气力提升作用以及在选粉装置中进行的粗细分级作用。此外，还有与热气流进行热传递的烘干作用。对于大型立磨而言（指入磨粒度在100mm左右），实际上还兼有中碎作用，故大型立磨实际具有五种功能。上述吐渣口的功能在大型立磨上也发生了变化，利用吐渣口与外部机械提升机配合，将大比例的物料经吐渣口进入外部机械提升机重新喂入磨内粉磨，以减轻磨内气力提升物料所需风机负荷，有利于降低系统阻力和电耗。因为机械提升电耗显著地低于气力提升出现的较高电耗，这种方法称为物料的外循环。

3.4.2.2 立磨的类型

各型立磨在结构上的差异更突出地表现在磨盘的结构和磨辊的形状及数目。另一方面，不同类型的立磨在选粉装置上均进行较大改进，现在已经把高效选粉机移植到立磨之中，以取代原来的静态惯性选粉装置，提高了选粉效率，也能更方便地调节成品细度。还有对磨辊的加压方式也各有不同等，如图3-23所示。因此，功能效果上各有千秋。现将常用的几种立磨主要结构功能与特点分述如下。

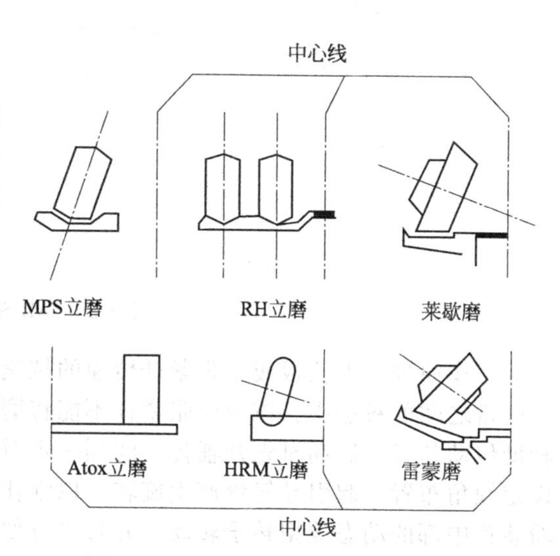

图3-23 立磨磨辊与磨盘的加压方式

（1）MPS型立磨 MPS型立磨是利用料床粉碎原理粉磨物料的一种研磨机械。由德国普费佛（Pfeiffer）公司开发，也称非凡磨。如图3-24和图3-25所示，该磨采用鼓形磨辊和带圆弧凹槽的碗形磨盘，粉磨效率较高，磨辊有3个，相对于磨盘倾斜安装，相互120°排列。辊皮为拼装组合式。现已被广泛应用于水泥、煤炭、电力等行业。

MPS立磨是一种全风扫式磨机，如图3-26和图3-27所示，入磨物料经过挤压，在离心力的作用下甩下盘边沉落到喷口环处，靠该处的高速风将其吹起、吹散，金属、重矿石将沉降到喷口环下排出。细粉带到立磨上部，经分离器分选，成品随同气体进入收尘器收集起来，粗粉又循环回来。粗粉、粗颗粒被抛起，随着风速的降低，其失去依托，沉降到盘面上，靠离心力进入压磨轨道进行新一轮循环。在多次循环中，颗粒与气体之间传热使水分蒸发。因此，MPS 立磨集物料的粉磨、输送、选粉、烘干以及分离金属块和重矿石等诸多优点于一身。在正常条件下，只要通过短期的工艺调试，立磨都能平稳运转。

图 3-24 MPS 立磨磨辊实物

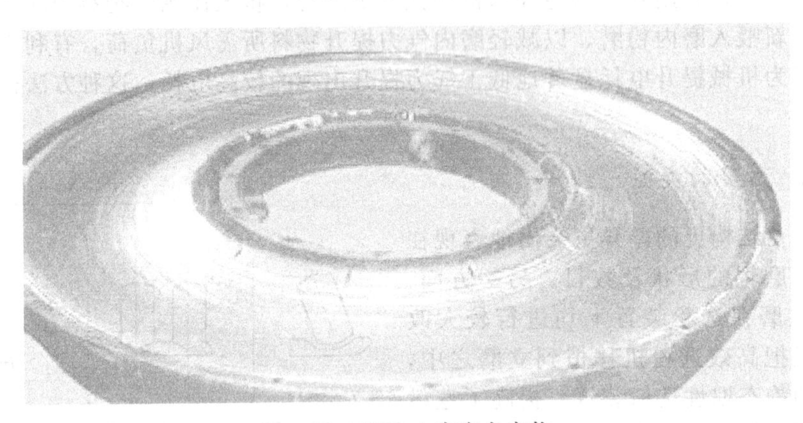

图 3-25 MPS 立磨磨盘实物

工作原理：由三根液压张紧杆传递的拉紧力通过压力框架传到三个磨辊上，再传到磨辊与磨盘之间的料层中。该液压张紧杆不能将磨辊和压力框架在启动磨机时同时抬起，故设有辅助传动装置。启动时先开辅传，间隔一定时间再开启主传动装置。选粉装置由静态叶片按设定倾角布置，起引导气流产生旋转，以强化分离物料的作用。由机顶传动装置带动设在选粉装置中部的动态笼型转子转动，并且可方便地实现无级调速；起到强化选粉装置中部旋转风速的作用，增强选粉效率和方便地通过调整转速来调整成品细度（转速越大，细度越细）。喷口环导向叶片为固定斜度安装，有利于引导进风成为螺旋上升趋势，可使粗粉在进入选粉装置前，促进部分粗粒分离出上升气流回到磨盘。可在运转前进入磨内采用遮挡喷口环的截面方法来改变风环通风面积，从而改变风速（总面积越小，风速越大），以适应不同密度物料的风速需要。检修时液力张紧杆只可将连在辊上的压力框架抬起，但应先拆除压力框架与磨辊支架间的连接板，并用装卸专用工具将磨辊固定。喂料口锁风装置采用液压控制的三道闸门，既有锁风功能，又有控制喂料量的作用。吐渣口锁风采用两道重力翻板阀控制。立磨结构如下：

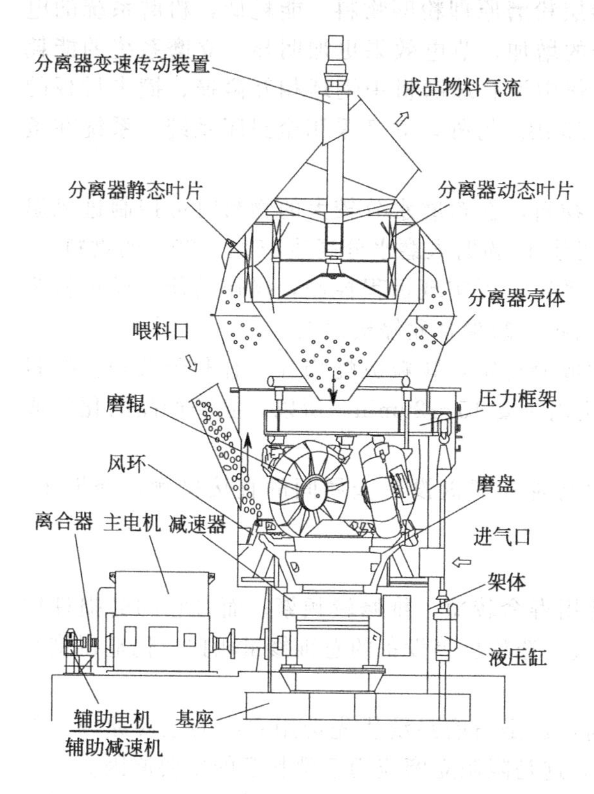

图 3-26 MPS 立磨结构

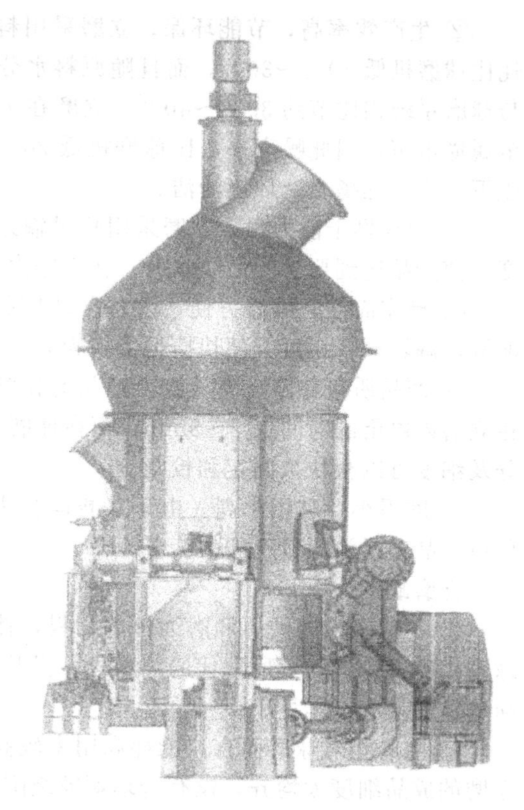

图 3-27 MPS 立磨实物

① 磨盘，包括导向环、风环、挡料圈、衬板、盘体、刮料板和提升装置等。

② 磨辊，辊套为易磨损件，要求有足够的韧性和良好的耐磨性能。

③ 选粉机，可分为静态、动态和高效组合式选粉机三大类。

a. 静态选粉机。工作原理类似于旋风筒，结构简单，无可动部件，不易出故障。但调整不灵活，分离效率不高。

b. 动态选粉机。这是一个高速旋转的笼子，含尘气体穿过笼子时，细颗粒由空气摩擦带入，粗颗粒直接被叶片碰撞拦下，转子的速度可以根据要求来调节。转速高时，出料细度就细，与离心式选粉机的分级原理是一样的。它有较高的分级精度，细度控制也很方便。

c. 高效组合式选粉机。将动态选粉机（旋转笼子）和静态选粉机（导风叶）结合在一起，即圆柱形的笼子作为转子，在它的四周均布了导风叶片，使气流上下均匀地进入选粉机区，粗细粉分离清晰，选粉效率高。不过这种选粉机的阻力较大，因此叶片的磨损也大。

④ 加压装置，包括液压装置、储能器。

⑤ 监视装置，包括摇臂监视、振动监视。

⑥ 传动装置，包括电动机、减速器。

⑦ 喷水系统，用于降低温度、稳定料层。

⑧ 粗粉外循环系统，采用提升机。

立磨技术优势如下：

① 生产投资费用大幅降低，立磨系统工艺流程简单，布局紧凑，建筑面积小，占地面积约为球磨机系统的 70%，建筑空间约为球磨系统的 60%且可露天布置，直接降低了企业投资费用且立磨本身有分离器，不需要另加选粉机和提升设备。出磨含尘气体可直接由袋式收尘器或电收尘器收集。

② 生产效率高，节能环保。立磨采用料层粉磨原理粉磨物料，能耗低，粉磨系统的电耗比球磨机低 20%～30%，而且随原料水分的增加，节电效果更加明显。立磨系统的能耗与球磨系统相比节约 30%～40%。立磨在工作中没有球磨机中钢球相互碰撞、撞击衬板的金属撞击声，因此噪声小，比球磨机低 20～25dB。另外，立磨采用全封闭系统，系统在负压下工作，无扬尘，环境清洁。

③ 物料烘干能力强，立磨采用热风输送物料，在粉磨水分较大的物料时可控制进风温度，使产品达到要求的最终水分。在立磨内可烘干-粉磨入磨水分高达 15%～20%的物料。

④ 操作简便，维修方便，配备自动控制系统，可实现远程控制，操作简便；通过检修油缸，翻转动臂，可方便快捷地更换辊套、衬板，减少企业停机损失。

⑤ 产品质量稳定，易检测，产品的化学成分稳定，颗粒级配均齐，有利于煅烧。物料在立磨内停留的时间仅 2～3min，而在球磨机内则要 15～20min。所以，立磨产品的化学成分及细度可以很快被测定和校正。

⑥ 磨损小，利用率高。由于立磨运行中磨辊和磨盘没有金属间的直接接触，磨损小，单位产品金属消耗量一般为 5～10g/t。

立磨缺点如下：

① 不适于粉磨硬质和磨蚀性的物料，使用寿命较短，维修较频繁；而且它的磨损件比球磨机的贵，但与其所取代的球磨机、提升机、选粉机等设备的总维修量相比，仍显得维修简单、容易和工作量小。

② 立磨相对球磨而言，能耗利用率较高，这是粉磨系统优先选用立磨的主要原因，但立磨的成品细度太均齐，没有合理颗粒级配，这是限制立磨应用于熟料磨的主要原因。

③ 为了保证混凝土的早期强度，水泥颗粒中 0～3μm 颗粒应达 10%左右，而为了保证混凝土后期强度，3～30μm 的水泥颗粒则需 70%以上。立磨同球磨机相比，水泥虽然 28d 强度相同，由于颗粒级配范围狭窄，3～30μm 颗粒高达 82%，0～3μm 颗粒约为 6%，致使其早期强度低、需水量大，易于结块和假凝并有龟裂，混凝土的和易性也不符合要求。

④ 球磨机能耗利用率较低，目前有被立磨、辊压机等设备替代的趋势，但球磨机有颗粒形貌近似球形，有利于生料煅烧及水泥的水化硬化的独特优点，这是熟料磨依然多数选用球磨机的主要原因。

(2) Atox 型立磨　Atox 立磨是丹麦史密斯（FLS）公司研制开发的立式辊磨，集烘干、粉磨、选粉、提升于一体，特别适用于水泥原料的烘干粉磨。具有土建投资少、配套设备省、粉磨电耗低等优点。与其他类型的立磨相比有以下特点：

① 柱辊、平盘、碾磨压力和反作用力只用于垂直方向，耐磨衬磨损均匀。

② 三辊一体的磨辊系统，重量轻，惯性小，运转平稳。

③ 块状耐磨衬可采用尽可能耐磨的材质，同时便于拆装，可根据需要掉头或加厚。

④ 双作用液压拉杆，既施加碾磨压力，又可在开车前将磨辊顶起，无须辅助传动。

⑤ 改进型的选粉机，使整个粉磨系统更易于增产降耗。

工作原理：Atox 立磨利用磨辊和磨盘之间的压力和剪切力对物料进行破碎和粉磨。物料直接喂到磨盘上，通过磨盘的旋转，使得物料沿着粉磨轨迹在磨辊下被粉碎，部分物料通过挡料环并穿过喷嘴环进入到外循环系统。

① 原料通过下料溜槽喂入磨中，并落到磨盘上。原料进而流动到研磨轨道上，并在这里被研磨，最后在离心力的作用下运动到磨盘的外缘。

② 粉碎的物料在自环形喷嘴而出的热风的作用下沿辊磨壳体而上。粗粒回到研磨轨道上进行再研磨，细粒则直达选粉机。

③ 细碎的物料通过选粉机的静叶片进入转子。静叶片的作用是使物料沿转子的高度方向均匀分布，同时使物料与空气的混合物旋转，使物料得以有效地预分离。

④ 当细颗粒物料通过转子进而被排出选粉机时，粗颗粒与转子撞击，被沿静叶片方向抛出，落进转子下方的锥体，由此回到磨盘进行再研磨。

⑤ 几乎在细颗粒进入选粉机的同时，物料中的水分被快速蒸发，而粗颗粒返回到磨盘上重新粉磨。通过选粉机的速度来控制生料粉的细度，落到磨盘上的部分粗颗粒会通过喷嘴环进入到磨外循环系统。

⑥ 产品的细度可以通过改变转子转速的方式进行调节。

⑦ 静叶片的位置在调试阶段进行调整以优化运行状态。

⑧ 磨机启动和运行过程中，在磨辊和研磨轨道之间需要有一层物料，以避免磨辊和研磨轨道的直接接触。

⑨ 研磨压力可以通过液压缸压力的增减而升降，从而使磨机的产量增高或降低。

Atox立磨结构如下：

① 如图3-28和图3-29所示，Atox立磨有3个磨辊，它们受到液压，并将压力施加到磨盘上的物料。磨盘为平面，以使冲击和粉磨力经支承齿轮装置垂直传递给基础，从而使磨机振动降为最低。磨辊沿水平轴转动，水平轴固定在一轻质中心框架上。磨辊带有加大的轴承，由循环油润滑并具有良好的密封结构。

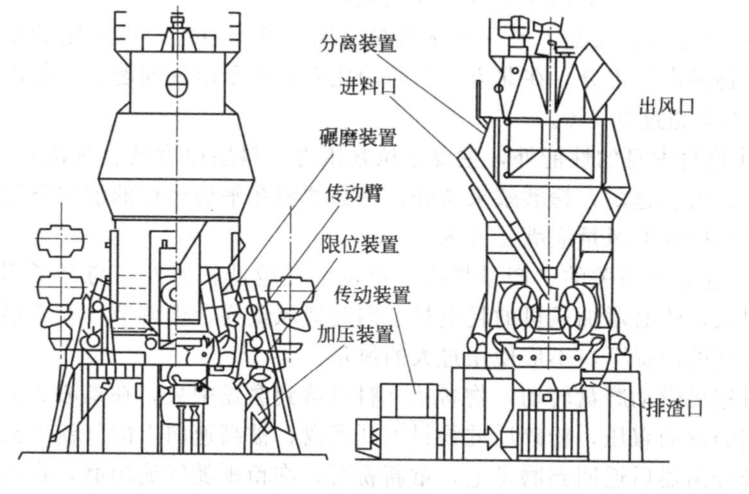

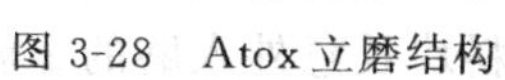
图3-28 Atox立磨结构

图3-29 Atox立磨实物

② 粉磨力经三个拉杆直接施加在磨辊轴上，拉杆与往复式液压缸相连，可使立磨在启动时将磨辊抬起。三个水平扭臂通过橡胶减振器与机壳相连，以平衡扭力并将磨辊单元保持在原有位置上。结构中的轻型磨辊悬挂系统也有助于限制慢性力及其他任何形式的振动。

③ 磨损部件具有宽裕的厚度，并且是分块结构，因此可以用坚硬材料制造，部件各段块可倒过来使用。

④ 烘干和选粉气流经由一圆形喷嘴环进入粉磨室，喷嘴环可进行调整以获得最佳的气流分布和最小的压力损失。经喷嘴环落下的物料颗粒由随磨盘运动的刮板收集，并被送到带有气封门的斜槽，且可经输送返回到立磨喂料入口。

⑤ 立磨上部的旋转气体分离器包括一转子及转子周围可调式百叶环。转子由安装在立磨分离室顶部的变速装置驱动。

Atox立磨设计的显著优点如下：① 结构紧凑，占用空间小；无噪声，可户外安装或在敞开式建筑结构中安装。

② 产量及产品细度都可经粉磨压力、气体流量及分离器转速在较大范围内进行调节。

③ 喂料粒度可达100～150mm，喂料水分最大含量可达20%，即立磨具有较大的破碎比和较强的烘干能力。

④ 立磨及风机的能耗低。

Atox立磨设备情况介绍如下：

① 形式。Atox50烘干兼粉磨立式辊磨生产能力400～420t/h；入磨粒度<75mm占95%以上；成品细度80μm；筛余10%～12%；入料水分≤8%；产品水分<0.5%；

② 磨盘转速。磨盘直径5m；磨辊数量3；磨辊直径3m；磨盘衬板24块；磨辊衬板3×12块；主电动机YRKK900-6；功率3800kW；转速994r/min，电压6000V。

③ 磨机选粉机。转速10～100rmin；调速方式为变频调速；分离效率≥90%；成品细度80μm，筛余8%～15%；功率160kW。

立磨的主要经济技术指标及影响因素：立磨的主要经济技术指标有产量、电耗、化学成分合格率、产品细度、水分等。

① 影响产品细度的主要因素就是分离器转速和该处风速，一般风速不能任意调整，因此调整分离器转速可作为产品细度控制的主要手段。分离器是变频无级调速，转速越高，产品细度越细。立磨的产品细度是很均齐的，但不能过细，应控制在要求范围内，理想的细度应为9%～12%（0.08mm筛）。产品太细，既不易操作又造成浪费。

② 影响产品水分的因素一个是入磨风温，另一个是风量。风量基本恒定，不应随意变化。因此，入磨风温就决定了物料出磨水分。在北方，为防均化库在冬季出现问题，一般出磨物料水分应在0.5%以下，不应超过0.7%。

③ 影响磨机产量的因素除物料本身的性能外，主要是拉紧压力、料层厚度的合理配合。拉紧压力越高，研磨能力越大，料层越薄，粉磨效果越好。但必须要在平稳运行的前提下追求产量，否则事与愿违。当然磨内的通风量应满足要求。

④ 产品的电耗是和磨机产量紧密相关的。产量越高，单位电耗越低。另外，与合理用风有关，产量较低，用风量很大，势必增加风机的耗电量，因此通风量要合理调节，在满足喷口环风速和出磨风量含尘浓度的前提下，不应使用过大的风量。

粉磨过程：电动机通过减速机带动磨盘转动，物料从下料口落到磨盘中央，在离心力的作用下向磨盘边缘移动并受到磨辊的碾压，粉碎后的物料离开磨盘，被高速向上的气流带至与立磨一体的分离器，粗粉经分离器后返回到磨盘上，重新粉磨；细粉则随气流出磨，在系统的收尘装置中收集下来，即为产品。特别难磨的料块及意外入磨的金属件将穿过风环口沉落，并通过刮料板及出渣口排出磨外。在立磨内物料通过气力输送，需要较大的空气流速，这就可以使用废热气体，同时进行烘干粉磨作业。

(3) RM型立磨　该磨为德国伯力鸠斯（Polysius）公司技术并制造。大约于1965年开始生产以来，主要销往欧洲。RM磨经历了三代技术改造，目前的结构和功能与其他类型立磨有较多区别。主要体现在是以两组拼装磨辊为特点，每组辊子由两个窄辊子拼装在一起，两组共4个磨辊，这两个辊子各自调节它们对应于磨盘的速度。有利于减少磨盘内外轨道对辊子构成的速度差，从而减轻摩擦带来的磨损，可延长辊皮的使用寿命，还削减了辊和盘间物料的滑移。每个磨辊也为轮胎形，磨盘上相对应的是两圈凹槽形轨道，磨盘断面为碗形结构，磨盘上两个凹槽轨道增加了物料被碾磨的次数和时间，有利于提高粉磨效率。每组磨辊有一个辊架，每个磨辊架两端各挂一吊钩，各吊钩由一个液压拉杆相连，共4根。拉杆通过吊钩和辊架传递压力到磨辊与料床上，对物料碾压粉碎。

碾压力连续可调，以适应操作要求。

图3-30为合肥水泥设计院对RH型立磨改造后磨辊和磨盘实物图，为HRM型立磨。

图3-31和图3-32分别为RM立磨结构和实物图。

液压拉紧系统可让每组双辊在三个平面上自由移动，如垂直面上升下降和相对辊轴轴面偏摆以及少量沿辊子径向的水平移动。如果靠磨盘中间的内辊被粗料抬高，那么外辊对物料的压力就会加大，反之亦然。每组磨辊中的每个窄辊的这种交互作用的功能也导致高效研磨。

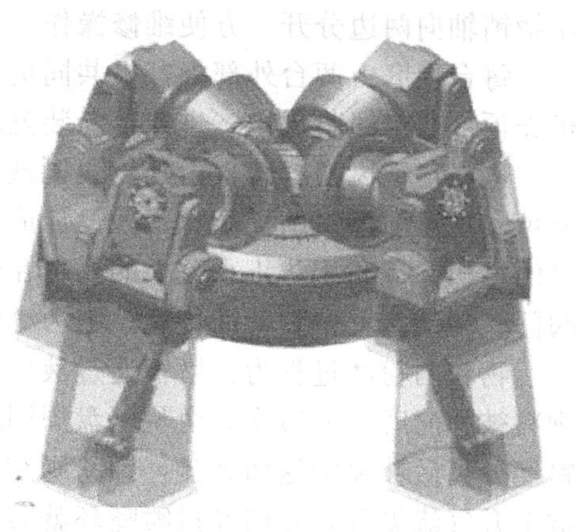
图3-30 HRM立磨磨辊和磨盘实物

研磨轨道的形状和辊面经磨损变形后能影响吊钩的偏移量。可通过测量其磨损量并相应调整吊钩吊挂方位来弥补。这有利于使提供给双辊的压力均衡，维持粉磨效果。

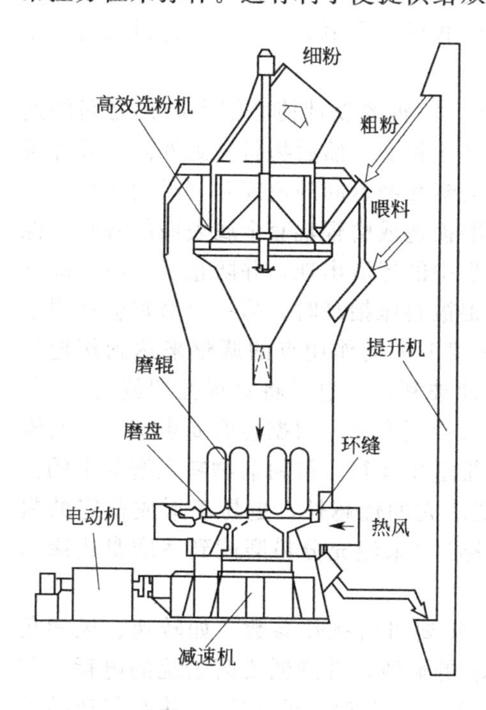

图3-31 RM立磨结构

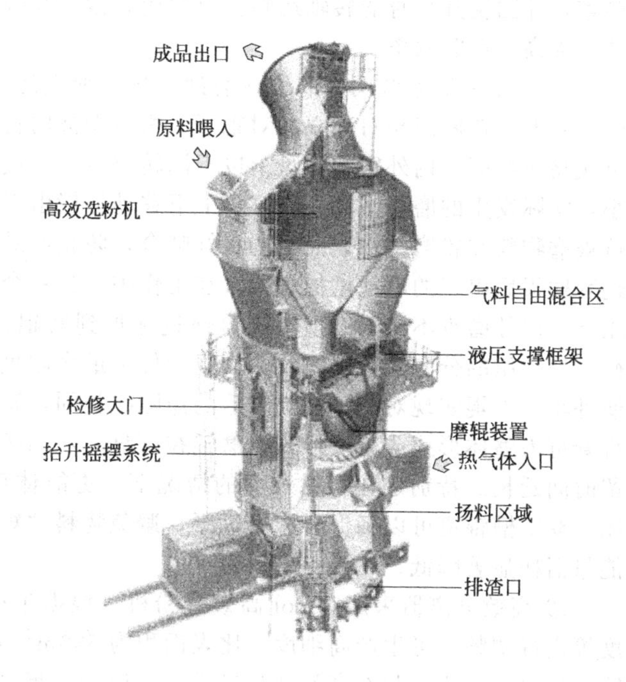

图3-32 RM立磨实物

双辊组的辊面在被不均衡磨损后，还可整体旋转180°安装使用。

喷口环出风口面积设计成可从机壳外部调整，调整装置为8个定位销挡板，通过推进和拉出一定许可量并用插销定位即可改变喷口环面积，从而改变气流在磨内的上升速度（面积小则气速高）以适应不同的产量需要。喷口环导向叶片垂直装设，有利于减少通风阻力。

选粉装置采用了Sepol型高效选粉机，与史密斯Atox型立磨采用的Sepax型选粉机不同之处有：笼形转子上无水平隔环，但外围的静态叶片倾角可调，调整机构设在机壳顶部。磨机运转时也可通过人工转动调整机构改变叶片倾角，有利于根据需要辅助动态叶片调整产品细度。粗粉漏斗出口设分流板，使粗粉朝两个粉尘浓度较低的区域下落。用于磨煤的RMK立磨的选粉装置其粗粉锥斗还设计成剖分组合式，有利于维修选粉装置时，将两半锥斗绕销轴向两边分开，方便维修操作。

每台立磨由两台外部提升机共同负责提升由吐渣口排出的外部循环物料，然后分别送入机壳顶部两个回料进口，进入选粉装置的撒料盘或直接进入立磨，进行外部再循环粉磨。

进料口锁风喂料装置由叶轮式机械传动喂料阀均匀喂入物料，该喂料阀既可调节喂料量又可实现泄漏风量的最小化，并设计成用热风对粗料喂料阀中心加热和热风通入溜管夹层加热的结构，有利于防止水分大的物料在喂料阀中和溜管中黏结堵塞。吐渣口装有重力式锁风阀门。传动装置中设辅助传动，因为磨辊不能由液力拉杆抬起。

物料的粉磨过程为：磨辊通过液压气动装置把压力施加到物料上使物料粉碎，已粉碎的物料被移向磨盘的边缘，由从磨盘周围的喷嘴环喷出的气流把这些物料提升到分离器中。粗粉经分离后被集中返回磨盘，细粉则在收尘器中被收集卸出。在气流量较小时，粗粉不可能被上升气流提升，它们经过喷嘴环就落下卸出磨外，被斗式提升机输送到立磨喂料装置，并被喂入磨内再次粉磨。RM 型立磨的特点如下。

① 双磨辊磨盘装有双凹槽的磨辊轨道，形成双重挤压粉磨系统，立磨结构中最重要的部件首推带有双凹槽的粉磨磨盘和两套对辊。两套对辊在料床上可进行垂直方向位移的单独调整，并围绕其自身的转轴运转。双凹槽磨盘和双鼓面磨辊的采用优化了被磨物料的啃入条件，提高了粉磨效率。

② 双重粉磨系统两对磨辊在磨盘上相对独立运转，对辊的设计使磨辊和磨盘之间的速度差降低。在两组相对独立的对辊下，物料先被内辊挤压粉磨，然后物料移到外侧，经外辊再次挤压粉磨。内外辊在磨盘上以不同转速运行，使磨辊和磨盘间的速度差（滑动摩擦）最小，实际发生的磨损减小。磨辊可上下移动补偿由于磨损造成磨辊辊套金属表面的残缺，保持被磨物料和粉磨组件表面间的良好啮合，防止产品当中的尾渣出现，并防止了一般情况下辊套磨损后出现的电耗增加现象。在工作中，当一个辊被料床抬高时，另一个磨辊会被强迫压下。内外磨辊不同的磨损情况可通过施加到磨辊托架上力的作用点的调整来达到接近均衡。使辊压的分布与磨损一致，磨辊元件可最大限度地被利用。也可将对辊托架旋转 180°，使外辊和内辊实现对换，使被磨后的边际线相同，延长使用寿命。根据粉磨要求情况，磨辊辊套可为整体形式或分块形式。磨辊在磨盘的双凹槽辊道中运行，被粉磨物料在磨盘上的停留时间延长。特别是在物料难磨的情况下，更能体现出它的优越性，更易于形成稳定的料床。双凹槽辊道可以确保料床不过厚，避免物料“短路”（未经充分粉磨就到达磨盘边缘），能量消耗显著降低。

③ 高效分离器采用 Sepol 高效选粉机。根据生产需要可对操作参数，如转速、风翅角度等进行调整。可生产高细度、比表面积为 $530m^2/kg$ 的矿渣，并降低粉磨系统的电耗。与第二代立磨相比，装有高效选粉机后，可使产量增加 25%，电耗降低 16%，并改善产品的颗粒分布。

④ 喷嘴环烘干和提升磨内物料所需的热气流通过喷嘴环，改进后的喷嘴环可以调节优化气流的速度和分布。该喷嘴环由定位销挡板调节通风截面，因为不改变气流方向，不增加气流通过的路径长度，因而系统的单位耗气量和系统压损值相当低，磨损减少。气流速度可以从 70mm/s 调节到 30mm/s。

⑤ 料层厚度的调节。磨盘边缘的挡料圈高度可以调节。在调试期间根据被粉磨物料的特性和产品的需要进行调整。挡料圈的设计易于拆换和调整，保证了系统生产对产品品种变化的适应性。

⑥ 物料的外循环系统。系统配有外循环提升机，外部循环的物料量一般为磨机产量的 1～2 倍。在具有外部物料循环回路的系统中，喷嘴环处的风速可以显著降低，气流并不将

全部物料带入选粉机，较大比例进入喷嘴环的物料到达与磨盘一起旋转的卸料圈，物料通过卸料溜子和提升机进入高效选粉机。大大降低系统电耗和阻力，使系统操作简便。

⑦ 磨辊轴承的密封。轴承的密封防尘是保证立磨长期运转的关键，对新设计的磨辊轴承安装了防磨损密封装置，增加了润滑油循环系统，并装有自动测试系统，为安全运转提供保证。

⑧ 加压系统。磨辊与磨盘之间的加压由液压系统调整。磨辊托架通过拉杆直接与磨基础联结，因此磨辊对磨盘的压力是平行垂直向下的，拉杆通过两个接口分别与磨基础、磨辊托架联结，可以传递不同方向的拉力，使磨辊对磨盘的压力分布均匀平衡。

⑨ 工艺生产过程控制。通过POI-ICID工艺生产过程控制系统和POI，EXPERT智能化的工艺控制专家系统，自控系统可实现粉磨系统的监测、调节控制和操作优化。通过现场操作值与专家系统知识库的联系，专家系统可确保通过优化原料喂料、粉磨物料料床、气体风量等措施使系统在可达到的最大能力下经济运行，在最大荷载下及给定荷载下以最低电耗运行。在不同阶段协助操作人员，如开车阶段、正常操作过渡阶段等。自控系统可设计的控制回路包括均衡风量的调节和控制、磨机进出口压差控制喂料量、循环风流量控制、出口气体温度控制以及外循环回路控制等。

(4) LM型立磨　LM型立磨为德国莱歇（Loesche）公司技术并制造。国内引进使用的莱歇磨分两类：一类是由日本宇部（UBE）公司和德国莱歇公司通过技术合作而制造的宇部-莱歇磨，即UBE公司制造的LM型系列；另一类是由美国福勒（Fuller）公司与德国莱歇公司签订合同，获准生产的莱歇磨，即Fuller公司制造的LM型系列，其主要结构基本相同。

大型莱歇磨为4辊式（低于150t/h产量的型号为两个辊子），是锥台型磨辊和平面轨道磨盘，无辊架。磨辊与磨盘间的压力由相应辊数的液压拉伸装置提供。工作时，通过摇臂作为一个杠杆，把油缸对拉伸杆产生的拉力传递给磨辊，进行碾磨；最大特点是：液压拉伸杆可通过控制抬起磨辊，使拖动电机所需的启动转矩减至最小值。因而可使用具有70%或80%启动转矩的普通电动机，无辅传。还设有液压式磨辊翻出装置以简化维修工作。检修时，只要与液压装置相连，即可使磨辊翻出机壳外，可使磨辊皮更换在一天内完成。液压控制杆在磨机外部，不需要空气密封。但是，当磨辊在粉磨位置时，辊子的气封必须保持抵住磨内500mmH_2O（1mmH_2O=9.80665Pa）的负压，以防止过量含尘气体渗入轴承。

图3-33所示为LM立磨磨辊，图3-34所示为LM立磨磨辊与磨盘，图3-35为LM立磨示意图，图3-36为LM立磨实物图。

图3-33　LM立磨磨辊

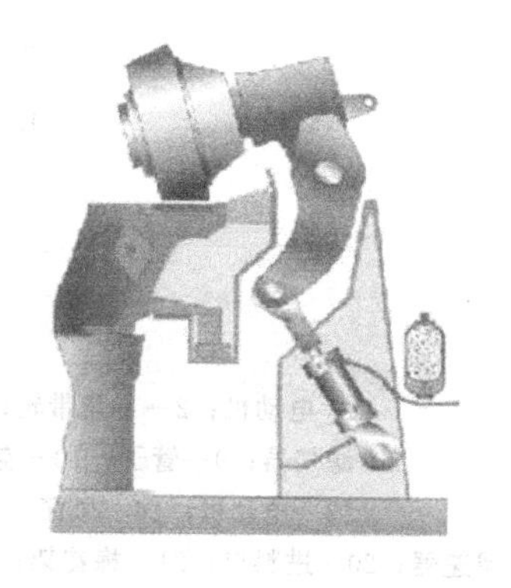

图3-34　LM立磨磨辊与磨盘

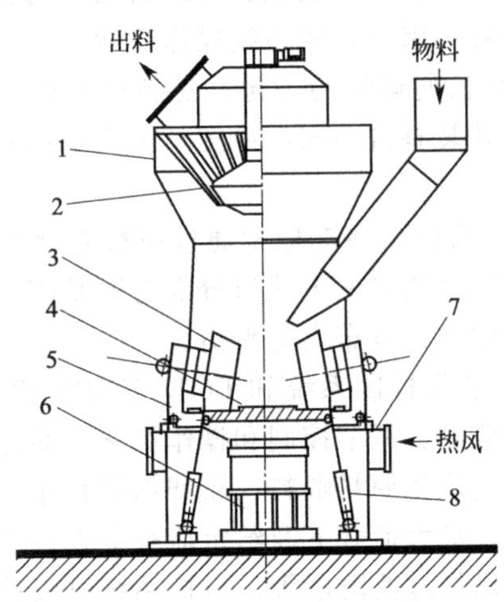

图 3-35 LM 立磨

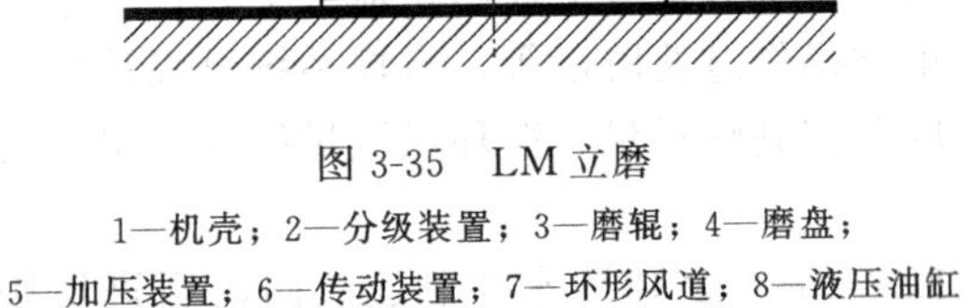
1—机壳；2—分级装置；3—磨辊；4—磨盘；
5—加压装置；6—传动装置；7—环形风道；8—液压油缸

图 3-36 LM 立磨实物

（5）雷蒙磨（Reymond mill） 雷蒙磨又称悬辊式磨机，其结构如图 3-37 所示。雷蒙磨的主要构成部分是固定不动的底盘和作旋转运动的磨辊。在底盘的边缘上装有磨环。磨辊绕垂直轴旋转时由于离心力作用紧压在磨环上，与磨辊一起旋转的刮板（又称铲刀）将底盘上的物料撒到磨辊与磨环之间，物料在磨辊与磨环之间受到挤压和研磨作用而被粉碎。

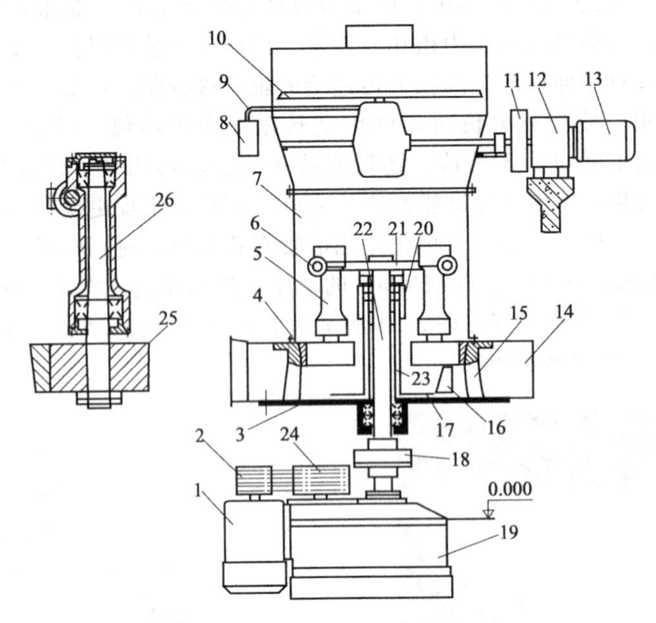

图 3-37 雷蒙磨结构

1—电动机；2—三角带轮；3—底盘；4—磨环；5—磨辊；6—短轴；7—罩筒；
8—滤气器；9—管子；10—空气分级机叶片；11—三角带轮；12—电磁转差离合器；
13—电动机；14—风筒；15—进风孔；16—刮板；17—刮板架；18—联轴器；
19—减速器；20—进料口；21—梅花架；22—主轴；23—空心立柱；24—三角带轮；25—辊子；26—辊子轴

底盘 3 的边缘上为磨环 4，底盘中间装空心立柱 23 作为主轴的支座。主轴 22 装在空心立柱的中间，由电动机 1 通过减速器 19、联轴器 18 带动旋转。主轴上端装有梅花架 21，梅花架上有短轴 6，用来悬挂磨辊 5，使磨辊能绕短轴摆动。磨辊中间是能自由转动的辊子轴 26，轴的下端装辊子 25。每台磨机共有 3～6 只磨辊，沿梅花架均匀分布。

在梅花架下面固定着套于空心立柱外面的刮板架 17，在刮板架上正对每只磨辊前进方向都装有刮板 16。当主轴旋转时，磨辊由于离心力作用紧压在磨环上，因此，磨辊除了有被主轴带动绕磨机中心旋转的公转运动外，还有由于磨环和辊子之间的摩擦力作用而产生的绕磨辊轴中心线旋转的自转运动。从给料机加入落在底盘上的物料被刮板刮起撒到磨辊前面的磨环上，当物料未及落下时即被随之而来的磨辊所粉碎。

在底盘下缘的周边上开有长方形的进风孔 15，最外缘为风筒 14。由通风机鼓入的空气经风筒和进风孔进入磨机内，已粉碎至一定细度的物料被气流吹起。当经过磨机顶部的空气分级机叶片 10 附近时，气流中的粗颗粒即被分出，回落至底盘上再行粉碎。达到要求粒度的物料随同气流离开磨机，进入旋风分离器。在旋风分离器中，大部分物料被分离出来，从旋风分离器底部排出，空气则从顶部出风管排出，经过风机后大部分空气重新鼓入磨内。为了在磨机和旋风分离器内形成负压，以防止粉尘外逸，小部分空气经由通风机出口处的支风管进入旋风分离器和袋式除尘器，将空气中的固体颗粒再次收集后放入大气中。

产品的粒度通过改变空气分级机转速的方法来调节。分级机转速增大，上升气流及其中物料颗粒的旋转速度随之增大，颗粒沿半径方向的离心沉降速度加快，如此可使气流中的物料颗粒在通过分级机前后更多地沉降至气流速度较小的罩筒附近并随之落回到底盘上。只有尺寸更小的颗粒才能随气流离开磨机成为产品，因此产品的细度变细。反之，分级机转速减小，物料颗粒的径向沉降速度变慢，大多数颗粒都能通过分级机作为产品卸出，故产品的细度变粗。

雷蒙磨机工作原理：将需要粉碎的物料均匀连续地送入雷蒙磨主机磨室内。由于旋转时离心力作用，磨辊向外摆动，紧压于磨环，铲刀铲起物料送到磨辊与磨环之间，因磨辊的滚动而达到粉碎目的。物料研磨后，随鼓风机循环风带入分析机进行分选，细度过粗的物料都会重磨，合格细粉则随其流进入成品旋风收尘器，经输送管排出，即为成品。在磨室内因被磨物料中有一定的水分，研磨时生热，水气蒸发，以及整机各管道接口不严密，外界气体被吸入，使循环气压增高，保证雷蒙磨在负压状态下工作，所增加的气流量通过余风管排入除尘器，被净化后排入大气。雷蒙磨的特点及应用如下：

① 立体结构，占地面积小，成套性强，从块料到成品独立自成一个生产体系。

② 成品细度均匀，通筛率 99%，这是其他磨粉设备难以具备的。

③ 传动装置采用密闭齿轮箱和带轮，传动平稳，运行可靠。

④ 重要部件均采用优质钢材，耐磨件均采用高性能耐磨材料，整机耐磨性能高，运行可靠。

⑤ 电气系统采用集中控制，磨粉车间基本可实现无人作业，并且维修方便。

缺点：一般不能粉磨硬质物料，否则磨辊和磨环磨损较大；另外，不能空车运转，否则磨辊直接压在磨环上甚至发生强烈的碰击，无疑会加剧它们的磨损。雷蒙磨多用于粉磨煤、焦炭、石墨、石灰石、滑石、膨润土、陶土、硫黄等非金属矿物及颜料、化工原料、农药、化肥等。许多非金属加工厂都装备有雷蒙磨粉碎系统。

图 3-38 所示为雷蒙磨的磨辊，图 3-39 所示为雷蒙磨的磨辊与磨盘安装，图 3-40 所示为雷蒙磨实物，图 3-41 所示为雷蒙磨粉磨系统。

雷蒙磨使用注意事项如下：

① 雷蒙磨粉机在安装前对操作人员必须进行必要的技术培训，使之了解雷蒙磨粉机的

原理性能，熟悉雷蒙磨粉机操作规程。雷蒙磨粉机在使用过程当中，应有固定人员负责看管，操作人员必须具备一定的技术水平。

图 3-38　雷蒙磨的磨辊

图 3-39　雷蒙磨的磨辊与磨盘安装

图 3-40　雷蒙磨实物

图 3-41　雷蒙磨粉磨系统

② 为使雷蒙磨粉机正常，应制定《设备保养安全操作制度》方能保证磨粉机长期安全运行，同时要有必要的检修工具以及润滑脂和相应的配件。

③ 雷蒙磨粉机使用一段时间后，应进行检修；同时对磨辊、磨环、铲刀等易损件进行检修与更换处理。磨辊装置在使用前后对连接螺栓、螺母应进行仔细检查，看是否有松动现象，润滑油脂是否加足。

④ 雷蒙磨粉机磨辊装置使用时间超过 500h 左右重新更换磨辊时，对辊套内的各滚动轴承必须进行清洗，对损坏件应及时更换，加油工具可用手动加油泵和黄油枪。

⑤ 停机时，先停止进料，主机继续转动，使残留的物料继续进行研磨，约 1min 后，可关闭主机电动机，停止研磨工作，其后再停止风机电机和分析器电机。

3.4.3　立磨制备粉体技术应用

应用 1：立磨系统制备煤粉

MPS 立磨系统制备煤粉如图 3-42 所示，原煤从原煤堆场通过格子筛网过筛后落到大倾角皮带输送机上，经电磁除铁器除铁后，皮带输送机把原煤送入原煤仓进行储存。待制粉系统均已启动后，打开原煤仓底部棒阀，启动密封计量胶带给煤机，原煤进入立式煤磨进行烘干、粉磨。由热风炉出来的热风或水泥生产线废气，在系统风机的抽引下，进入立式煤磨，与磨内被粉磨的原煤进行充分热交换后，带起煤粉在分离器处进行分选，细度不合格的粗煤粉重新落到磨盘上进行粉磨，合格的煤粉随气流进入防爆气箱脉冲收尘器被收集下来，经过分格轮卸入煤粉仓。原煤中的杂物，如部分煤矸石、金属块等，通过风环、吐渣口排出磨外。在煤粉制备应用方面，HRM型立式煤磨特点如下。

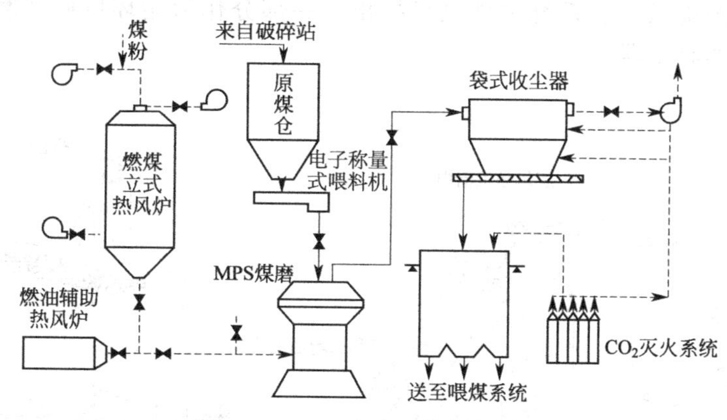

图3-42 MPS立磨系统制备煤粉

① 采用新型密封计量胶带给煤机。新型密封计量胶带给煤机与传统回转锁风喂料机相比，具有锁风效果好、可设定调节喂料量、不易堵等优点。通过不断改进，已解决早期产品故障率高的缺陷，深受用户欢迎。

② 采用高效动静态分离器。通过研究分析在管磨机使用的O-Sepa选粉机、SLS选粉机、Sepol选粉机，根据立式磨的工况特点，设计了适合立式磨的高效动静态组合分离器。该分离器将自由涡流和强制涡流结合在一起，使得分级流场稳定、均衡。产品的粒度分布较窄，这样既节能，又有利于后续工艺稳定且细度稳定，粒度均齐，有利于煤粉燃烧，非常适用于粉磨劣质煤和无烟煤。由于采用这种分离器，对磨机内颗粒无序运动的有效控制，减少磨内颗粒的无规则运动量，使得磨内循环量降低，降低了磨内通风阻力，磨机的料床也更加稳定，提高粉磨效率，同样也降低了单位电耗。

③ 磨盘转速对应不同产品细度。为了适应用户较多粉磨劣质煤或无烟煤的趋势，HRM型立式煤磨采取了增大主减速机减速比以降低磨盘转速的措施，同时通过改进磨辊辊套和磨盘衬板的结构形式，使磨盘上形成稳定的料层从而增加磨辊的碾压力，提高粉磨效率，减小磨机振动的可能，生产更加平稳可靠。

④ 采用磨辊稀油强制润滑。HRM型立式煤磨开始采用磨辊稀油强制润滑，即通过独立的润滑油站对磨辊轴承进行循环润滑、冷却。不仅改善了润滑效果，而且循环的润滑油也带走了大量热量，使磨辊轴承工作温度降低，大大延长了轴承使用寿命（一般可提高2.5倍以上）。

⑤ 进料方式改在顶部侧面进料，既解决了原中部进料易堵的问题，又解决了顶部中间进料立式磨分离器轴需采用中空轴的要求。采用中空轴成本高，结构复杂，进料面积小，易堵料。

⑥ 提高设备可靠性，关键部件采用进口品牌产品。例如，分离器减速机、轴承采用弗兰德减速机和SKF或FAG轴承，动态转子叶片采用瑞典耐磨板，液压系统采用进口阀件、油泵及密封件。

应用 2：立磨系统制备水泥生料粉

此系统工艺流程如图 3-43 和图 3-44 所示，配合原料，经电子皮带秤按比例自动配料，混合原料经胶带输送机和锁风喂料阀进入立式磨内进行碾压粉磨。原料经磨机粉磨后，由热气流携带到磨机上方的选粉机分选，粗粉返回磨盘重新粉磨，合格的细粉随出磨气流进入旋风筒进行气料分离后收集，再经输送设备送入生料均化库均化和储存。窑尾废气处理来的中温气体，作为该磨的烘干热源，进入磨内对含有一定水分的原料进行烘干。出磨废气经旋风筒、系统主排风机排出，一部分作为循环风回到磨内，另一部分则进入废气处理的收尘器。

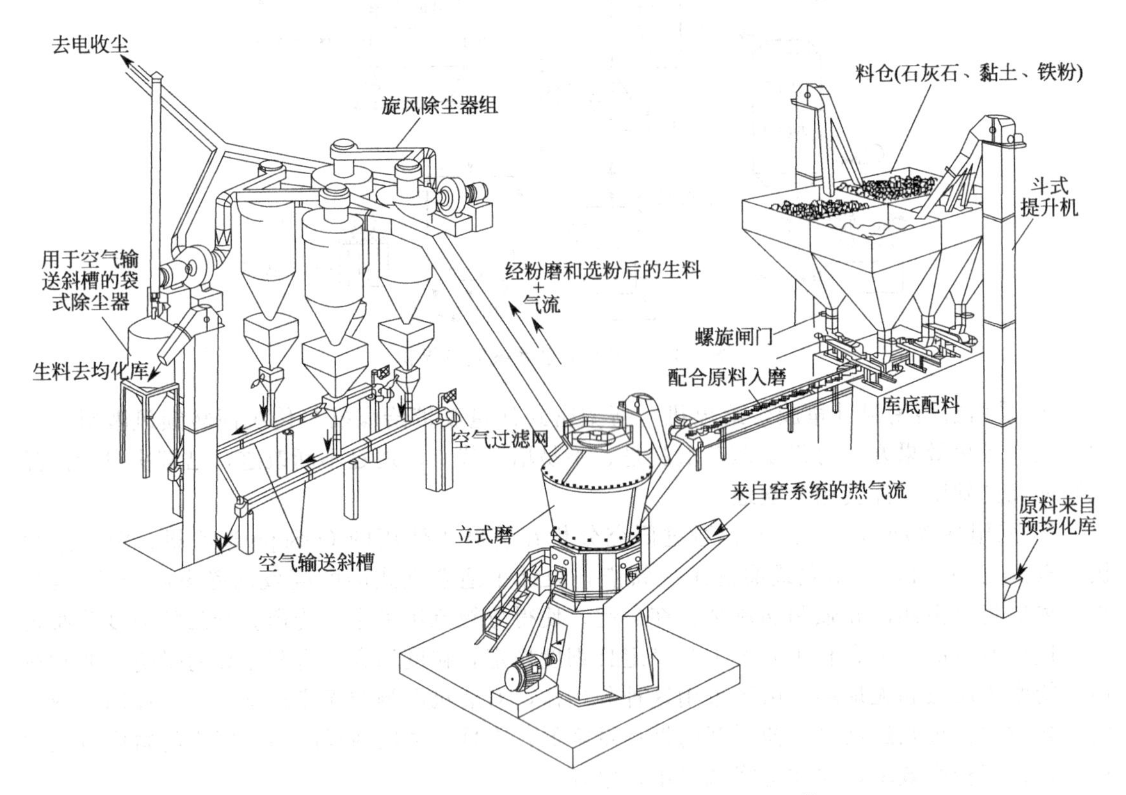

图 3-43 立磨系统制备水泥生料粉工艺流程（立体）

应用 3：立磨系统生产矿渣粉

此系统工艺流程如图 3-45 所示，矿渣物料下料管落到磨盘中央，恒速旋转着的磨盘借助于离心力的作用将原料向外均匀分散、铺平，使其形成一定厚度的料床，矿渣物料同时受到磨盘上多个磨辊的碾压，并被粉碎。在离心力的连续驱动下矿渣物料不断向磨盘外缘运动，离开磨盘的物料遇到通过风环进入磨内的热气体并随之上升，经磨机中部壳体进入到分离器中，在此过程中矿渣微粉物料与热气体进行了充分的热交换，水分迅速被蒸发。选粉机控制着辊磨出口的成品细度，大于规定尺寸的颗粒被分离，并落回至磨盘，满足细度要求的物料通过分级进入成品仓。

此系统优点如下：

① 粉磨效率高。采用先进的料层粉磨原理，使系统电耗比球磨机节约 20%～30%，随原料水分增加，节电效果更为显著。

② 烘干能力大。可利用窑热风废气烘干物料，对入磨水分高达 15%的原料可同时进行烘干粉磨。

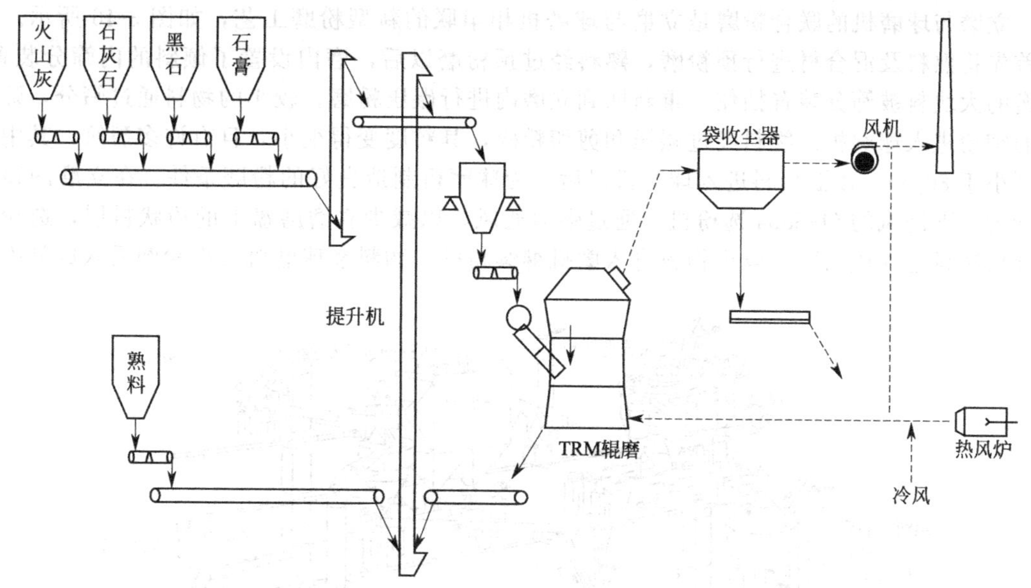

图 3-44 立磨系统制备水泥生料粉工艺流程（平面）

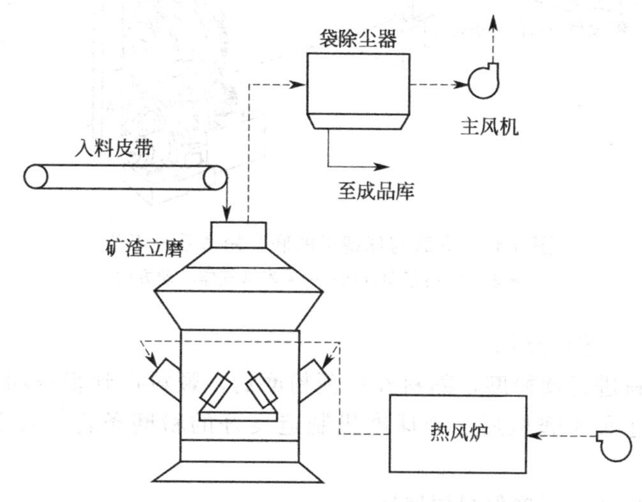

图 3-45 立磨系统生产矿渣粉工艺流程

③ 设备占地面积小、工艺流程简单。GRMS 矿渣立式磨集细碎、烘干、粉磨、选粉、输送为一体，无须另置烘干、选粉、提升等设备，车间面积仅占球磨系统的 70%，空间仅占其 50%～60%。

④ 噪声低、扬尘少、操作环境清洁。磨辊和磨盘运行时不直接接触，无金属撞击，噪声比球磨机低 20～25dB。系统采用全密封负压操作，无扬尘，生产环境清洁。

⑤ 磨耗低，产品污染小。金属磨耗一般仅为 5～10g/t 产品，对产品的金属污染小。

⑥ 磨辊辊套可翻面使用，有利于延长使用寿命，降低生产成本，操作维修方便。

⑦ 粉磨产品化学成分稳定、颗粒级配均齐，有利于煅烧。

应用 4：立磨与球磨机联合生产水泥

粉磨是水泥生产中重要和关键的环节，能耗占生产总能耗中总电耗的 70%以上。因此，需研发新型高效粉磨技术及装备，控制产品颗粒级配，提高水泥粉磨效率及产品质量。立磨与球磨机的联合粉磨是一种新型粉磨工艺，粉磨工艺具有独特的优点。

立磨与球磨机的联合粉磨是立磨与球磨机相串联的新型粉磨工艺，如图3-46所示。立磨首先将熟料及混合材进行预粉磨，熟料经过预粉磨以后，磨内设置了倾斜的内筛分装置，逃逸的大块料被筛分装置挡住，重新回到立磨内进行碾压粉磨。较小的物料通过筛分，筛分后的细粉进入球磨机。物料经过碾压和剪切粉碎，其粒度变得很小，且有许多裂纹，其中有30%小于80μm。该混合料进入球磨机以后，为球磨机制造良好的粉磨条件。在立磨的顶部设计为一下进风的O-Sepa选粉机，通过强力通风，以减少立磨磨盘上的粉状料层，选粉后的合格物料进入成品库，较粗物料进入磨机继续粉磨，物料经球磨机二次粉磨后入成品库。

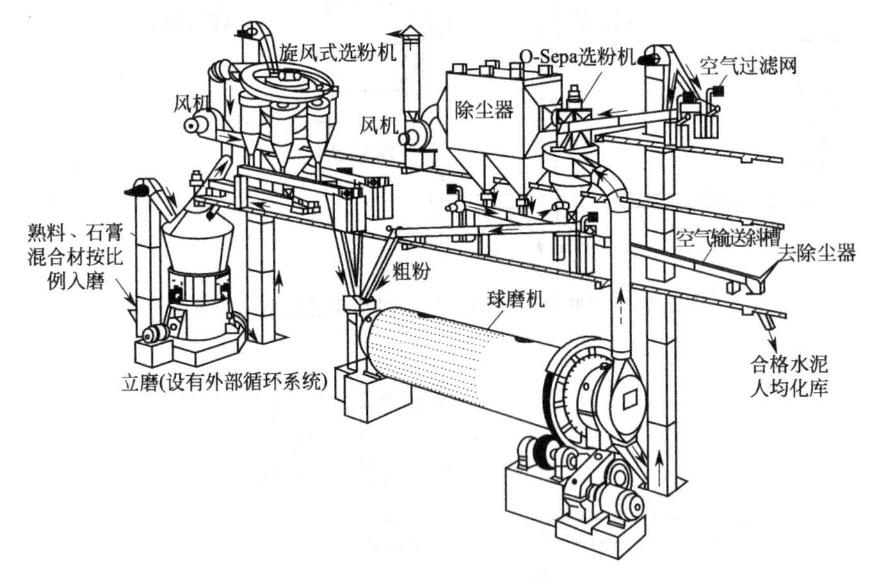

图3-46 立磨与球磨机的联合粉磨系统工艺

--➤表示物料移动方向；┈➤表示气体流动方向

联合粉磨工艺的工艺特点如下：

① 立磨先将熟料进行预粉磨，熟料经过预粉磨后，颗粒得到辊压和剪切粉碎，且有很多裂纹。该混合料进入球磨机后，为球磨机制造良好的粉磨条件，使系统粉磨能力大幅提高。

② 立磨采用动静环，可确保料层厚度。

③ 根据粉磨效率的特点，可以方便地选择筛子的间隙来确定进入球磨机的粒度，从而提高球磨机的产量。

④ 该分选系统不同于普通高细磨的筛分，属于动态主动分选，分选效率和精度更高，调节方便可靠，不影响磨内通风面积。

⑤ 这种联合粉磨使水泥粒度分布及颗粒形态趋于合理，解决了颗粒特性与表面能、机械能及化学能合理匹配等方面的关键共性技术难题，大幅度提高了其胶凝效率，使硅质、硅铝质工业固体废弃物机械能活化与化学能活化有机结合。

3.5 振动磨制备粉体的原理和技术

3.5.1 概述

振动磨的最早雏形是一种同心圆的多室磨，由德国FASTING公司1910年发明。但真正意义上的第一台振动磨直到1949年才由SIEBT-CHNIK公司制造，为单筒体结构，容积0.6L，采用间歇式粉磨。20世纪50～60年代，振动磨发展为多筒式，其结构几乎包括筒体的所有布置形式，设备最大容积也突破1000L。1962年，德国KHD、WEUAG公司研制的65U型以偏心体作为激振器的振动磨，是当时生产能力较大的机型，有效容积达到2000L，产品细度325目的台时产量达2.5t/h，功率130kW，依赖产量和细度的优势，在十年中其市场覆盖达50多个国家。这种由电机驱动偏心体飞速旋转带动磨体振动的激振方式，为各国后来所仿效。受其启发，德国Lurgi公司与南非合作也采用激振方法研制出离心式振动磨，粉磨细度可小于40目。同期进行研制的还有强制通入压缩空气的气流式振动磨、双腔式振动磨等。自此，以细磨为目的的振动粉磨技术，不仅在德国迅速发展，尤其以Hulnboldt公司的Palla型和KHD公司的50U型、65U型等产品最为著名，而且也成为欧美国家的重要研究内容和应用形式。

我国于1965年首创了3筒体串联结构，容积为30L，功率3kW。以此为基础，合肥水泥研究设计院设计制造出第一台用于工业生产的3筒体SM型振动磨，1980年通过部级技术鉴定，并以其结构的独特性和对难磨物料的适应性，在自应力混凝土水泥、带酸木屑以及云母、刚玉、碳化硅等各种粉体的生产中广为应用，受到业内普遍欢迎。宝钢、唐山碳化硅厂等大中型企业以其替代国外设备进行刚玉、碳化硅等高硬物料的粉磨都展示出超强的细磨能力，当时在国内享有较高的知名度。至今，其3筒体结构设计和挠性联轴器形式仍是国内同类型振动磨的参照标准。国内振动磨的制造和应用在1985年前后进入高潮。据简单统计，当时的振动磨制造企业达20多家，最大容积达到1500L，2筒体并联和3筒体串联两种结构并存，浙江温州、安徽安庆、河南新乡、鹤壁、陕西西安等地的振动磨都占据了各自的市场份额。

2000年，振动磨产品行业标准开始制定，一些企业引进国外技术制造的振动磨也陆续进入市场，振动磨的设备形式和市场结构更加多元化。纵观国内外振动粉磨技术的发展，在外形特征上表现为设备有效容积越来越大，结构倾向多筒体和单电机驱动。但实质上的进步却在于研制者对振动强度即重力加速度的重新认识和实践，现在一台大振幅振动磨的产量能够达到以前十数倍容积的振动磨生产能力。

振动磨为双圆筒结构。由电动机通过挠性联轴器和万向联轴器带动激振器的轴旋转，激振器的轴上带有偏心块，由于带偏心块轴的旋转使双圆筒进行近似的圆振动。筒体内充填研磨介质（钢球或钢棒）和待粉磨物料，物料既可从上圆筒的进料口进入，上圆筒内粉磨完毕的物料流入下圆筒继续粉磨，最后从下圆筒的出料口排出，即单进单出；物料也可同时进入上下圆筒进行粉磨，然后同时排出，即双进双出或双进四出。

一些研究者试图从改变磨机内部结构动力学或者从改善磨机外部工艺条件来提高振动磨的粉磨效率。德国人曾进行磨内通入压缩气体的试验，以借助于气流推力使物料在磨内充分搅动中得到充分研磨和迅速排出，从而缩短物料在磨内的停留时间，获得单位时间下的最大产量。但试验效果不明显，气流量较小时，对物料的流速改变不大，而气流量过大则使粉磨产品的粒度变粗，很难找到两者的最佳结合点。德国人在1979年、1986年间，曾发明一种双区振动磨和转腔振动磨，前者是在磨腔内增设一个隔仓板，使之成为两个粉磨区；后者是在磨腔中加设一个可随介质旋转的叶轮装置，其作用均在于活化研磨体，消除磨腔中心部位的乏能区，以达到强化粉磨的目的。

围绕振动磨理论和实践的探索，国内外几十年来从未停止。直到20世纪90年代初期才形成一个广泛共识，这就是增大振动强度，提高振幅，才是获得高效率粉磨的最简捷有效的途径。这一理论，最早可追溯到1959年当时的苏联提出的振动强度的观点，而发展和实践者则始于 Bernotat 和 Wangshulin 等人。他们主张按低频率大振幅设计振动磨，因为降低振频有利于延长轴承的使用寿命，增大振幅则可有效提高介质的能量传递接触面积和正向挤压碰撞能力，从而大幅度提高振动粉磨的效率。实践为他们的观点提供了有力支持，并在生产中不断验证其巨大的实用价值。

3.5.2 主要设备介绍

3.5.2.1 振动磨的类型

振动磨的类型很多。按振动特点可分为惯性式、偏旋式；按筒体数目可分为单筒式和多筒式；按操作方法可分为间歇式和连续式等。

3.5.2.2 振动磨的基本构造

振动磨的基本构造是由磨机筒体、激振器、支承弹簧及驱动电机等主要部件组成，图3-47为 M200-1.5 惯性式振动磨的示意图。

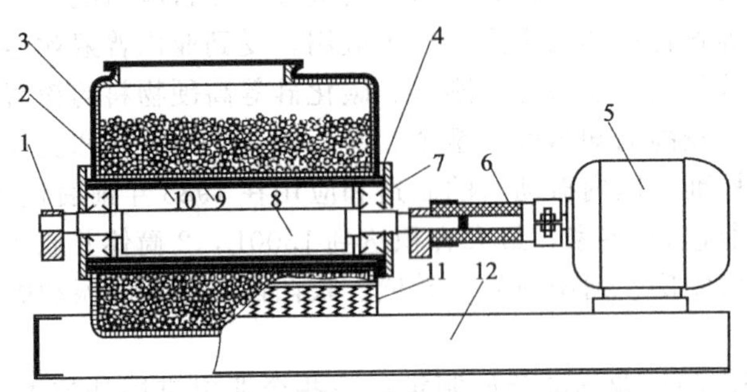

图 3-47 M200-1.5 惯性式振动磨示意

1—附加偏重；2—筒体；3—耐磨橡胶衬；4—锥形环；5—电动机；6—弹性联轴器；7—滚动轴承；8—偏心激振器；9—振动器内管；10—振动器外管；11—弹簧；12—支架

3.5.2.3 XZM 系列振动磨机

XZM 系列振动磨属中小型非易爆材料粉磨设备，主要应用于冶金、矿山、建材、耐火材料、磨料、玻璃、陶瓷等行业的细料和超细料粉磨，特别是在化工、染料、特种陶瓷、粉末冶金和高级耐火材料等产品生产中原料的超细加工方面应用广泛。ZM 系列振动磨可用于多种物料，其加工出的成品粒度从中等粒度（0.3mm）到较细粒度（0.074mm）均可，其生产能力高，研磨性能好，最佳振磨物料为长石、镁、锰、石墨等，其中石墨及其同性质材料粉磨效果尤为理想。常用的是双筒或者三筒式振动磨机，如图 3-48 所示，其结构主要由机体底架、隔声罩、磨筒、联轴器、耐磨衬板、电机、电机机架、减振装置、冷却水套部件组成。

(1) 磨筒壳体　该型振动磨机磨筒由上下两个磨筒组成。每个筒体内装有耐磨衬筒，当衬筒研磨损坏后，可拆除更换。耐磨衬筒内装有耐磨介质。磨介钢棒（球）可用弹簧钢、45号碳钢、轴承钢等材料制作，而且要进行淬火处理，热处理后的硬度不低于 45～50HRC。热处理后的钢棒必须进行校直处理，其直线度偏差在全长范围内不大于 5mm。

(2) 激振器　激振器共有 3 组（其他型号的振动磨机为 2 组），组与组之间用万向联轴器连接。每组激振器由 4 块偏心重块和 2 个滚动轴承组成。四块偏心重块中有 2 块主偏心重块和 2 块副偏心重块，其主副偏心重块的夹角可在 0～90°范围内调整。当主副偏心块夹角为0°时，此时 2 块偏心重块完全重合，其激振力最大，振动磨机的振动强度也就最大，矿石的研磨作用也最强。

图 3-48 振动磨实物

调整激振力时，必须使 6 组 12 块偏心重块的夹角一致，否则将产生轴向扭振。此激振器的轴承由于在偏心转动中产生大量热能，因此在轴承座外圈设有冷却水夹套。为了减少轴承发热，冷却水套必须充满循环冷却水，其冷却水入口温度不得高于 20℃，排出水温度不得高于 60℃。排出水温度高于 60℃时，应加大冷却水量。在装配和维修时，要保持激振器轴有一定的轴向位移量。激振器的润滑采用高滴点滚动轴承润滑脂，不能采用普通润滑脂。此激振器的轴承通常采用非标游隙轴承。

（3）轮胎式联轴器　轮胎式联轴器由法兰、压板、螺栓、挠性片、电机端法兰等零件组成。该联轴器主要用来传递扭矩并解决激振器振动而电机不振动的连接问题。

（4）减振装置　双筒式振动磨机有 6 个支点（其他类型的磨机有 4 个支点），每个支点有 2 组弹簧。弹簧的主要作用是支撑磨机主体，并用来减少磨机传递到地基上的动负荷。为了使振动磨机处于良好的工作状态，可在弹簧的下面加调整垫片，此垫片用来解决磨筒水平度的安装问题。每组弹簧在安装过程中必须保证弹簧上下接触面的同轴度，其允差不超过 2mm。

（5）工作原理　如图 3-49 所示，物料在冲击力的作用下沿着最薄弱的结构缺陷发生疲劳破坏，高频冲击作用使物料最薄弱处所形成的显微裂缝尚来不及“愈合”时，就又受到连续不断的冲击，使裂缝迅速扩大而达到宏观破坏。振动磨内除了冲击作用之外，物料在钢球之间受到研磨作用。这种作用是由研磨体的自转和公转运动产生的，它在较大程度上使物料处于剪切应力状态。由于固体物料，尤其脆性物料的抗剪强度远小于抗压强度，所以物料在剧烈的研磨作用下极易粉碎。也就是说，物料和研磨介质装入弹簧支承的磨筒内，磨机主轴旋转时，由偏心激振器驱动磨体作圆周运动，通过磨机的高频振动对物料作冲击、摩擦、剪切等作用而将其粉碎。

通过试验观察发现，振动磨工作时筒体内研磨介质的运动有以下几种情况（见图 3-50 所示）：①研磨介质的运动方向与主轴旋转方向相反；②研磨介质除公转运动外，还有自转运动。当振动频率很高时，它们的排列都很整齐。在振动频率较低的情况下，研磨介质之间紧密接触，一层一层地按一个方向移动，彼此之间无相互位移。但当振动频率高时，加速度增大，研磨介质运动较快，各层介质在径向上运动速度依次减慢，形成速度差，介质之间产生剪切和摩擦。

综上所述，振动磨内研磨介质的研磨作用有：①研磨介质受高频振动；②研磨介质循环运动；③研磨介质自转运动等作用。这些作用使研磨介质之间以及研磨介质与筒体内壁之间产生强烈的冲击、摩擦和剪切作用，致使在短时间内将物料研磨成细小粒子。

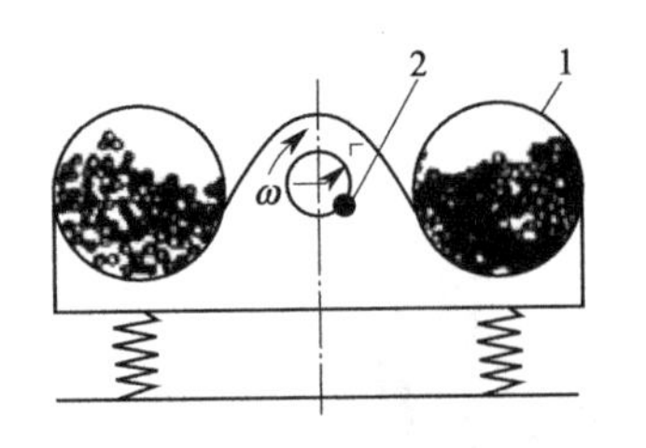

图 3-49 振动磨工作原理
1—磨筒体；2—偏心激振器

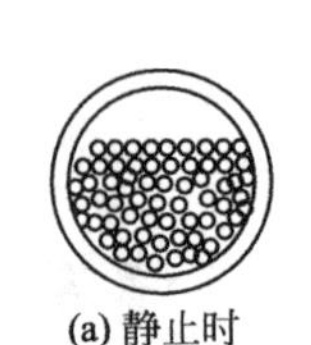
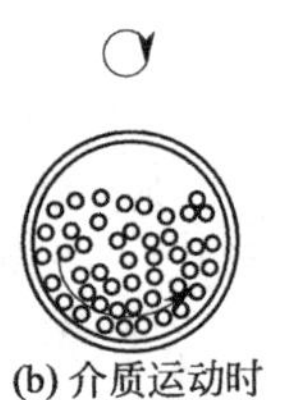
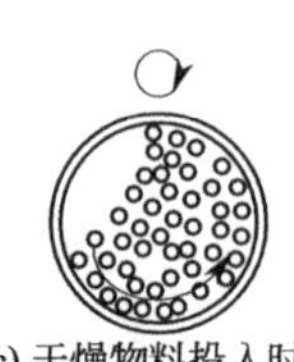
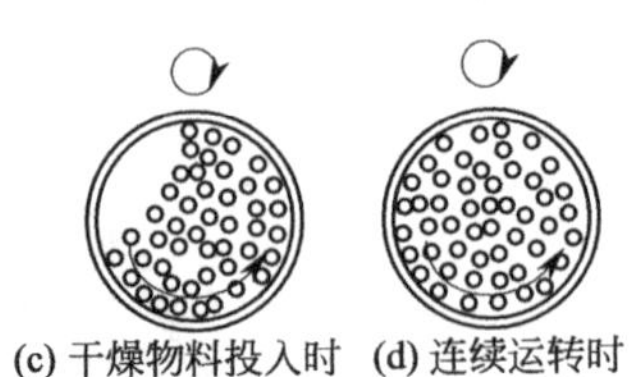

图 3-50 研磨介质运动行径

（6）振动磨的特点 振动磨机与球磨机均属介质研磨设备。粉磨原理都是通过向介质和物料的混合物供给能量的方法来粉碎或粉磨物料，但粉磨能量的提供则不完全相同。后者主要通过重力场或离心力场的转动，而前者主要借助于筒体的振动，其振动系统由装有研磨体的筒体及支承弹簧组成，振动运动的产生可由转动轴上的偏心重块的激振动力矩引起。筒体的振动使介质及物料呈悬浮状态，被磨物料通过筒体的纵向运动受到介质研磨。此外，粉磨介质还产生一个与系统振动轨迹相反的转动，转动频率大致为振动频率的 1/100。粉磨介质和物料在筒体内的缓慢转动有利于物料混匀。由于单位时间内的作用次数多，使得所得产品粒度小，分布均匀。概括起来，与球磨机相比，振动磨机有如下特点。由于高速工作，可直接与电机相连接，省去了减速设备，故机器重量轻，占地面积小。筒内研磨介质不是呈抛落或泻落状态运动，而是通过振动、旋转与物料发生冲击、摩擦及剪切而将其粉碎及磨细。由于介质填充率高，振动频率高，所以单位筒体体积生产能力大。处理量较同体积的球磨机大 10 倍以上。单位能耗低。通过调节振幅、频率、研磨介质配比等可进行微细或超细粉磨，且所得粉磨产品的粒度均匀。结构简单，制造成本较低，但大规格振动磨机对机械零部件（弹簧、轴承等）的力学强度要求较高。

3.5.3 振动磨制粉操作方法

振动球磨机作为高细粉磨重要设备，对入磨物料的粒度、含水量等有严格的要求。某些物料特性如硬度、易磨性、化学成分和矿物组成以及产品特性如细度、白度等工艺指标，也直接影响振动粉磨工艺的应用效果。因此，工业生产中，应根据物料的上述特性，寻求合理的工艺和技术参数。常用振动球磨机超细粉磨工艺流程有以下几类。

3.5.3.1 开路粉磨工艺

如图 3-51 所示，它适用于产品细度在 150～325 目范围内的粉磨生产。物料经细碎机粉碎后喂入振动球磨机，出磨物料即为成品。对于该工艺流程的产量和细度的控制，通常按物料的喂料量加以调节。

3.5.3.2 闭路粉磨工艺

如图 3-52 所示，它适用于产品细度要求较高和粒度含量要求较严格的超细粉磨产品，可生产粒径为 3～5μm 的超细产品。物料经细碎后喂入振动球磨机，粉磨后经空气分级机分选至所需产品细度，符合其产品要求的细粉即为产品，粗粉再返回球磨机内继续粉磨并重复以上过程，直至成为所需成品。

3.5.3.3 多级闭路粉磨工艺

二级以上的工艺流程可称为多级闭路粉磨工艺流程，即在图 3-52 所示闭路粉磨工艺流程后再增加一台或数台分级设备，组成多级分级系统。物料经粉磨后进行逐级分选，使产品细度更加严格。适用于超微粉（0～15μm）和微粒含量较高（95%～99.8%）的生产场合，分级级数的确定，主要视其产品细度要求，根据已取得的试验和生产结果来确定。当产品的细度要求<10μm 占 98%以上时，宜配置三级或四级分级工艺；而对细度要求<20μm 的生产，配置二级分级则能满足需要。该工艺目前多用于高级耐火材料、人工研磨料等微粉生产。

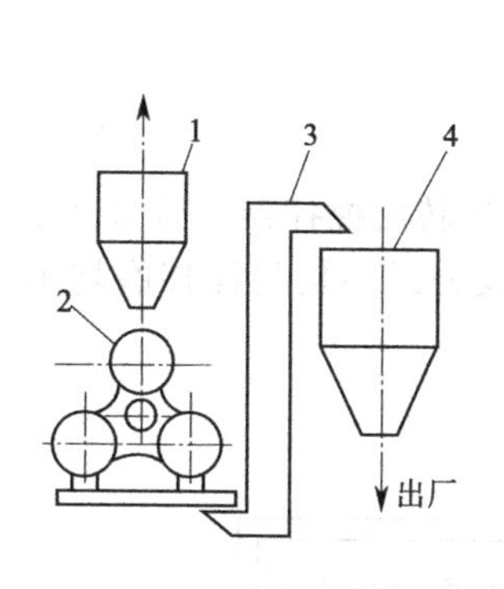

图 3-51 振动磨制粉开路工艺流程
1—料仓；2—振动磨机；
3—斗式提升机；4—成品库

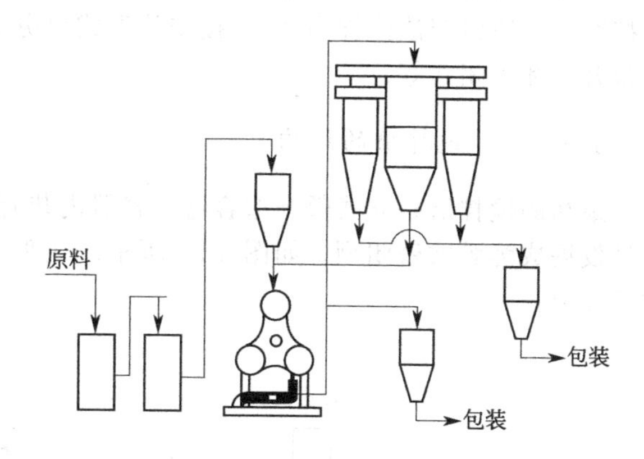

图 3-52 振动磨制粉开路和闭路工艺流程

3.5.3.4 振动磨使用注意事项

① 磨样前用内六角扳手检查振动磨的固定盘上的卡位螺栓是否紧固，如有松动，必须先把螺栓拧紧。

② 将四个研磨盒分别放在相应的振动磨的固定盘上，将横梁放平，扣上卡环。顺时针旋转丝杠并用力拧紧。盖紧振动磨的盖，按振动磨的绿色按钮启动振动磨。必须用力拧紧衡量上的丝杠，否则有可能会造成飞盘。

③ 在磨样过程中，操作者不能离开实验室，如果发生意外情况，请立即按下红色按钮。

④ 机器停稳后，打开振动磨的盖，取出研磨盒，将样品倒出。在机器完全停稳前，不要打开振动磨的盖。

⑤ 磨完样后，如果研磨盒还发热烫手，必须等研磨盒冷却以后再继续磨样。

⑥ 研磨工作完成之后，把冲击环和研磨盒上的样品清理干净并打扫好卫生。

3.6 搅拌磨法制备粉体技术

搅拌磨是 20 世纪 60 年代开始应用的粉磨设备，早期称为砂磨机，主要用于染料、涂料行业的料浆分散与混合，后来逐渐发展成为一种新型的高效超细粉碎机。搅拌磨是超细粉碎机中最有发展前途，而且是迄今为止能量利用率最高的一种超细粉磨设备，它与普通球磨机在粉磨机理上的不同点是：搅拌磨的输入功率直接高速推动研磨介质来达到磨细物料的目的。搅拌磨内置搅拌器，搅拌器的高速回转使研磨介质和物料在整个筒体内不规则地翻滚，产生不规则运动，使研磨介质和物料之间产生相互撞击和摩擦的双重作用，使物料被磨得很细并得到均匀分散的良好效果。

3.6.1 主要设备介绍

3.6.1.1 搅拌磨的分类

搅拌磨的种类很多，按照搅拌器的结构形式可分为盘式、棒式、环式和螺旋式搅拌磨；按工作方式可分为间歇式、连续式和循环式三种类型；按工作环境可分为干式搅拌磨和湿式搅拌磨（一般以湿法搅拌为多）；按安放形式可分为立式和卧式搅拌磨；按密闭形式又可分为敞开式和密闭式等。

3.6.1.2 搅拌磨的结构

最初的搅拌磨是立式敞开型容器，容器内装有一个缓慢运转的搅拌器。后来又由立式敞开型发展成为卧式密闭型，如图 3-53 所示。几乎所有立式或卧式结构的搅拌磨均由此原理改进而成。

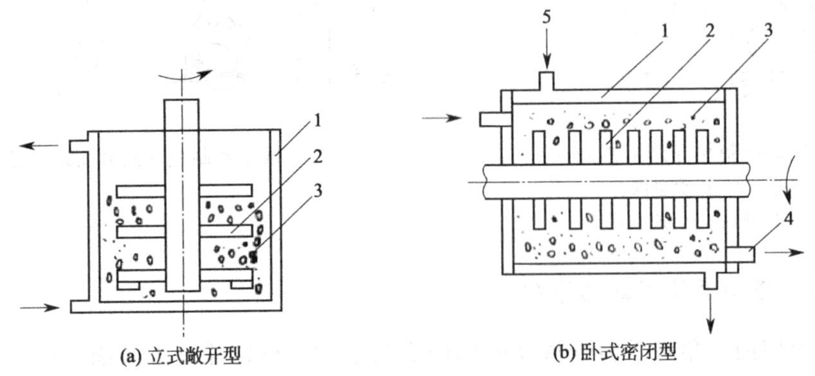

图 3-53 早期典型的搅拌磨结构示意图

1—冷却夹套；2—搅拌器；3—研磨体；4—出料口；5—进料口

图 3-54 为间歇式、连续式和循环式搅拌磨的示意图。它主要由带冷却套的研磨筒、搅拌装置和循环卸料装置等组成。冷却套内可通入不同温度的冷却介质以控制研磨时的温度。研磨筒内壁及搅拌装置的外壁可根据不同用途镶不同的材料。循环卸料装置既可保证在研磨过程中物料的循环，又可保证最终产品及时卸出。连续式搅拌磨研磨筒的高径比较大，其形状如一倒立的塔体，筒体上下装有隔栅，产品的最终细度是通过调节进料流量同时控制物料在研磨筒内的滞留时间来保证的。循环式搅拌磨是由一台搅拌磨和一个大容积循环罐组成的，循环罐的容积是磨机容积的 10 倍左右，其特点是产量大、产品质量均匀及粒度分布较集中。

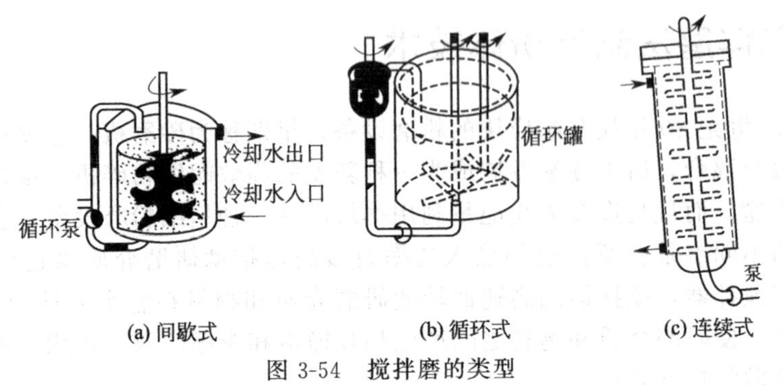

图 3-54 搅拌磨的类型

搅拌器的结构有多种形式，除了叶片式外，还有偏心环式、销棒式（见图3-55）。前者偏心环沿轴向布置成螺旋形，以推动介质运动并防止其挤向一端；后者搅拌轴上的销棒与筒内壁上的销棒相对交错设置，将筒体分成若干个环区，增大了研磨介质相互冲击和回弹的冲击力，从而提高粉磨效率。

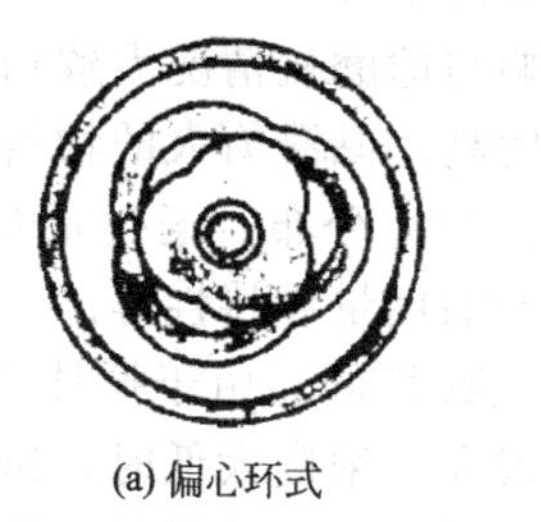

(a) 偏心环式

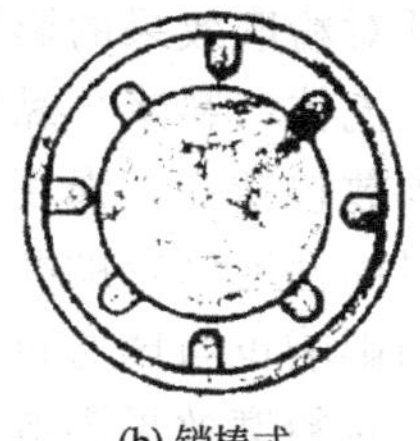

(b) 销棒式

图3-55 搅拌器的形式

3.6.1.3 工作原理

由电动机通过变速装置带动磨筒内的搅拌器回转，搅拌器回转时其叶片端部的线速度约为3～5m/s，高速搅拌时还要大4～5倍。在搅拌器的搅动下，研磨介质与物料作多维循环运动和自转运动，从而在磨筒内不断地上下、左右相互置换位置产生激烈运动，由研磨介质重力及螺旋回转产生的挤压力对物料进行摩擦、冲击、剪切作用而粉碎。由于它综合了动量和冲量的作用，因而能有效地进行超细粉磨，使产品细度达亚微米级。此外，能耗绝大部分直接用于搅动研磨介质，而非虚耗于转动或振动笨重的筒体，因此能耗比球磨机和振动磨都低。可以看出，搅拌磨不仅具有研磨作用，还具有搅拌和分散作用，所以它是一种兼具多功能的粉碎设备。

连续粉磨时，研磨介质和粉磨产品要采用分离装置分离。分离装置阻止研磨介质随产品一起排出。目前常用的分离装置是圆筒筛，其筛面由两块平行的筛板组成，工作时，介质不直接打击筛面，因而筛面不易损坏；由于筛子的运动，筛面不易堵塞。这种筛子的筛孔尺寸为50～100μm。为防止磨损，筛子的前沿和尾部采用耐磨材料制作。其不足之处是难以分离黏度较高的料浆。一种新的称为摩擦间隙分离器的保持分离设备可以用于处理黏度高达5Pa·s的高黏度料浆。其特点是旋转环固定在搅拌轴上以及反向环连接在底盘上。摩擦间隙的宽度可根据保持的大小进行调节，最小间隙为100μm。摩擦间隙的宽度及筛孔尺寸须小于分离介质直径的1/2。由于它具有自动清洗功能，不会出现阻塞现象。

研磨介质一般为球形，其平均直径小于6mm。用于超细粉碎时，一般小于1mm。介质大小直接影响粉磨效率和产品细度，直径越大，产品粒径也越大，产量越高；反之，介质粒径越小，产品粒度越小，产量越低。一般视给料粒度和要求产品细度而定。为提高粉磨效率，研磨介质的直径须大于给料粒度的10倍。另外，研磨介质的粒度分布越均匀越好。研磨介质的密度对粉磨效率也有重要作用，介质密度越大，研磨时间越短。研磨介质的硬度须大于被磨物料的硬度，以增加研磨强度。根据经验，介质的莫氏硬度最好比被磨物料的硬度大3级以上。常用的研磨介质有天然沙、玻璃珠、氧化铝、氧化锆、钢球等。研磨介质的装填量对研磨效率有直接影响，装填量视研磨介质粒径而定，但必须保证在分散器内运动时，介质的空隙率不小于40%。通常，粒径大，装填量也大；反之亦然。研磨介质的填充系数，对于敞开立式搅拌磨为研磨容器有效容积的50%～60%；对于密闭立式和卧式搅拌磨（包括双冷式和双轴式）为研磨容器有效容积的70%～90%（常取80%～85%）。

3.6.1.4 影响搅拌磨粉碎效果的主要因素

影响搅拌磨粉碎效果的主要因素有如下三个方面。

(1) 物料特性参数 物料特性参数包括强度、弹性、极限应力、流体(料浆)黏度、颗粒大小和形状、料浆及物料的温度、研磨介质温度等。

在搅拌磨内，物料特性对粉磨效果的影响与球磨机情况大致相同，即韧性、黏性、纤维类材料较脆性材料难粉碎；流体(料浆)黏度高、黏滞力大的物料难粉碎，能耗高。

(2) 过程参数 过程参数包括应力强度、应力分布、通过量及滞留时间、物料充填率、料浆浓度、转速、温度、界面性能以及助磨剂的用量和特性等。

以上参数对粉磨效果的影响也与球磨机大致相同。由于搅拌磨多用于湿式粉磨，因此，料浆中固体含量(即浓度)对粉磨效果影响很大。浓度太低时，研磨介质间被研磨的固体颗粒少，易形成“空研”现象，因而能量利用率低，粉磨效果差；反之，当浓度太高时，料浆黏度增大，研磨能耗高，料浆在磨腔介质间的运动阻力增大，易出现堵料现象。因此，料浆中固体含量应适当，才能获得较好的粉磨效果。料浆浓度与被粉磨物料的性质有关。对于重质碳酸钙、高岭土等，浓度可达70%以上。对于某些特殊的涂料和填料，其浓度一般不大于25%～35%。应该指出的是，随着粉磨过程的进行，物料的比表面积增大，料浆的黏度也逐渐增大。因此，在粉磨过程中，需添加一定的助磨剂或稀释剂来降低料浆黏度，以提高粉磨效率和降低粉磨能耗。添加剂的用量与其特性和物料性质、工艺条件有关，最佳用量应通过实验来确定，一般控制在0.5%以下。

(3) 结构形状和几何尺寸 研究和生产实践证明，搅拌磨的磨腔结构形状及搅拌器的结构形状和尺寸对粉磨效果的影响非常显著。通常认为，卧式搅拌磨比立式搅拌磨的效果好，但拆卸维修装配较麻烦。在卧式搅拌磨中，弯曲上翘型比简单直筒型效果好，其原因是改变了料浆在磨腔内的流场，提高了物料在磨腔内的研磨效果。通常圆盘形、月牙形、花盘形搅拌器比棒形搅拌器研磨效果好。搅拌器的搅拌片或搅拌棒数量适当增多可提高研磨效果，但数量太多时反会降低研磨效率。磨腔及搅拌器尺寸太大或太小都对研磨效果不利，单台搅拌器的容积一般为50～500L。

3.6.1.5 立式搅拌磨与卧式搅拌磨的比较

图3-56为立式搅拌磨实物图，图3-57为卧式搅拌磨实物图，这两种磨机都是应用较广泛的机型，它们各有特点。

① 立式搅拌磨结构比卧式搅拌磨简单，易更换筛网及其他配件；卧式搅拌磨结构相对较为复杂，拆装和维修较困难。另外，筛网磨损较快。

② 立式搅拌磨工作过程中的稳定性不如卧式搅拌磨，其操作参数比卧式搅拌磨要求严格，如搅拌器的运转、磨腔内的流动状况等，其原因是立式搅拌磨从顶端到底部研磨介质分布不均匀，下端研磨介质聚集较多，压实较紧。因此，上下层间应力分布不均匀。

③ 由于立式搅拌磨中研磨介质大部分聚集于底部，压应力大且筒体越高，底层压应力越大。所以，研磨介质的破碎现象比卧式搅拌磨严重得多。这将给研磨介质的分离带来一定困难。另外，对产品的纯度和细度以及生产成本都有较大影响。

④ 卧式搅拌磨研磨介质的填充率可视物料情况在50%～90%的较大范围内进行选择，而立式搅拌磨研磨介质的填充率不宜过大；否则，会使磨机启动功率增大，甚至启动困难。

图 3-56 立式搅拌磨的实物

图 3-57 卧式搅拌磨的实物

3.6.2 搅拌磨制备粉体工艺与技术

图 3-58 为立式搅拌磨干式连续闭路超细粉碎工艺流程。该系统主要由原料准备（预粉碎和原料仓）、喂料系统（斗式提升机和螺旋给料机）、研磨介质储存及添加系统（研磨介质储仓和斗式提升机及螺旋给料机）、立式搅拌磨和精细分级机系统（搅拌磨机和空气分级机）以及集料和除尘设备等组成。

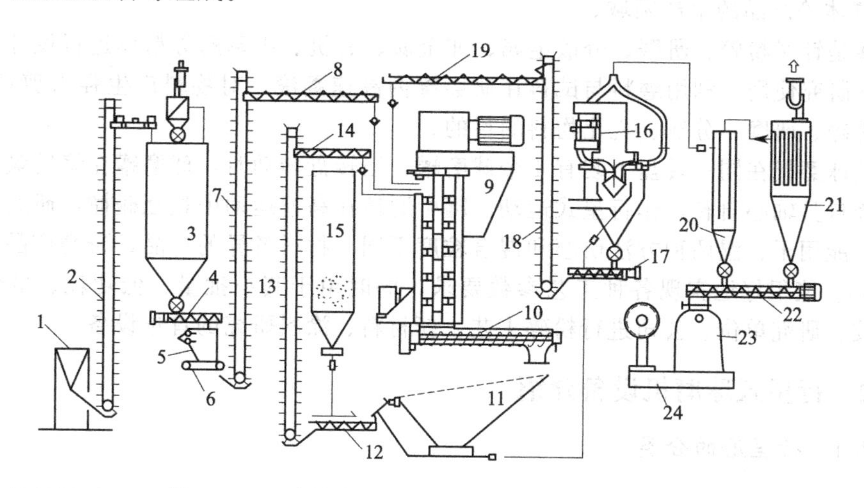

图 3-58 立式搅拌磨干式连续闭路超细粉碎工艺流程

1—原料；2—斗式提升机；3—料仓；4—螺旋给料机；5—料斗；6—皮带输送机；7—斗式提升机；8—螺旋输送机；9—立式搅拌磨；10—输送机；11—分离筛；12—螺旋输送机；13—斗式提升机；14—螺旋输送机；15—研磨介质仓；16—空气分级机；17—螺旋输送机；18—斗式提升机；19—螺旋输送机；20—集料器；21—袋式收尘器；22—螺旋给料机；23—成品料仓；24—包装机

原料经预粉碎后送入料仓 3，然后通过螺旋给料机 4、料斗 5、皮带输送机 6、斗式提升机 7 以及螺旋输送机 8 喂入立式搅拌磨 9，经搅拌磨超细研磨后的物料经分离筛 11 输送机分离出研磨介质后给入空气分级机 16 进行分级，经分级机分级后的粗粒级物料通过螺旋输送机 17、斗式提升机 18 和螺旋输送机 19 返回搅拌磨，细粒级物料经集料器 20 和袋式收尘器 21 收集后作为成品进行包装。经分离筛分离后的研磨介质则通过螺旋给料机 12，与新添加的研磨介质一起经斗式提升机 13、螺旋输送机 14 重新给入搅拌磨中。影响干式搅拌磨超细粉碎产品细度和产量的主要工艺因素包括如下。

① 研磨介质的密度、直径以及填充率（介质体积占研磨筒体有效容积的百分数）。

② 物料的停留时间。

③ 搅拌磨的转速。

④ 分级机的性能。

3.7 行星磨法制备粉体技术

3.7.1 概述

行星式球磨机简称行星磨，是混合、细磨、小样制备、纳米材料分散、新产品研制和小批量生产高新技术材料的必备装置。该产品体积小、功能全、效率高，是科研单位、高等院校、企业实验室获取微颗粒研究试样的理想设备，配用真空球磨罐，可在真空状态下磨制试样。其广泛应用于地质、矿产、冶金、电子、建材、陶瓷、化工、轻工、医药、美容、环保等部门，比如：电子陶瓷、结构陶瓷、磁性材料、钴酸锂、锰酸锂、催化剂、荧光粉、长余辉发光粉、稀土抛光粉、电子玻璃粉、燃料电池、陶瓷电容器、氧化锌压敏电阻、压电陶瓷、纳米材料、圆片陶瓷电容、MLCC 热敏电阻、ZnO 压敏电阻、避雷器阀片、钛酸锶环形压敏电阻、陶瓷滤波器、介质陶瓷、压电换能器、压电变压器、片式电阻、厚膜电路、焦电位器、氧化铝陶瓷、氧化锆陶瓷、荧光粉、氧化锌粉料、氧化钴粉料、Ni-Zn 铁氧体、Mn-Zn 铁氧体等产品的生产领域。

行星磨是针对粉碎、研磨、分散金属、非金属、有机、中草药等粉体进行设计的，特别适合实验室研究使用，利用磨料与试料在研磨罐内高速翻滚，对物料产生强力剪切、冲击、碾压达到粉碎、研磨、分散、乳化物料的目的。

行星式球磨机在同一转盘上装有 4 个球磨罐，当转盘转动时，球磨罐在绕转盘轴公转的同时又围绕自身轴心自转，作行星式运动。罐中磨球在高速运动中相互碰撞，研磨和混合样品。该产品能用干、湿两种方法研磨和混合粒度不同、材料各异的产品，研磨产品最小粒度可至 0.1μm。能很好地实现各种工艺参数要求，同时由于其小批量、低功耗、低价位的优点，是学校、研究单位、公司进行粉碎工艺、新材料、涂料研究的首选设备。

3.7.2 行星式球磨机设备介绍

3.7.2.1 行星磨的分类

行星磨是在普通球磨机的基础上发展变化而来的一种新型粉磨机。按磨筒轴线方向可分为立式行星磨和卧式行星磨两种形式，如图 3-59 和图 3-60 所示。

立式行星球磨机是被立式装在一水平放置的大盘上作行星运动。在运动过程中，磨筒中球和物料在受公转和自转的作用下，相互碰撞，研磨物料。在研磨过程中，对于相对静止的底平面而言，容易出现磨料结底，即如果磨料不是十分干燥，在粉磨时，由于重力作用往往会沉到磨筒底部，最后结成硬块，无法磨细；其次磨球和磨料的重力不起粉磨作用，并且球磨时的主要研磨面只有一部分筒壁和筒底面，没有利用所有的磨筒内表面积，因此影响了粉磨效率。

卧式行星球磨机是磨筒被卧式安装在一竖直平面放置的大盘上进行行星运动。在这种运动过程中，磨筒没有固定的底面，筒内磨球和物料在竖直平面内受到磨筒公转转速、自转转速、自身重力的共同作用。机器运转时，筒内各点所受力的大小与方向都在不断变化，运动轨迹杂乱无章，因此导致磨球与磨料在高速运转中相互之间猛烈碰撞、挤压，大大提高了设备研磨能力和改善了研磨效果。特别是磨筒处于水平放置，由于转动，磨筒内没有固定的面，避免了立式行星球磨的结底现象，并且利用了整个磨筒的内表面积。

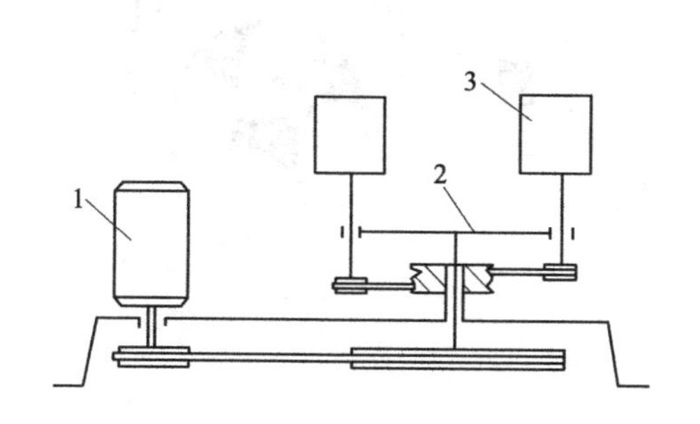

图 3-59　立式行星球磨机简图
1—电动机；2—公转转盘；3—磨筒

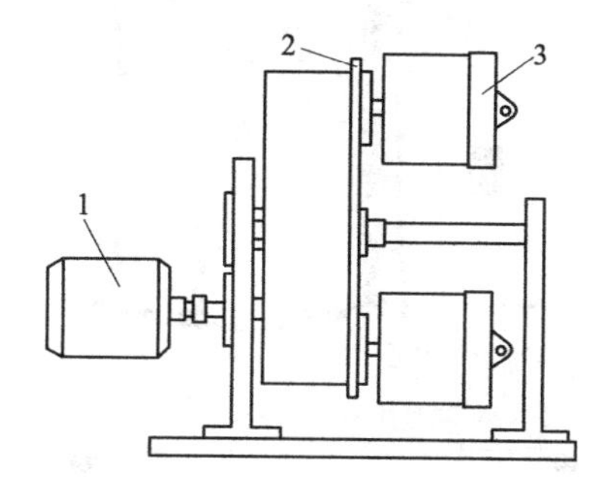

图 3-60　卧式行星球磨机简图
1—电动机；2—公转转盘；3—磨筒

3.7.2.2　行星磨的结构

图 3-59 为立式行星磨的结构示意图，它主要由电机、三角带传动系、公共转盘、磨筒和齿轮系（或分三角带传动系）组成。行星磨的结构与普通球磨机相比有很大差别，前者比后者复杂得多，表现在以下方面。

① 粉磨的主工作件——磨筒的个数不同。普通球磨机通常是一个磨筒，而行星磨则有多个磨筒，一般为两个或四个磨筒均匀对称地分布在公共转盘上。

② 磨筒的安装方式不同，普通球磨机磨筒体水平安装在固定的轴座内，而行星磨的磨筒既可以水平安装也可以垂直安装在运动的公共转盘上。

③ 二者的主要区别在于磨筒的运动方式不同。普通球磨机的磨筒体仅绕固定的中心轴旋转，而行星磨的磨筒为复杂的平面运动。一方面，电动机带动公共转盘转动，安装在其上的磨筒随之转动，此为“公转”（牵连运动）；另一方面，由于齿轮系或分三角带转动系的作用，磨筒还绕自身的中心轴“自转”（相对运动）。磨筒的这种既有公转又有自转的平面运动，犹如行星绕恒星的运动，故称之为行星运动。该磨机称为行星式球磨机，简称为行星磨。磨筒的行星运动是行星磨区别于普通球磨机的基本标志。

立式行星球磨机和卧式行星球磨机实物分别如图 3-61 和图 3-62 所示。

3.7.2.3　行星磨的工作原理

行星磨的工作原理是磨筒在公转的同时还进行自转，这样可以使磨筒公转转速突破普通球磨机临界转速的限制，带动磨球作复杂的运动，对物料进行撞击、研磨。磨筒均匀地分布在转盘上，它们的轴线相互平行。每个磨筒均绕各自的轴 O_1 转动，自转角速度为 ω。各磨筒的轴则绕与其平行的中心轴 O 作圆周运动，公转角速度为 Ω。

如图 3-63 所示，每个磨筒均绕各自的轴 O_1 转动，自转角速度为 ω_r；各磨筒的轴则绕与其平行的中心轴 O 沿半径为 R 的圆周运动，公转角速度为 Ω。ω 与 Ω 的方向不同。设物料颗粒的质量为 m，磨筒的半径为 r，则在一般情况下，m 的受力 F 为：

$$F=G_R+G_r+G_k+mL\,\mathrm{d}\omega/\mathrm{d}r \tag{3-31}$$

式中，$G_R=m\Omega L$ 为由公转引起的离心力；

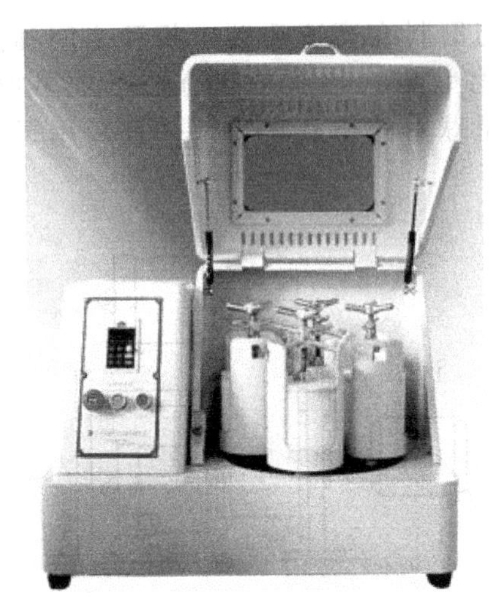

图 3-61　立式行星球磨机实物

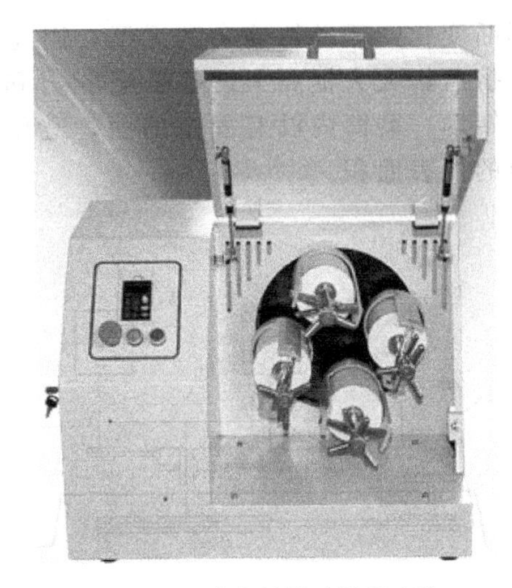

图 3-62　卧式行星球磨机实物

$G_r = m\omega^2 r$ 为由自转引起的离心力；

$G_k = 2m\Omega\omega$ 为由自转、公转共同作用引起的哥氏力；

$mL\mathrm{d}\omega/\mathrm{d}r$ 由公转的速度变化引起，当 Ω 恒定时，此项为零。

由于磨筒自转和公转产生的离心力及磨筒与磨球间摩擦力等的作用，使磨球与物料在筒内产生相互冲击、摩擦、上下翻滚等，起到磨碎物料的作用。

在自转和公转等合力的作用下，可使研磨介质（磨球）的离心加速度达 $10g \sim 20g$ 甚至更高；同时，磨筒转速较高，磨球与磨筒之间的最大正压力为磨球所受重力的 5～6 倍，这就使行星磨的粉磨力度远大于普通球磨机。

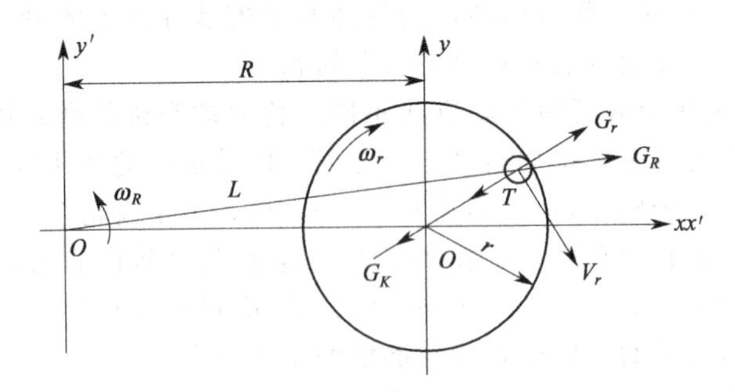

图 3-63　行星式球磨机工作原理

3.7.3　行星式球磨机制备粉料的方法

以 PM100 行星式球磨机为例，介绍制粉方法。

① 接上电源，打开机器前面左下方的电源开关。

② 填充适当的被研磨的样品和研磨球至研磨罐中，一般情况下，研磨罐内的空间填充比例为 1/3 样品，1/3 研磨球，1/3 剩余空间。填充完毕后，在电子天平上称量研磨罐总质量。

③ 按顶盖键，将研磨罐放入机器内，安装快速锁紧装置。安装方法如下：

a. 将快速锁紧装置装入定位架，并确定三只脚安装对称。

b. 左手向上托起红色套管，同时用右手旋转三角转盘紧固研磨罐。

c. 拧紧后，放下红色套管，可以听到其下落到位的声音。如果红色套管没有完全下落到位，可以再多拧紧一点三角转盘，让其完全下落。此时三角转盘是不可以再被转动的，红色套管也在其自锁位置，可以很好地固定研磨罐，以防止研磨罐在高速旋转中松动。

粉磨完成后拆卸快速锁紧装置方法：用左手向上托起红色套管，同时用右手旋转三角转盘拧松螺纹杆，即可取出快速锁紧装置（取出时请不要让研磨罐盖粘住快速锁紧装置）。

④ 旋转配重块调节手轮，使质量标识大致相当于研磨罐的总质量，标尺以配重块槽的内壁为准。

⑤ 关闭仪器顶盖，听到“咔嚓”电子锁声即表示顶盖闭合完全。

⑥ 使用设置旋钮（左旋为向下选择或者减少数值，右旋相反，按下为点击确认，长时间按下为双击退出至主菜单）设置转速、研磨时间、间歇模式、间歇时间、正反转、停顿时间。

总运行时间：最大99h59min59s，建议1～10min。

转速：100～650r/min，建议350～650r/min。

间歇时间：最大99h59min59s，设置时间为“0”表示无“间歇模式”。

设定间歇时间后机器会提示选择“REVERSE ROTATION”是否正反转。选择“YES”后按下设置旋钮，机器会提示选择“INTERVAL BREAK”停顿时间。

注意：设置“正反转”一定要设置间隙时间选择“间歇模式”。

设置好参数后，按“START”绿色键开始工作，此时机器会提示“GRINDING JAR CLAMP”，检查研磨罐是否正确安装，确认无误后选择“YES”按下设置旋钮，机器开始工作。工作过程中，可以按“STOP”红色键中断当前任务，以检查研磨效果或检查机器异常，检查完毕后可以再继续当前任务。

⑦ 研磨结束后，按“开顶盖”蓝色键，打开机器顶盖；向上托起红色套管，同时用旋转三角转盘拧松螺旋杆，取出快速锁紧装置。取出研磨罐。如果研磨罐盖受压力太紧，可使用小硬棒撬开。

⑧ 整理好样品后，用水清洁研磨罐及研磨球，清洁完毕后请及时晾干或在低于80℃的条件下烘干，以防锈蚀。

⑨ 清洁机器，关闭机器顶盖至完全闭合状态，关闭机器电源开关，断开开关。

气流粉碎法制备超细粉体原理和技术

气流粉碎机也称为高压气流磨或流能磨，是最常用的超细粉碎设备之一。它是利用高速气流（300～500m/s）或过热蒸汽（300～400℃）的能量使颗粒产生相互冲击、碰撞、摩擦剪切而实现超细粉碎的设备，广泛用于制药、化工、冶金、非金属矿、滑石、重晶石、高岭土、石英、石墨、阻燃材料、高级材料、陶瓷等干粉类物料的超细粉碎。其产品粒度上限取决于混合气流中的固体含量，与单位能耗成反比。固体含量较低时，产品的 d_{95} 可达 5～10μm；经预先粉碎降低入料粒度后，可获得平均粒度为 1μm 的产品。气流磨产品除细度细外，还具有粒度较集中、颗粒表面光滑、形状规整、纯度高、活性高、分散性好等特点。由于粉碎过程中压缩气体绝热膨胀产生焦耳汤姆逊降温效应，因而还适用于低熔点、热敏性物料的超细粉碎。

气流粉碎机可以制取粒度很小的粉状物料，物料的粒度分布比较窄。气流粉碎机是一种无介质磨，在粉碎过程中没有研磨体加入，不存在研磨体的磨耗问题，物料中基本上无杂质掺入。气流粉碎机没有运动部件，制造容易，操作简单，作为超细磨设备越来越受到人们的重视。气流粉碎机是利用流体的动能作为粉碎物料的机械能，故气流粉碎机又称流能磨。

气流粉碎机具有如下特点：

① 粉碎仅依赖于气流高速运动的能量，机组无须专门的运动部件。

② 气体绝热膨胀加速，并伴有降温，粒子高速碰撞会使温度升高，但由于绝热膨胀使温度降低，所以在整个粉碎过程中，物料的温度不高，这对热敏性或低熔点材料的粉碎尤为适用。

③ 产品细度均匀，粒度分布较窄，颗粒表面光滑，颗粒形状规则，纯度高，活性大，分散性好。

④ 产品受污染少。因为气流破碎机是根据物料的自磨原理而对物料进行粉碎，粉碎腔体对产品的污染少，因此特别适于药品等不允许被金属和其他杂质沾污的物料粉碎。

⑤ 适合粉碎低熔点和热敏性材料及生物活性制品，因为气流粉碎机以压缩空气为动力，压缩气体在喷嘴处的绝热膨胀会使系统温度降低，所以工作过程中不会产生大量的热。

⑥ 可在无菌状态下操作。

⑦ 生产过程连续，生产能力大，自控、自动化程度高。

⑧ 实现联合操作。因为当用过热高压饱和蒸汽进行粉碎时，可同时进行物料的粉碎和干燥，并可作为混合机使用；物料在粉碎的同时，可喷入所需浓度的溶液，以此覆盖固体细颗粒，以形成包覆层和进行表面改性，因此，气流粉碎可与粉碎外表包覆及表面改性相结合。

4.1 主机设备

4.1.1 设备类型与工作原理

我国工业上应用的气流粉碎机主要有以下几种类型：对喷式气流磨、扁平式气流磨、循环管式气流磨、靶式气流磨、流化床对喷式气流磨。

气流磨的一般原理是将干燥无油的压缩空气或过热蒸汽通过喷嘴高速喷出，高速射流带动物料作高速运动，使物料碰撞、摩擦而粉碎。被粉碎的物料随气流到达分级区，达到细度要求的物料，最终由收集器收集。没有达到要求的物料，再返回粉碎室继续粉碎，直到达到所需细度并被捕集为止。由于喷嘴附近速度梯度很高，因此绝大多数的粉碎作用发生在喷嘴附近。在粉碎室中，颗粒与颗粒间碰撞的频率远远高于颗粒与器壁的碰撞，即气流磨中的主要粉碎作用是颗粒之间的冲击或摩擦。虽然气流磨粉碎原理大致相同，但不同类型的气流磨也有各自不同的特点，下面就几种常用的气流磨分别进行介绍。

4.1.2 对喷式气流磨

对喷式气流磨是利用一对或若干对喷嘴相对喷射时产生的超声速气流使物料彼此从两个或多个方向相互冲击和碰撞而粉碎的设备。由于物料高速直接对撞，冲击强度大，能量利用率高，可用于粉碎莫氏硬度9.5级以下的各种脆性和韧性物料，产品粒度可达亚微米级。同时能够减少对产品的污染，延长了使用寿命，是一种较理想和先进的气流磨。

4.1.2.1 布劳-诺克斯型气流磨

图4-1和图4-2分别为布劳-诺克斯型气流磨（Blaw Knox mill）的结构示意图和实物图。它设有四个相对的喷嘴，物料经螺旋加料器3进入喷射式加料器9中，随气流吹入粉碎室6，在此受到来自4个喷嘴的气流加速并相互冲击碰撞而粉碎。被粉碎的物料经一次分级室4惯性分级后，较粗颗粒返回粉碎室被进一步粉碎；较细颗粒进入风力分级机1进行分级，细粉排出机外捕集。为更完全地分离细颗粒，经二次风入口2向风力分级器通入二次风。分级后的粗粉与新加入的物料混合后重新进入粉碎室。产品细度可通过调节喷射器的混合管尺寸、气流压力、温度及分级器转速等参数来调节。

4.1.2.2 特劳斯特型气流磨

图4-3和图4-4分别为特劳斯特型气流磨（Trost jet mill）的结构示意图和实物图。它的粉碎部分采用逆向气流磨结构，分级部分则采用扁平式气流磨结构，因此它兼有两者的特点。内衬和喷嘴的更换方便，与物料和气流相接触的零部件可用聚氨酯、碳化钨、陶瓷及各种不锈钢等耐磨材料制造。

该气流磨的工作过程：由料斗4喂入的物料被喷嘴喷出的高速气流送入粉碎室6，随气流上升至分级室2，在此气流形成主旋流使颗粒分级。粗颗粒在分级室外围，在气流带动下返回粉碎室再行粉碎，细颗粒经产品出口1排出机外捕集为成品。

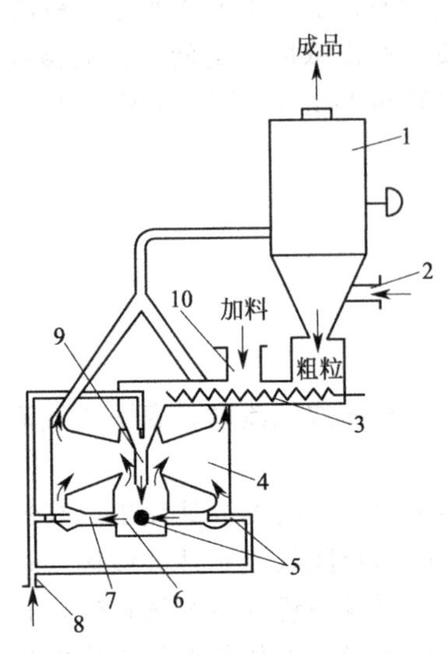

图 4-1　布劳-诺克斯型气流磨示意

1—风力分级机；2—二次风入口；3—螺旋加料器；4——次分级室；5—喷嘴；6—粉碎室；7—喷射器混合管；8—气流入口；9—喷射式加料器；10—物料入口

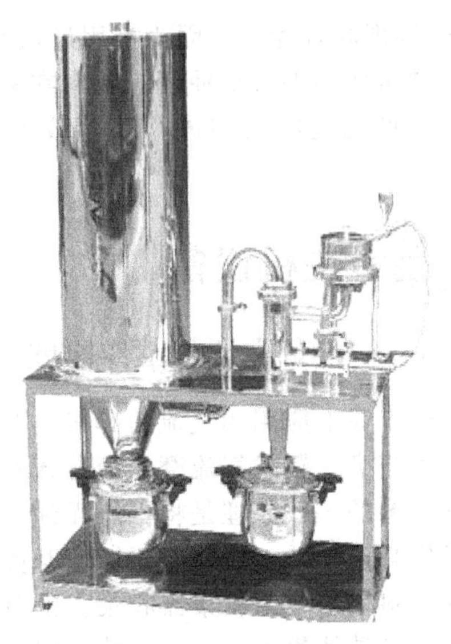

图 4-2　布劳-诺克斯型气流磨实物

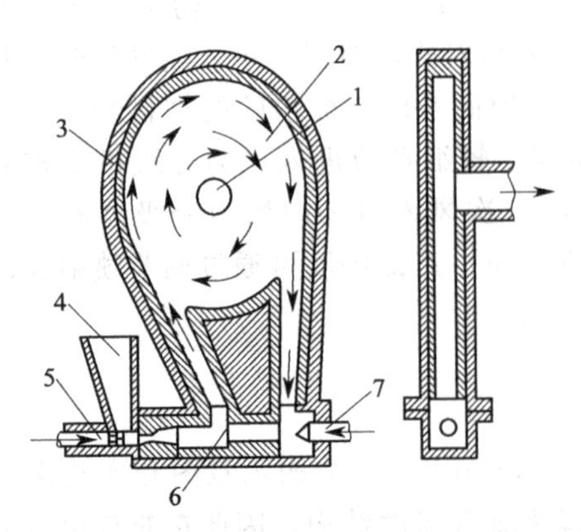

图 4-3　特劳斯特型气流磨结构示意

1—产品出口；2—分级室；3—内衬；4—料斗；5—加料喷嘴；6—粉碎室；7—粉碎喷嘴

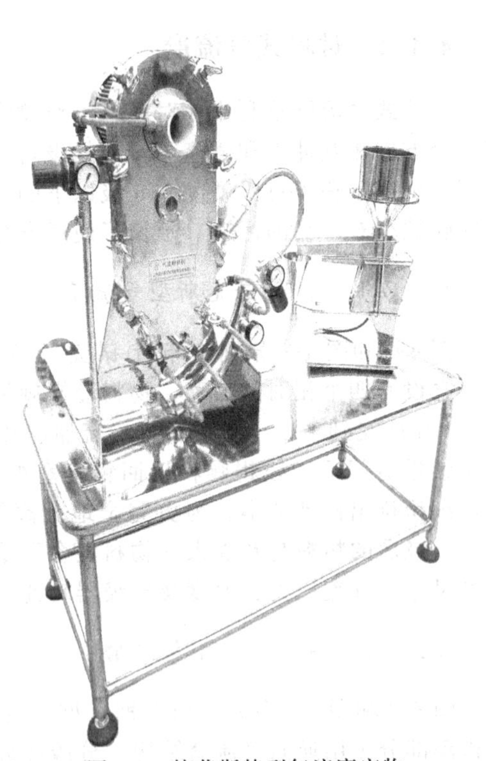

图 4-4　特劳斯特型气流磨实物

4.1.2.3　马亚克型气流磨

图 4-5 和图 4-6 分别为马亚克型气流磨（Majac jet puluerizer）的结构示意图和实物

图。其工作过程：物料经螺旋加料器 5 进入上升管 9 中，被上升流带入分级室后，粗颗粒沿回料管 10 返回粉碎室 8，在来自喷嘴 6 的两股高速喷射气流作用下冲击碰撞而粉碎。粉碎后的物料被气流带入分级室进行分级。细颗粒通过分级转子后成为成品。在粉碎室中，已粉碎的物料从粉碎室底部的出口管进入上升管 9 中。出口管设在粉碎室底部，可防止物料沉积后堵塞粉碎室。为更好地分级，在分级器下部经二次风入口 11 通入二次空气。

产品粒度的控制方法：一是控制分级器内的上升气流速度，以确保只有较细的颗粒才能被上升气流带至分级器转子处；二是调节分级转子的转速。

该机的特点是：颗粒以极高的速度直线迎面冲击，冲击强度大，能量利用率高；粉碎室容积小，内衬材料易解决，故产品污染程度轻；粉碎产品粒度小，一般从 200 目到亚微米级；气流可以用压缩空气也可用过热蒸汽，粉碎热敏性物料时还可采用惰性气体。因此，它是同类设备中较先进的。

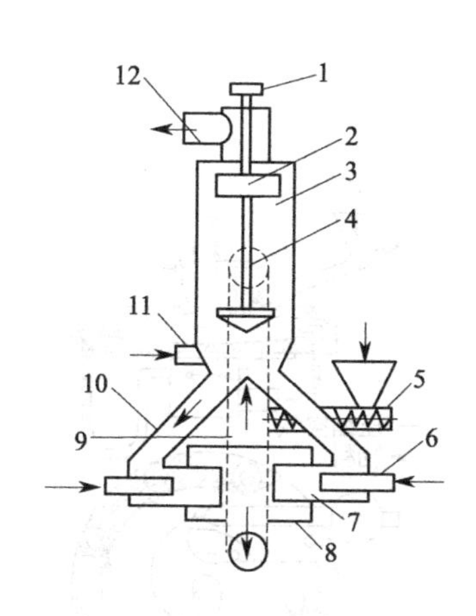

图 4-5 马亚克型气流磨结构示意

1—传动装置；2—分级转子；3—分级室；4—入口；5—螺旋加料器；6—喷嘴；7—混合管；8—粉碎室；9—上升管；10—回料管；11—二次风入口；12—产品出口

图 4-6 马亚克型气流磨实物

4.1.3 扁平式气流磨

扁平式气流磨机的粉碎室结构简单，容易制造，因而应用广泛。该机的典型结构如图 4-7 所示，主要由粉碎室、喷嘴口、出料口、气流出口、压缩空气入口、分级区等组成。

这种粉碎机通过装在粉碎室内的喷嘴把压缩空气或过热蒸汽变为高速气流，当物料通过加料器送入粉碎室时受到高速气流的剪切作用，强烈的冲击和剧烈的摩擦使颗粒物料粉碎成超细产品。这种气流磨机还有一个特点，根据设计的喷嘴角度所产生的旋涡流，不仅达到粉碎的要求，而且由于离心力的作用还能达到分级的目的，可以方便超细产品分离出来。粉碎产品的粒径由该机喷嘴的安置角决定，并通过调节投料量的办法来实现简便的控制。

工作原理：图 4-7 为扁平式气流磨的工作原理示意图，图 4-8 为扁平式气流磨结构示意图，图 4-9 为扁平式气流磨实物图。待粉碎物料由文丘里喷嘴 1 加速至超声速导入粉碎室 3

内，高压气流经入口进入气流分配室，分配室与粉碎室相通，气流在自身压力下通过喷嘴2时产生超声速甚至每秒上千米的气流速度。由于喷嘴与粉碎室成一锐角，故以喷射旋流粉碎室并带动物料作循环运动，颗粒与机体及颗粒之间产生相互冲击、碰撞、摩擦而粉碎。粗粉在离心力作用下被甩向粉碎室周壁作循环粉碎，微细颗粒在向心气流带动下被导入粉碎机中心出口管进入旋风分离器进行捕集。扁平式气流磨的特点如下：

① 适于干性、脆性物料（一般物料含水量小于3%）的超细粉碎，冲击速度大，很容易获得数微米的粒子；

② 由于粉碎主要是依靠粉体间相互作用的自磨粉碎，所以产品不易被其他物质污染，可以获得高纯度的超细粉体；

③ 可以根据不同性质的物料，选配相应的内衬材料（主要在粉碎室四周及进、出料管部分），从而可以解决硬物料（莫氏硬度不大于9）和曲壁性物料在粉碎中所带来的问题；

④ 结构简单，没有运转部件，除内衬正常磨损外，其他零部件一般不会损坏；

⑤ 整个粉碎过程密闭，无粉尘飞扬；

⑥ 噪声低，无振动；

⑦ 拆洗方便，不需基础；

⑧ 能实现大处理量连续生产，自动化程度高。

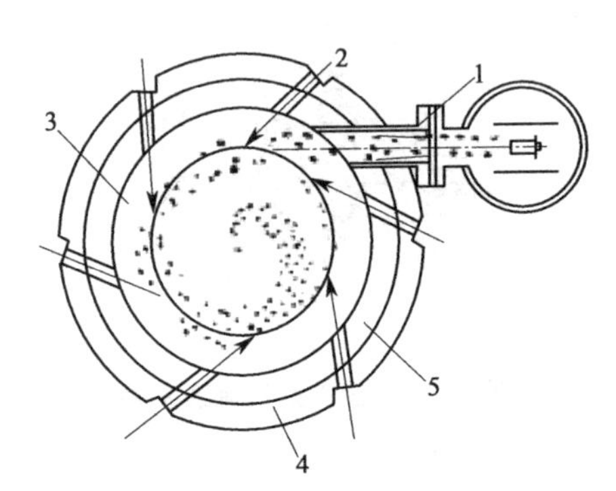

图 4-7　扁平式气流磨工作原理

1—文丘里喷嘴；2—喷嘴；
3—粉碎室；4—外壳；5—内衬

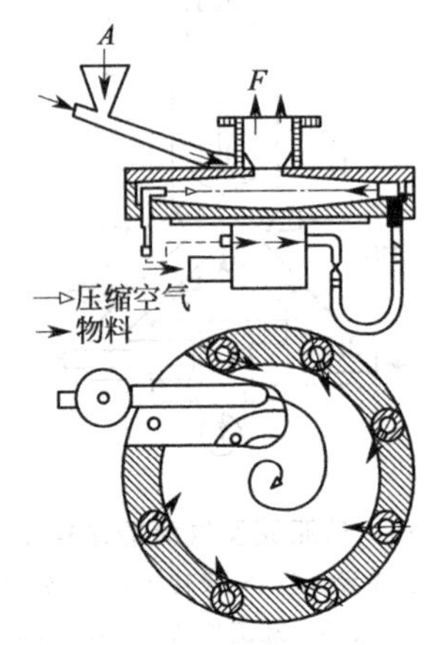

图 4-8　扁平式气流磨结构示意

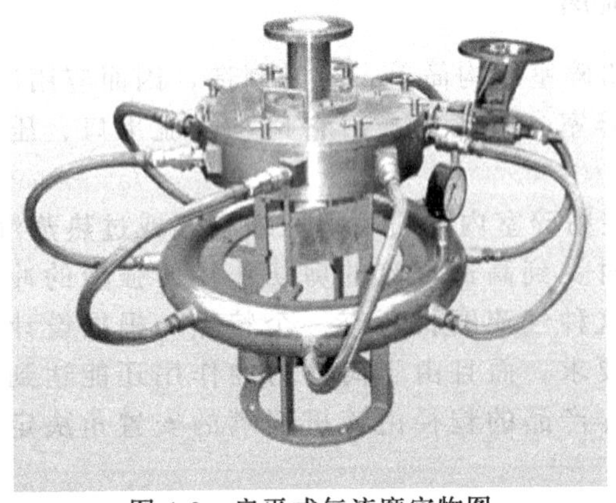

图 4-9　扁平式气流磨实物图

GTM 系列气流磨机是采用高硬工程陶瓷材质制作所有过流部件的扁平式气流磨，适应于高硬脆性物料、凝聚物料，如锆英石、氧化铝、氧化铅、滑石、涂料、农药及花粉等物料的超细粉碎。

4.1.4 循环管式气流磨

图 4-10 所示为 JOM 气流磨，是最常见的一种循环管式气流磨；图 4-11 为 JOM 型循环气流磨实物图。原料由文丘里喷嘴加入粉碎区，气流经一组喷嘴喷入不等径变曲率的跑道形循环管式粉碎室，并加速颗粒使之相互冲击、碰撞摩擦而粉碎。同时，旋流还带动被粉碎颗粒沿上行管向上进入分级区，在分级区离心力场的作用下使密集的料流分流，细颗粒在内层经百叶窗式惯性分级器分级后排出即为产品，粗颗粒在外层沿下行管返回继续循环粉碎。循环管的特殊形状具有加速颗粒运动和加大离心力场的功能，以提高粉碎和分级的效果。

JOM 型气流磨的粉碎粒度可达 3～0.2μm，广泛应用于填料、颜料、金属、化妆品、医药、食品、磨料以及热敏性、爆炸性化学品等的超细粉碎。

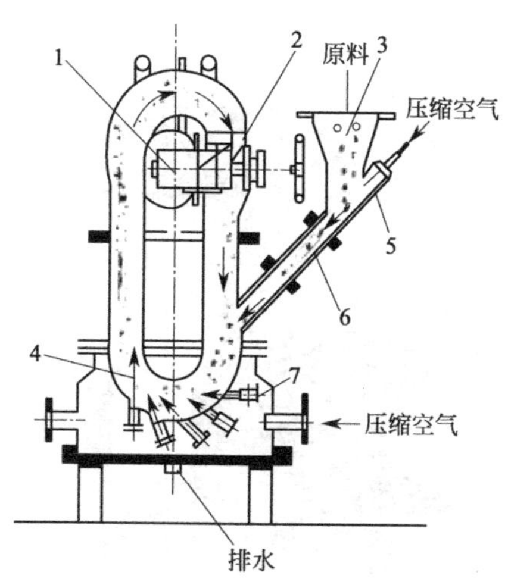

图 4-10 JOM 型循环气流磨工作原理

1—细粉出口；2—分级器；3—原料进口；4—循环气流；5—压缩空气喷嘴；6—文丘里喷嘴；7—气流喷嘴

图 4-11 JOM 型循环气流磨实物图

4.1.5 靶式气流磨

靶式气流磨（target type fluid energy mill）是利用高速气流夹带物料冲击在各种形状的靶板上进行粉碎的设备。除物料与靶板发生强烈冲击碰撞外，还发生物料与粉碎室壁多次的反弹粉碎。因此，粉碎力特别大，尤其适合于粉碎高分子聚合物、低熔点热敏性物料以及纤维状物料。可根据原料性质和产品粒度要求选择不同形状的靶板。靶板作为易损件，必须采用耐磨材料制作，如碳化物、刚玉等。

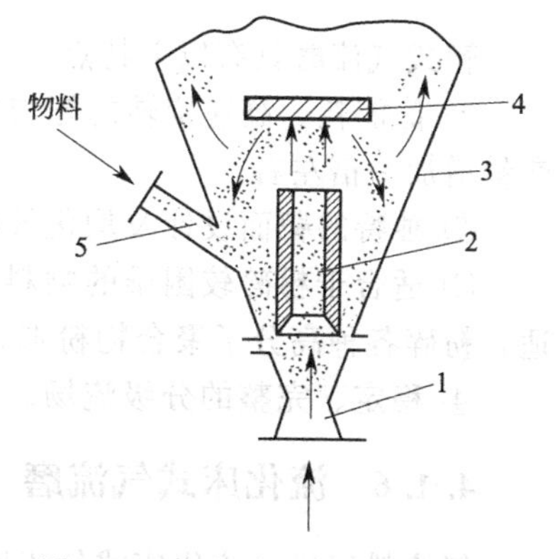

图 4-12 靶板式气流磨结构示意

1—喷嘴；2—混合管；3—粉碎室；4—冲击板；5—加料管

早期靶式气流磨结构示意图见图 4-12。物料由加料管进入粉碎室，经喷嘴喷出的气流吸入并加速，再经混合管 2 进一步均化和加速后，直接与冲击板（靶板）4 发生强烈碰撞。为了更好地均化和加速，混合管大多做成超声速缩扩型喷管状。粉碎后的细颗粒被气流带出粉碎区，进入位于冲击板4上方的分级区进行分级，经分级的颗粒被气流带出机外捕集为成品，粗颗粒返回粉碎区再行粉碎。该磨机粉碎产品较粗，动力消耗也较大，因而其应用受到限制。图4-13和图4-14分别为改进的靶式气流磨结构示意图和实物图。此机型多采用气流分级器取代转子型离心通风式风力分级器，这种气流磨进料一般很细，其中可能含有相当部分的合格粒级，故物料在粉碎前于上升管6中经气流带入分级器进行预分级，只有粗颗粒才进入粉碎室粗碎，这样可降低磨机负荷，节约能量。这种气流磨特别适合于粉碎高分子聚合物、低熔点热敏性物料、纤维物料及其他聚合物，可将许多高分子聚合物粉碎至微米级，以满足注塑加工、粉末涂料、纤维和造纸等工业的需要。

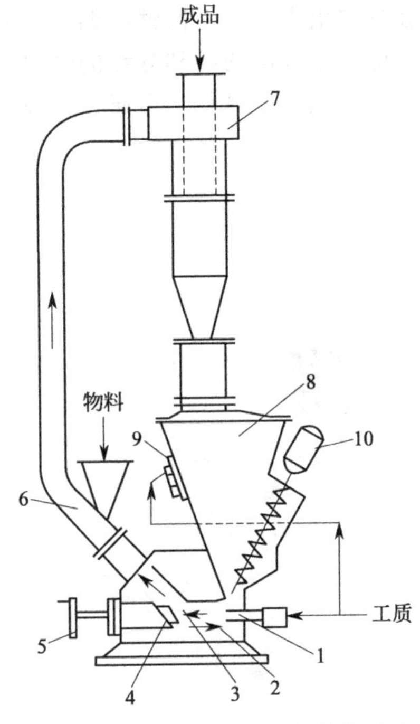

图4-13　改进型靶式气流磨结构示意

1—气流磨；2—混合管；3—粉碎室；4—靶板；5—调节装置；6—上升管；7—分级器；8—粗颗粒收集器；9—风动振动器；10—螺旋加料机

图4-14　靶板式气流磨实物

靶式气流磨具有以下特点：

① 低能耗，高速旋转的靶与气流粉碎力的复合，增强了粉碎的力度和颗粒碰撞的次数，产量增加一倍左右。

② 独特的靶面设计及均化效应，使粉碎后的物料粒度分布更窄。

③ 适合于粉碎较困难的物料，如黏性材料、纤维状材料及金属材料、中药材等，特别适合粉碎各种高分子聚合物粉末。

④ 稳定、完整的分级流场。

4.1.6　流化床式气流磨

气流粉碎机（流化床式气流磨）是压缩空气经拉瓦尔喷嘴加速成超声速气流后射入粉碎区使物料呈流态化（气流膨胀呈流态化床悬浮沸腾而互相碰撞），因此每一个颗粒具有相同的运动状态。在粉碎区，被加速的颗粒在各喷嘴交汇点相互对撞粉碎。粉碎后的物料被上升气流输送至分级区，由水平布置的分级轮筛选出达到粒度要求的细粉，未达到粒度要求的粗粉返回粉碎区继续粉碎。合格细粉随气流进入高效旋风分离器得到收集，含尘气体经收尘器过滤净化后排入大气。

图4-15为流化床对喷式气流磨（fluidised bed opposed jet mill）的结构示意图。其中图4-15(a）为AFG型喷嘴三维设置，图4-15(b）为CGS型喷嘴二维设置。喂入磨内的物料利用二维或三维设置的3～7个喷嘴喷汇的气流冲击能及气流膨胀呈流态化床悬浮翻腾而产生的碰撞、摩擦进行粉碎，并在负压气流带动下通过顶部设置的涡轮式分级装置，细粉排出机外由旋风分离器及袋式收尘器捕集，粗粉受重力沉降返回粉碎区继续粉碎。这种流化床对喷式气流磨是在对喷式气流磨的基础上开发的，属20世纪90年代当时新型的超细粉碎设备。

流化床对喷式气流磨的特点是：产品细度高（$d_{50}=3\sim10\mu m$），粒度分布窄且无过大颗粒；粉磨效率高，能耗低，比其他类型的气流磨节能50%；采用刚玉、碳化硅或PU（环）等作为易磨件因而磨耗低，产品受污染少，可加工无铁质污染的粉体，也可粉碎硬度高的物料；结构紧凑；噪声小；可实现操作自动化。但该机造价较高。流态化床式气流磨机具有如下特点：

① 与扁平式、对喷式气流磨机不同，进料口与进气的喷管分开，从而避免喷管的磨损和频繁的更换；

② 采用超声速喷嘴，因出口气流温度低，特别适合热敏性、低熔点物料的超细粉碎，因物料碰撞在高速气流下瞬间完成，也不会改变物料的化学性质；

③ 采用多头喷管，粉碎过程主要在粉碎腔中心的交汇点处实现，从而减少了粉碎腔内壁的磨损，有利于坚硬物料的粉碎，加上整机采用全密封系列，也可确保粉碎物料的高纯度；

④ 粉碎效率高，可方便地实现微粉（0.5～10pm）生产；

⑤ 分级效果好，该机采用国际先进技术——具有特别隔离和气封结构的超细、高速卧式涡轮分级机，它对于粒度范围要求苛刻的物料粉碎是非常必要的；

⑥ 能耗低，与一段扁平式、对喷式气流磨相比，可节能30%～40%；

⑦ 结构紧凑，操作维修方便。

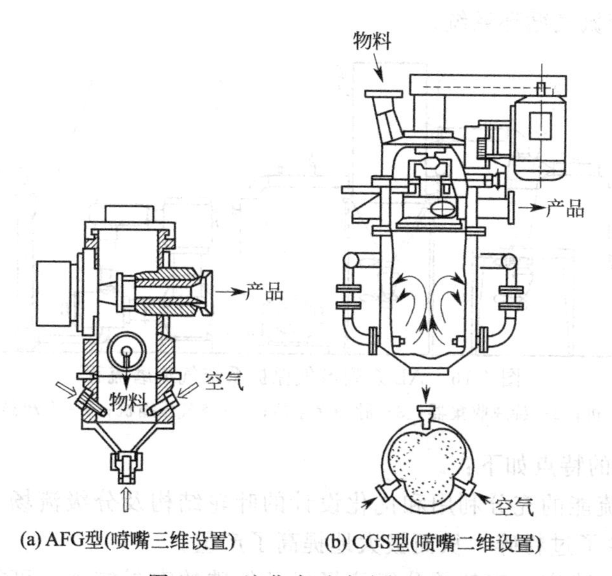

(a) AFG型(喷嘴三维设置)　(b) CGS型(喷嘴二维设置)

图4-15　流化床对喷式气流磨

4.2 气流磨制备粉体技术与应用

应用1：AB系列氮气保护气流磨系统制备超细粉

AB系列气流磨是以气流对喷的粉碎形式，顶部具有分级机结构形式的磨机，又称气流粉碎分级机。其中分级机可采用立式或卧式两种结构形式，喷嘴采用超声速射流结构形式，具有超硬、超细、不磨损、物料不污染的粉碎特点。根据不同产品要求，气流磨可以单机使用，也可与分级机串联使用，从而实现单级产品和多级产品。

该系统气流采用压力空气、惰性气体和过热蒸汽，以高压气体产生的超声速气流带动物料进行自身碰撞粉碎。同时，磨腔内的分级器对所粉碎物料进行分级，从而得到所需粒度产品。其粗粒留在腔内继续粉碎。采用了旋转二次风淘洗技术，避免了过粉碎现象，从而实现了粒度集中，有效控制大粒的产生，节能效果显著，广泛用于化工、医药、农药、耐火材料、磨料、助剂、阻燃剂、电子材料、AC发泡剂、炭黑、非金属矿及电池材料的超细粉碎。

AB系列单级立式气流磨流程如图4-16所示，将图中储气罐6中的压缩气体通过拉瓦尔喷嘴加速成高速气流射入粉碎室，粉碎室中的物料被高速气流加速，颗粒之间猛烈碰撞，从而实现物料的超细粉碎。被粉碎的物料随气流向上运动，由分级轮分选出粒度合格的物料；粒度不合格的物料，再返回粉碎区继续粉碎到所需要的粒度；合格的物料随气流到旋风收集器2收集，旋风收集器收集不下来的细颗粒由气流带入脉冲除尘器收集；气流进入空气压缩机，经冷却器进入储气罐，形成闭路循环。

系统在真空后输入氮气，使系统达到一定压力后，经风机把物料输送到分级腔内；高速旋转的分级转子产生强大的离心力，把粗颗粒挡住，粗颗粒无法通过分级轮，同时风机引力部分地克服了离心力而把细粉吸走，细粉穿过分级轮叶片间隙，进入旋风收集器再进入除尘器，从而达到了粗细物料分离的目的。粗颗粒夹带部分细颗粒撞壁后失去速度，沿筒壁下降至二次风口处，经二次风的强烈淘洗分散作用，粗细颗粒进一步分离，细颗粒上升至分级区二次分级，粗颗粒下降至卸料口处排出，涡轮式气流分级机、旋风分离器、除尘器、引风机以及氮气源组成一套氮气循环系统。

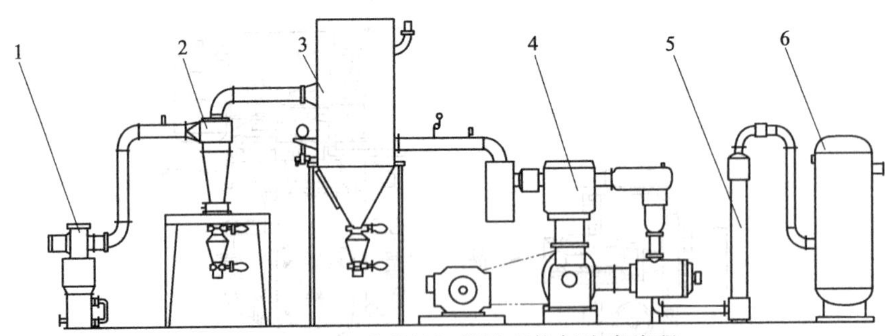

图4-16 AB系列氮气保护系统气流磨流程

1—气流磨主机；2—旋风收集器；3—脉冲除尘器；4—空气压缩机；5—冷却器；6—储气罐

AB系列气流磨的特点如下：

① 效率高。喷流能的充分利用和优化设计的叶轮结构及分级流场，大大提高了粉碎效率和分级效率，减少了过粉碎，从而极大地提高了产量。

② 分级精度高：稳定、完整的分级流场以及特殊的密封措施，可靠地防止了粗颗粒的泄漏，产品粒度可达 $d_{97}<5\mu m$，大颗料控制严格。

③ 磨损小。粉碎箱、喷嘴、叶轮等主要部件均采用防磨损结构设计和安装，以保证整机无易损件；再配以优化设计的内腔结构和耐磨防敏感材料，使设备磨损最小而产品纯度最高。

④ 结构合理，功能多。本机既可作为粉碎机用，也可单独作为分级机用，还可多级分级串联，使一次生产可获得 1～6 个粒度号产品，并可与其他粉碎设备形成闭路或开路作业，真正实现了一机多用；同时其结构紧凑，高度矮，易拆洗，使操作维修方便，更换品种容易。

⑤ 全程密闭负压运行，自动化程度高，生产环境优良，生产工艺稳定。

应用 2：LNJ-120A 型气流粉碎分级机系统制备超细粉

LNJ-120A 型气流粉碎分级机是集粉碎、分级于一体的超细粉体成套设备，如图 4-17 所示，它能够适用于超细加工原料硬度高、产品粒度要求分级精度高、纯度高的物料。

LNJ-120A 气流粉碎分级机系统主要由 1 套加料系统、1 台流化床气流粉碎机、1 台涡轮气流分级机、1 台高效旋风收集器、3 台滤筒式收集器、2 套高气密下料阀、1 台高压引风机、1 套电控系统等组成。

流化床粉碎主机由粉碎腔、喷嘴、观察段等部件组成。本机采用流化床对喷式结构设计，其粉碎效率高，腔体及喷嘴磨损小，产品几乎无铁杂质污染。

涡轮气流分级机由电机、分级轮及分级机筒体等组成。通过调节分级轮的转速和二次风大小，在分级区形成合理的两相流，利用分级轮旋转时产生的离心力和空气拽力的相互作用来实现对物料的精确分级。

高效旋风收集器主要由旋风蜗壳、锥段、下料阀等组成，主要用于收集大部分成品料，减轻布袋除尘器的负荷。

高效滤筒收集器由壳体、滤筒、电磁脉冲阀、减压阀、脉冲控制仪等组成，过滤精度高、面积大，压力损失小。

工艺流程：原料进入加料机，由加料机进入滤筒收集器，收集后进入物料储仓，通过螺旋输送机进入气流磨，粉碎后经过分级机分级后，粗粉再回到气流磨内继续粉磨，细粉进入旋风收集器，气流经过滤筒收集器收集细粉；旋风收集器收集的粗粉进入涡轮气流分级机分级，分出成品，细粉随气流滤筒收集器收集细粉，气流进入空压机实现气流循环。操作规程如下：

① 检查粉碎分级主机、空压机及管路、阀门是否处于完好状态；

② 备够当班生产所需要的原材料及包装物；

③ 合上电源总闸，接通电源，检查电压输出是否正常，三相是否平均。

(1) 开机程序　主电源—空压机—分级机—引风机—脉冲仪—加料—粉碎机气源阀门。

① 打开主电源；

② 无负载状态下开启空压机；

③ 启动分级机，等分级机运转平衡后开启引风机；

④ 开启脉冲喷吹控制仪，并把压力调整到 0.4～0.6MPa；

⑤ 开启加料机，开始加料；

⑥ 当空压机储气罐压力大于 0.5MPa 时打开压缩空气截止阀，使粉碎喷嘴前压力达到 0.7MPa 以上。

(2) 关机程序　加料—粉碎机气源阀门—引风机—分风机—脉冲仪—空压机—主电源。

① 停止加料；

② 关闭压缩空气截止阀，停止供气；

③ 关闭引风机；

④ 待风机风量很小时，关闭分级机；

⑤ 无负荷状态下空转 3min 后关闭空压机；

⑥ 分级机关闭后，脉冲阀循环一个周期后关闭脉冲喷吹控制仪；

⑦ 停机结束后，停止和锁住重要开关。

注意事项：

① 关机时待风机风量很小时，方可关闭分级机；

② 粉碎气源上的截止阀一定要在关闭引风机前关闭。

设备运行过程中的注意事项：

① 严格执行开关机程序，整机设备是负压操作，如不严格执行开关机程序，容易将粉体带进轴承内，对设备造成破坏，甚至造成不可修复性损坏。

② 分级机严禁反转 分级机功率不能低于 3Hz；否则粉体容易进入轴承，最高不能超过电机的额定频率 50Hz。

③ 注意观察分级机变频器的电流变化情况，严禁分级机电流超过电机的额定电流。如发现分级机电流超过电机的额定电流，应立即停止加料或停机将粉碎腔内多余物料去除后方可开机运行。

④ 注意观察粉碎腔内的负压情况，系统正常运行时负压是一定的。如负压偏低，说明粉碎腔内的物料太多，应减小加料量；反之，应增大加料量。

⑤ 运行过程中应注意观察料位情况，粉碎腔内部的料位一般控制在喷嘴中心以上 100mm 左右时粉碎效果最好。

⑥ 注意观察引风机电流变化情况，如发现异常，应立即停机检查。

⑦ 停机后，应让脉冲喷吹控制仪继续工作一个周期或 10min，以利于除滤材上的粉料。

⑧ 经常检查分级机和引风机等转动部件润滑点的润滑情况，定时保养。

⑨ 每次关机后须排空空压机及油水分离器内的压缩空气，不得使其停机时仍有压力。

⑩ 关机后须将空压机及油水分离器内的水排空。

⑪ 经常清理配电柜内的粉尘，柜内应保持干燥、清洁。

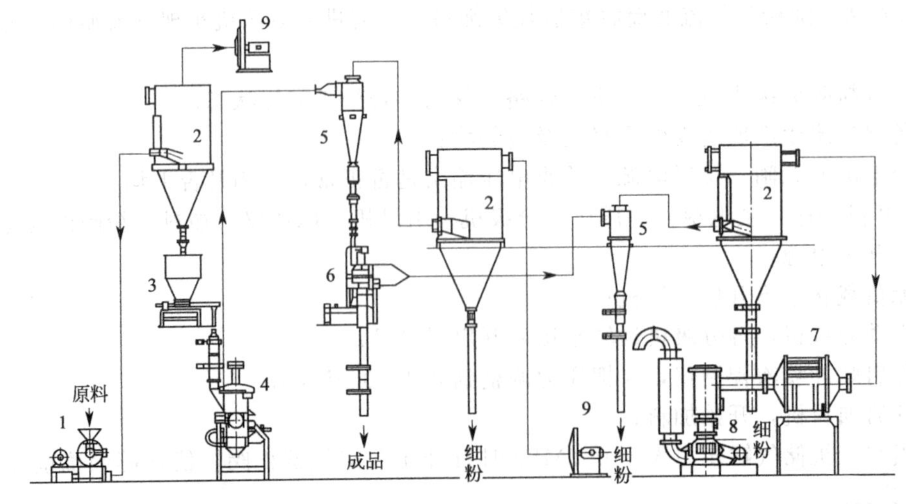

图 4-17 LNJ-120A 型气流粉碎分级机系统流程

1—加料机；2—滤筒收集器；3—储料仓；4—气流磨；5—旋风收集器；6—分级机；7—储气罐；8—空压机；9—风机

合成法制备超细粉体原理和技术

5.1 概述

前两章介绍了粉碎法制备粉体材料的原理和技术。固体物料在外力作用下由大料块变成小料块，再由小料块变成粉末的制备过程，简单地说该过程颗粒的粒度是由“块体到粉体”的过程，如图 5-1 所示。本章介绍的合成法是物料通过物理或化学反应，在液相、气相或固相的介质中分解成原子或分子的集合体，这些原子或分子的集合体通过物理或化学反应再重新组合，控制原子、分子或离子组合的条件，制备出超细粉体颗粒。简单地说该过程颗粒的粒度变化是“块体到原子或分子，原子或分子到粉体”的过程。

合成法制备超细粉体，目前尚无确切的科学分类标准。按照物质的原始状态分类，可分为液相合成法、气相合成法和固相合成法。

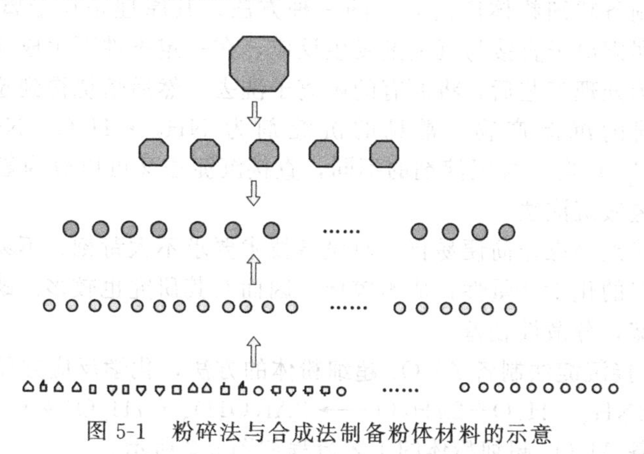
图 5-1　粉碎法与合成法制备粉体材料的示意

5.2 液相合成法

液相合成法是目前实验室和工业上最为广泛的合成超细粉体材料的方法之一，共同特点是试剂溶解在液体溶剂中，形成均匀的溶液，以此为出发点，通过各种途径使溶液和溶剂分离，溶质形成一定形状和大小的颗粒或其前驱体，再通过干燥或热分解后得到超细粉体。该方法通常用于制备氧化物超细粉体。

液相合成法主要包括沉淀法、水解法、水热法、溶胶-凝胶法、微乳液法、蒸发溶剂法（冷冻干燥法）、喷雾干燥法和氧化-还原法等。

液相合成法的优点是所制备出的超细粉体粒度均匀，适合工业生产，设备简单；缺点是会混有杂质，导致产品纯度降低，需要后续提纯处理。

5.2.1 沉淀法

沉淀法是液相化学反应制备超细粉体材料最通用的方法之一。通常是在溶液状态下将不同化学成分的物质混合，在混合溶液中加入适当的沉淀剂制备超细粉体的前驱体沉淀物，再将此沉淀物进行干燥或煅烧，从而制得相应的超细粉体颗粒。存在于溶液中的离子 A^+ 和 B^-，当它们的离子浓度积超过其溶度积 $[A^+][B^-]$ 时，A^+ 和 B^- 之间就开始结合，进而形成晶核。晶核生长和在重力的作用下发生沉降，形成沉淀物。沉淀物的粒径取决于核形成与核成长的相对速度。核形成速度低于核成长，那么生成的颗粒数就少，单个颗粒的粒径就变大。

沉淀法的优点是制备过程简单，成本低廉，所得粉体性能良好，适合工业化生产。缺点是当两种或两种以上金属离子同时存在时，由于沉淀速率和次序的差异，会影响固体的最终结构，重现性较差。

例如，利用金属盐或氢氧化物的溶解度，调节溶液酸度、温度、溶剂，使其沉淀，然后对沉淀物洗涤、干燥、加热处理制成粉体颗粒。溶液中的沉淀物可以通过过滤与溶液分离获得。一般颗粒在 1μm 左右时就可以发生沉淀，从而产生沉淀物，生成颗粒的粒径通常取决于沉淀物的溶解度，沉淀物的溶解度越小，相应粒径也越小。而颗粒的粒径随溶液的过饱和度减小呈增大趋势。沉淀法制备超细粉体主要分为直接沉淀法、共沉淀法、均相沉淀法等多种。下面以几种有代表性的方法介绍沉淀法的基本原理。

5.2.1.1 直接沉淀法

直接沉淀法是制备超细粉体广泛采用的一种方法。其原理是在金属盐溶液中加入沉淀剂，使溶液中的金属阳离子直接与沉淀剂发生反应，在一定条件下生成沉淀析出，沉淀经过滤、洗涤、热分解等处理工艺后，将原有的阳离子洗去，然后焙烧得到超细粉体。不同的沉淀剂可以得到不同的沉淀产物，常见的沉淀剂为 $NH_3 \cdot H_2O$、NaOH、NH_4HCO_3、Na_2CO_3、$(NH_4)_2C_2O_4$ 等。按沉淀剂的不同，直接沉淀法又可以分为氢氧化物沉淀法、草酸盐沉淀法、碳酸氢铵沉淀法。

直接沉淀法的优点是操作简便易行，对设备技术要求不太苛刻，不易引入其他杂质，产品纯度很高，有良好的化学计量性，成本较低，因而对其研究也较多。缺点是其合成的超细粉体的粒径分布较宽，分散性较差。

例 5-1 采用直接沉淀法制备 Al_2O_3 超细粉体的方法，化学反应方程式如下。

$$Al_2(SO_4)_3+6NH_3 \cdot H_2O+2nH_2O \longrightarrow 2Al(OH)_3 \cdot nH_2O(\downarrow)+3(NH_4)_2SO_4$$

直接沉淀法制备 Al_2O_3 超细粉体的工艺流程如图 5-2 所示。

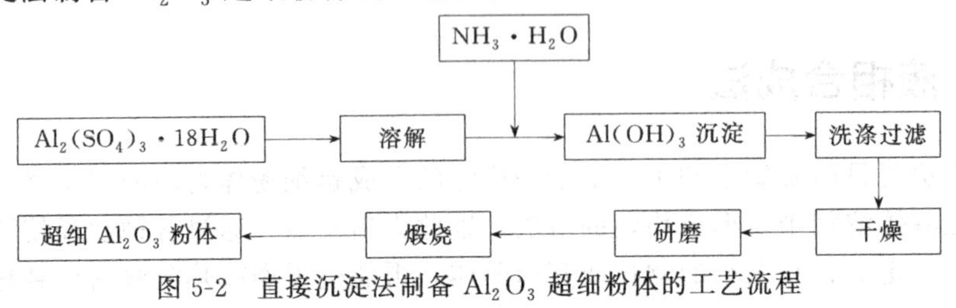

图 5-2 直接沉淀法制备 Al_2O_3 超细粉体的工艺流程

实验步骤：

① 配制一定质量分数的聚乙烯醇溶液，作为分散剂。

② 配制一定量的 $Al_2(SO_4)_3$ 溶液，加入少量的乙烯醇溶液。将所配溶液放在磁力加热搅拌器上边搅拌边加热，使之均匀混合，控制温度为60℃。

③ 向混合分散好的溶液中逐渐滴加入氨水，控制溶液 pH 值在一定范围内，生成白色沉淀。

④ 将沉淀物经蒸馏水洗涤抽滤至无 SO_4^{2-} 为止，再用无水乙醇洗涤抽滤一遍，最后用烘箱烘干（温度为110℃左右）。

⑤ 在1000℃下煅烧 $Al(OH)_3$ 前驱体并保温2h，得到白色 Al_2O_3 粉体。

图5-3为制备出的 Al_2O_3 粉体激光粒度分析图，Al_2O_3 粉体的粒度符合正态分布，平均粒径为120nm，中位粒径为85nm，粒径在120nm以下的颗粒为75%。

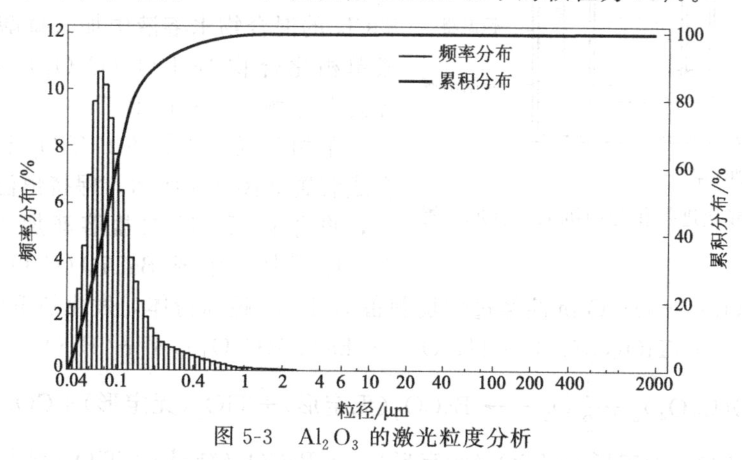

图5-3 Al_2O_3 的激光粒度分析

图5-4为 Al_2O_3 超细粉体的SEM照片，颗粒为球形，分散性较好。

图5-4 Al_2O_3 超细粉体的SEM照片

5.2.1.2 共沉淀法

共沉淀法是在含有一种或多种阳离子的溶液中加入合适的沉淀剂后，通过化学反应，所有离子完全沉淀的方法。根据沉淀的类型可分为单相共沉淀（沉淀物为单一化合物或单相固溶体）和混合共沉淀（沉淀产物为混合物）。

(1) 单相共沉淀　沉淀物为单一化合物或者单相固溶体，称为单相共沉淀。

溶液中的金属离子是以具有与配比组成相等的化学计量比化合物的形式沉淀的，因而，当沉淀颗粒的金属元素之比就是产物化合物的元素之比时，沉淀物具有在原子尺度上的组成均匀性。但是，对于由两种以上金属元素组成的化合物，当金属元素之比按照倍比法则，是简单的整数比时，保证组成均匀性是可以实现的，而要定量地加入微量元素成分时，若想保证组成均匀性通常是比较困难的；靠化合物沉淀法来分散微量成分，达到原子尺度上的均匀性，如果这时利用形成固溶体的方法就可以收到很好的效果。

单相共沉淀法的优点是能够保证沉淀物在原子或分子尺度上均匀混合。

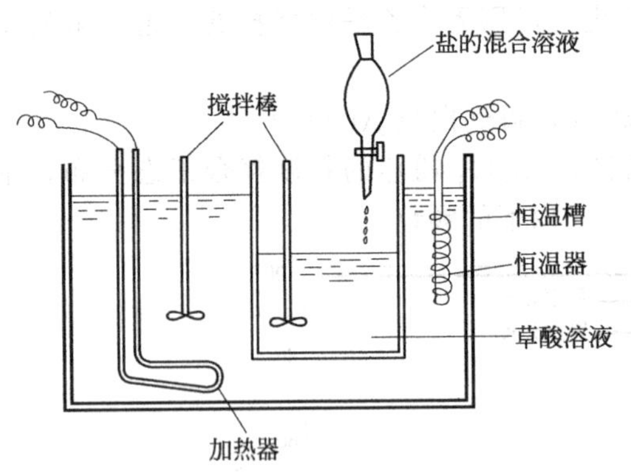

图 5-5　利用草酸盐进行化合物沉淀的合成装置

单相共沉淀法的缺点是适用范围很窄，仅仅对有限的草酸盐沉淀适用，如二价金属的草酸盐间产生固溶体沉淀。单相共沉淀法的应用如下：

在 Ba 和 Ti 的硝酸盐溶液中或者 $BaCl_2$ 和 $TiCl_2$ 的混合物水溶液中加入草酸沉淀剂后，生成单相化合物 $BaTiO(C_2O_4)_2 \cdot 4H_2O$ 沉淀。经高温分解，可制得 $BaTiO_3$ 的超细微粉颗粒。

单相共沉淀法制备 $BaTiO_3$ 超细微粉颗粒的合成装置如图 5-5 所示，保持恒温水槽的温度不变，将含 Ba 和 Ti 的盐溶液加入草酸溶液中，并不断搅拌，生成 $BaTiO(C_2O_4)_2 \cdot 4H_2O$ 沉淀，$BaTiO(C_2O_4)_2 \cdot 4H_2O$ 沉淀经过煅烧制备 $BaTiO_3$ 超细粉体，发生热解的方程式如下：

$$BaTiO(C_2O_4)_2 \cdot 4H_2O \longrightarrow BaTiO(C_2O_4)_2 \downarrow + 4H_2O$$

$$BaTiO(C_2O_4)_2 + \frac{1}{2}O_2 \longrightarrow BaCO_3(\text{无定形}) + TiO_2(\text{无定形}) + CO_2 + CO$$

$$BaCO_3(\text{无定形}) + TiO_2(\text{无定形}) \longrightarrow BaCO_3(\text{结晶}) + TiO_2(\text{结晶})$$

$$BaCO_3(\text{结晶}) + TiO_2(\text{结晶}) \longrightarrow BaTiO_3 + CO_2$$

由上述反应过程可知：$BaTiO_3$ 并不是由沉淀物 $BaTiO(C_2O_4)_2 \cdot 4H_2O$ 微粒的热解直接合成的，而是 $BaTiO(C_2O_4)_2 \cdot 4H_2O$ 分解为高活性的 $BaCO_3$ 和 TiO_2 之后，再通过它们之间的固相反应来合成的。这种反应在 450℃ 的低温就开始，要得到完全单一相的钛酸钡，必须加热到 750℃。

(2) 混合物共沉淀　混合共沉淀法是在混合的金属盐溶液（含有两种或两种以上的金属离子）中加入合适的沉淀剂，反应生成组成均匀的沉淀，沉淀热分解得到高纯超微粉体材料。混合共沉淀法的关键在于保证沉淀物在原子或分子尺度上均匀混合。

如果沉淀产物的溶度积不同，得到的产物为混合物时，为了使沉淀均匀，通常是将含有多种阳离子的盐溶液慢慢加入过量的沉淀剂中并进行搅拌，使所有沉淀离子的浓度大大超过沉淀的平衡浓度，尽量使各组分按比例同时沉淀出来，从而得到较均匀的沉淀物。由于组分之间的沉淀产生的浓度及沉淀速率存在差异，因而溶液的原始原子水平的均匀性可能部分地失去，沉淀物通常是氢氧化物或水合氧化物，有时也可以是草酸盐、碳酸盐等。混合共沉淀法应用如下。

以 $ZrOCl_2 \cdot 8H_2O$ 和 Y_2O_3（化学纯）为原料采用混合共沉淀法制备 $ZrO_2 \cdot Y_2O_3$ 的超细粉体的过程为：Y_2O_3 用盐酸溶解得到 YCl_3，然后将 $ZrOCl_2 \cdot 8H_2O$ 和 YCl_3 配制成一定浓度的混合溶液，在其中加 NH_4OH 后，$Zr(OH)_4$ 和 $Y(OH)_3$ 的沉淀粒子缓慢形成。反应式如下：

$$ZrOCl_2 + 2NH_4OH + H_2O \longrightarrow Zr(OH)_4 \downarrow + 2NH_4Cl$$

$$YCl_3 + 3NH_4OH \longrightarrow Y(OH)_3\downarrow + 3NH_4Cl$$

得到的氢氧化物共沉淀物经洗涤、脱水、煅烧可得到具有很好烧结活性的 $ZrO_2 \cdot Y_2O_3$ 微粒。

5.2.1.3 均相沉淀法

均相沉淀法是利用某一化学反应使溶液中的构晶离子（构晶负离子和构晶正离子）由溶液中缓慢均匀地释放出来，通过控制溶液中沉淀剂的浓度，使之缓慢增加，保证溶液中的沉淀处于一种平稳状态，且沉淀能在整个溶液中均匀析出的方法。

均相沉淀法的基本原理是在溶液中加入某种物质，这种物质不与阳离子直接发生反应生成沉淀，而是在溶液中发生化学反应，缓慢地生成沉淀剂，金属阳离子与生成的沉淀剂发生化学反应生成沉淀物，沉淀物再经适当处理得到所需的超细粉体颗粒。由于沉淀剂是通过化学反应缓慢生成的，因此，只要控制好沉淀剂的生成速度，从而控制粒子的生长速度，即可得到粒度均匀的超细微粉颗粒。

均相沉淀法具有原料成本低、工艺简单、操作方便、对设备要求低等优点，能够制备出多种超细粉体氧化物。

均相沉淀法避免了直接添加沉淀剂而产生的体系局部浓度不均匀现象，使过饱和度维持在适当范围内，从而控制粒子的生长速度，制得粒度均匀的超细粉体。通常加入的沉淀剂，不立刻与被沉淀组分发生反应，而是通过化学反应使沉淀剂在整个溶液中缓慢生成，克服了由外部向溶液中直接加入沉淀剂而造成沉淀剂的局部不均匀性。均相沉淀法可以较好地控制粒子的成核与生长，制得粒度分布均匀的超细粉体颗粒。

常用的沉淀剂有尿素和六亚甲基四胺。对于氧化物超细粉体的制备，常用的沉淀剂是尿素，其水溶液在70℃左右可发生分解反应生成 NH_4OH，起到沉淀剂的作用，而得到金属氢氧化物或碱式盐沉淀。

例如，将尿素水溶液加热到70℃左右，就会发生如下水解反应：

$$(NH_2)_2CO + 3H_2O \longrightarrow 2NH_4OH + CO_2$$

由此生成的沉淀剂 NH_4OH 在金属盐的溶液中分布均匀，浓度低，使得沉淀物均匀生成。由于尿素的分解速度受加热温度和尿素浓度的控制，因此可以使尿素分解速度降得很低。有人采用低的尿素分解速度来制得单晶微粒，采用此种方法可制备多种盐的均匀沉淀。

5.2.2 水解法

水解法是合成超细粉体材料常用的方法，是在高温下先将一定浓度的金属盐水解，生成水合氧化物或氢氧化物沉淀，再加热分解得到超细粉体的一种方法。

水解法包括无机盐水解法、金属醇盐水解法、强迫水解法、微波水解法等，其中以金属醇盐水解法最为常用，其最大的特点是从物质的溶液中直接分离出所需要的粒径小、粒度分布窄的超细粉体。

水解法具有制备工艺简单、化学组成能精确控制、粉体的性能重复性好、产率高等优点；不足之处是原料成本高，若能降低成本，则具有极强的竞争力。

5.2.2.1 无机盐水解法

利用金属的氯化物、硫酸盐、硝酸盐溶液，通过胶体化的手段合成超细粉体的方法称为无机盐水解法。它是人们熟知的制备金属氧化物或水合金属氧化物的方法，是通过控制水解条件来合成单分散球形超细粉体的方法，广泛地应用于新材料的合成中。

除了金属和部分碱土金属的盐类不易水解外，绝大多数的金属盐类在水溶液中都能发生水解反应，生成可溶性碱式盐，如 Mg（OH）Cl、Al（OH）SO_4、Zn（OH）Cl 等，难溶性碱式盐，如 Sn（OH）Cl、SbOCl、$BiONO_3$ 等，及难溶性含氧酸，如 H_2SnO_3、H_2TiO_3、H_2SiO_3 等。所用方程式可表示如下：

$$M^{n+}+H_2O \longrightarrow M(OH)^{(n-1)+}+H^+$$

$$M^{2+}+H_2O+Cl^- \longrightarrow M(OH)Cl+H^+$$

$$M^{4+}+3H_2O \longrightarrow H_2MO_3+4H^+$$

水解法是通过控制水解条件来合成超细粉体，因而水解反应的影响因素在超细粉体的制备中具有重要作用，影响水解反应的因素归纳为以下三个方面。

（1）金属离子的影响　金属离子所带的电荷越高、半径越小、离子极化作用越强，越容易水解。为了得到均匀分散的溶胶，通过控制较低的金属离子浓度，或在溶液中加入表面活性剂、配位螯合剂等。

（2）反应温度的影响　水解反应是一个吸热反应，升高温度有利于水解反应的进行，由此得到的超细粉体材料一般为多晶体，也可直接得到氧化物。只要金属离子的浓度、溶液的 pH 值控制准确，即能够得到分散均匀的超细粉体。加热的方法可采用电热恒温法和微波辅助法。

（3）溶液酸度的影响　在水解反应中，均会有 H^+ 产生，因而，只要能够减小溶液的酸度，便可有利于水解反应向正向进行，得到氧化物的水合物沉淀或溶胶。

无机盐水解法应用如下：

ZrO_2 粉体的制备，将四氯化锆和锆的含氧氯化物在开水中循环地加水分解。图 5-6 表示该方法的流程图。生成的沉淀是含水氧化锆，其粒径、形状和晶型等随溶液初期浓度和 pH 值等变化，可得到一次颗粒粒径为 20nm 左右的超细粉体。

用金属的无机盐水解法制备超细粉体材料固、液相分离困难，杂质离子难以除净，难以得到高纯的超细粉体。为此，以金属醇盐（可表示为[$M(OR)_n$]）水解为基础的工艺被广泛采用。

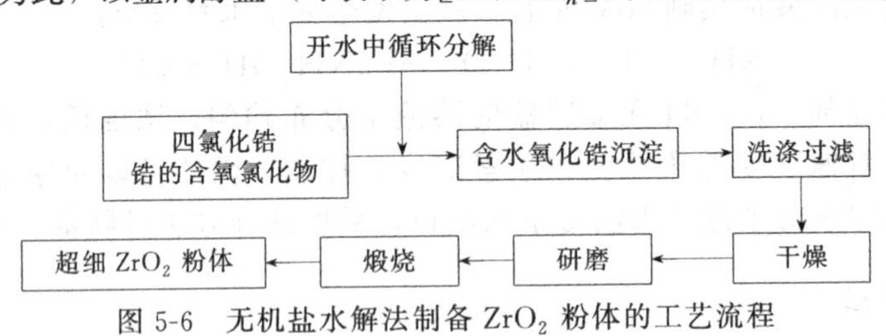

图 5-6　无机盐水解法制备 ZrO_2 粉体的工艺流程

5.2.2.2　金属醇盐水解法

金属醇盐水解法是利用一些金属有机醇盐能溶于有机溶剂并可能发生水解，生成氢氧化物沉淀的特性来制备超细粉体的一种方法。

（1）金属醇盐的特性　金属醇盐是介于无机化合物和有机化合物之间的广义金属有机化合物的一部分，可以简单地认为金属与醇缩合生产金属醇盐和水，金属醇盐一般式为 $M(OR)_n$，它具有 $M^{\delta+}—O—C^{\delta-}$ 结构。由于氧原子的强电负性，使 M—O 键强烈地极化为 $M^{\delta+}—O^{\delta-}$。极化程度与金属（M）的电负性有关。醇盐的性质随着金属的不同电负性而变化。S、P、Si 和 Ge 的电负性很大，它们的醇盐具有强烈的共价键性质，有很好的挥发性，几乎是以单分子状态存在的。而碱土金属和碱金属的正电性很大，具有较强的离子性，一般为多聚体状态。在醇盐中，如果金属（M）相同，烷氧基中 R 的供电子效应越大，M—O—R 共价性越强。

(2) 金属醇盐的制备方法　自 1846 年，Ebelman 等首次报道叔异戊醇硅盐的制备后，有关金属醇盐制备的报道越来越多。特别是近几十年来，金属醇盐化学和开发应用进展迅速，现在元素周期表中有 69 种元素已被制成各种醇盐。

① 单金属醇盐的制备。

a. 由金属和醇反应制备。碱金属、碱土金属、镧系等元素可以与醇直接反应生成金属醇盐和氢。

$$M+nROH \longrightarrow M(OR)_n+\frac{n}{2}H_2\uparrow$$

其中，R 为有机基团，如烷基$-C_3H_7$、$-C_4H_9$ 等；M 为金属，如 Li、Na、K 或 Ca、Sr、Ba 等强正电性元素在惰性气氛下直接溶于醇而制得醇化物。但是 Be、Mg、Al、Y、Yb 等弱正电性元素必须在催化剂（I_2、$HgCl_2$、HgI_2）存在下进行反应。催化剂的作用机理目前尚不清楚，估计是形成活泼的金属表面。另外，La、Si 及 Ti 的醇盐也可用这种方法制备。

b. 由金属氢氧化物、氧化物和醇反应制备。金属氢氧化物、氧化物直接与醇反应或与醇交换反应等获得醇盐。

对于正电性小的元素醇盐可由下述平衡反应制备，生成的水不断被除去，导致反应平衡向右移动。

$$M(OH)_n+nROH \longrightarrow M(OR)_n+nH_2O\uparrow$$

$$MO_{\frac{n}{2}}+nROH \longrightarrow M(OR)_n+\frac{n}{2}H_2O\uparrow$$

该方法已被成功用于 B、Si、Ge、Sn、Pb、As、Se、V 和 Hg 的醇盐制备。反应完成的程度主要取决于醇的沸点、醇的支链化程度和所用的溶剂。

c. 由金属卤化物与醇反应制备。如果金属不能与醇直接反应，可以用卤化物代替金属。

ⓐ 直接反应（B、Si、P）法，反应式如下：

$$MCl_3+3C_2H_5OH \longrightarrow M(OC_2H_5)_3+3HCl$$

氯原子与烷氧基（RO）完全置换生成醇化物。

ⓑ 碱性基加入法。多数金属氯化物与醇的反应，仅部分 Cl^- 与烷氧基发生置换。为了促进反应进行，则必须加入 NH_3、吡啶、三烷基胺、醇钠等含碱性基团的物质，使反应进行到底。例如：

$$TiCl_4+2C_2H_5OH \longrightarrow TiCl_2(OC_2H_5)_2+2HCl$$

加入 NH_3 后的反应为：

$$TiCl_4+4C_2H_5OH+4NH_3 \longrightarrow Ti(OC_2H_5)_4+4NH_4Cl$$

氯化铵可以直接沉淀出来（离子晶体不溶于醇）。

ⓒ 由二氨基金属和醇反应制备。这一方法适用于亲氧性比亲氮性强的金属醇盐的制备，此法的优点是反应中所生成的二烷基胺副产物很容易被蒸发除去。

$$M(NR_2)n+nROH \longrightarrow M(OR)_n+nHNR_2\uparrow$$
$$(M=U,V,Cr,Sn,Ti)$$

② 双金属醇盐的制备。

a. 由两种醇盐之间的反应制备。在类似于苯的溶剂中，将两种醇盐按一定比例混合，即可制备相应的双金属醇盐。

$$M'(OR)_x+M''(OR)_n \longrightarrow M'M''(OR)_{x+n}$$
$$(M',M''=U,Be,Zn,Al,Ti,Zr,Nb,Ta)$$

b. 由一种醇盐和另一种金属反应。这种方法适用于碱土金属和过渡金属醇盐反应合成醇盐。

$$M+10ROH+2M'(OR)_4 \xrightarrow[ROH]{HgCl_2} M[M'(OR)_9]_2+5H_2\uparrow$$

$$M+2ROH+2M''(OR)_5 \xrightarrow[ROH]{HgCl_2} M[M''(OR)_6]_2+H_2\uparrow$$

$$(M=Mg,Ca,Sr,Ba;M'=Zr,Hf;M''=Nb,Ta;R=Et,Pr)$$

c. 由金属卤化物和两种醇盐制备反应的方程如下：

$$MCl_n+nM'M''(OR)_x \xrightarrow[C_6H_6]{ROH} M[M''(OR)_x]_n+nM'Cl\downarrow$$

$$(M'=K;M''=Al)$$

d. 由两种金属卤化物和钾醇盐制备。如用于 Ln 和 Al 的异丙醇双金属盐的合成。

$$LnCl_3+3AlCl_3+12KOPr \longrightarrow Ln[Al(OPr)_4]_3+12KCl\uparrow$$

$$(Ln=Gd,Ho,Er;Pr=\text{异丙基})$$

(3) 金属醇盐的水解方式及制备特点　例如，烷氧基金属有机化合物，如 $Ti(OC_2H_5)_4$ 等的水解，通常要经历水解、缩聚两个主要过程，缩聚中金属氢氧化物经脱水而形成无机网络，生成的水和醇从系统中挥发而造成网络的多孔性，这样得到的一般是低黏度的溶胶，将其放置于模具中成型或成膜后，溶胶中的颗粒逐渐交联而形成三维结构的网络，开始了溶胶的凝胶化过程，溶胶的黏度明显增大，最终成为坚硬的玻璃体。如在适当的黏度下对凝胶进行抽丝，则可得到纤维状材料。

水解法主要有两种：一种是 Massart 水解法；另一种是滴定水解法。这两种方法的本质区别就在于前者是将金属盐混合液加入碱液中，而后者恰恰相反，是将碱液缓缓加入铁盐混合溶液中，即前者的反应环境为碱性，后者为中性或弱酸性。

金属醇盐水解制备方法有以下特点：

① 采用有机试剂作为金属醇盐的溶剂，由于有机试剂纯度高，因此氧化物粉体纯度高。

② 可制备化学计量的复合金属氧化物粉末。复合金属氧化物粉末最重要的指标之一是氧化物粉末颗粒之间组成的均一性，用醇盐水解法能获得具有同一组成的微粒。

例如，由金属醇盐合成的 $SrTiO_3$ 通过 50 个粒子进行组分分析结果见表 5-1。

由表 5-1 可知，不同浓度醇盐合成的 $SrTiO_3$ 粒子的 Sr 与 Ti 之比都非常接近于 1，这表明合成的粒子，以粒子为单位都具有优良的组成均一性，符合化学计量组成。

表 5-1　金属醇盐合成的 $SrTiO_3$ 颗粒组成分析

醇盐浓度/(mol/L)	加水量(对理论量)	水解后回流时间	阳离子比			
			平均值		标准偏差	
			Sr	Ti	Sr	Ti
0.117	20 倍	4h	1.005	0.998	0.0302	0.0151
0.616	20 倍	2h	1.009	0.996	0.0458	0.0228
3.61	6.8 倍	2h	1.018	0.991	0.0629	0.0314

(4) 金属醇盐水解法制备超细粉体材料　金属醇盐与水反应生成氧化物、氢氧化物、水合氧化物的沉淀。除硅的醇盐（需要加碱催化）外，几乎所有的金属醇盐与水反应都很快，产物中的氢氧化物、水合物灼烧后变为氧化物。迄今为止，已制备了 100 多种金属氧化物或复合金属氧化物粉体。

① 一种金属醇盐水解产物。水解条件不同，沉淀的类型亦不同，例如铅的醇化物，室温下水解生成 $PbO_{1/3}H_2O$，而回流下水解则生成 PbO 沉淀。

② 复合金属氧化物粉末。金属醇盐法制备各种复合金属氧化物粉体是本法的优越性所

在。两种以上金属醇盐制备复合金属氧化物超细粉末的途径如下。

a. 复合醇盐法。金属醇化物具有 M—O—C 键，由于氧原子电负性强，M—O 键表现出强的极性 $M^{\delta+}—O^{\delta-}$，正电性强的元素，其醇化物表现为离子性，电负性强的元素醇化物表现为共价性。正电性强的金属醇化物表现出碱性，随元素正电性减弱逐渐表现出酸性。这样碱性醇盐和酸性醇盐的中和反应就生成复合醇化物。如：

$$MOR+M'(OR)_n \longrightarrow M[M'(OR)_{n+1}]$$

由复合醇盐水解的产物一般是原子水平混合均一的无定形沉淀。如 $Ni[Fe(OEt)_4]_2$、$Co[Fe(OEt)_4]_2$、$Zn[Fe(OEt)_4]_2$ 水解产物，灼烧为 $NiFe_2O_4$、$CoFe_2O_4$、$ZnFe_2O_4$。

b. 金属醇盐混合溶液。两种以上金属醇盐之间没有化学结合，只是混合物，它们的水解具有分离倾向，但是大多数金属醇盐水解速率很大，仍然可以保持离子组成的均一性。

两种以上金属醇盐水解速率差别很大时，可采用溶胶-凝胶法制备均一性的超细微粉(凝胶为固体煅烧后直接得到的粉体)。

金属醇盐混合溶液水解法制备 $BaTiO_3$ 的过程如图 5-7 所示，制得了粒径为 10～15nm 的 $BaTiO_3$ 超细粉体微粒。

由钡与醇盐直接反应得到钡的醇盐，并放出氢气；醇与加有氨的四氯化钛反应得到钛的醇盐，然后滤掉氯化铵。

将上述两种醇盐混合溶入苯中，使 Ba∶Ti 为 1∶1，再回流约 2h，然后在此溶液中慢慢加入少量蒸馏水并进行搅拌，由于水解白色的超微粒子沉淀出来（为晶态 $BaTiO_3$）。

用金属醇盐法制备 $BaTiO_3$ 超细粉体微粒的过程中，醇盐的种类，如由甲醇、乙醇、异丙醇、正丁醇等生成的醇盐对微粒的粒径和形状以及结构没有太明显的影响。

醇盐的浓度对最后得到的超细粉体的粒径影响也不是十分明显。由图 5-8 可以看出，浓度从 0.01～1mol/L，粒径仅由 10nm 增大至 15nm。

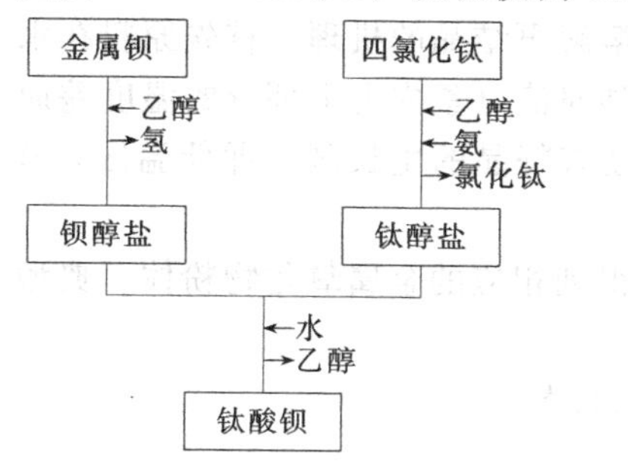

图 5-7 钛酸钡的合成工艺流程

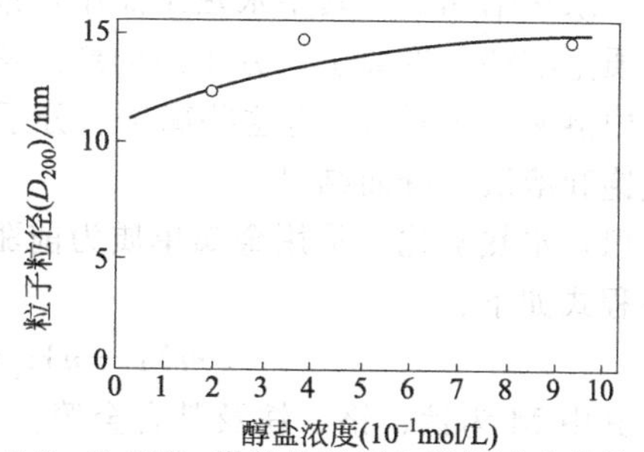

图 5-8 $BaTiO_3$ 微粒的粒径与醇盐浓度的关系

5.2.2.3 强迫水解法

强迫水解法通常以高价金属离子，如 Fe^{3+}、Sn^{4+} 等在一定温度下水解得到氧化物或水合氧化物。金属离子在水溶液中的水解过程取决于许多因素，如 pH 值、温度、水解时间等。采用不同阴离子的金属盐也会得到不同的水解产物。利用强迫水解法能得到粒度均匀、粒径较小的超细粉体微粒，但耗时较长，水解得到的溶胶浓度小，因而产量低。

5.2.2.4 微波水解法

近年来，用微波诱导强迫金属离子水解，是非水解技术的新改进。常规的加热方式为由外及内的热传导或热对流，而微波加热为内部加热，可在短时间内提供足够能量，促进金属离子的水解。此外，微波除了致热作用外，还可使极性分子或离子发生极化，从而对提高体系的反应速率起到相当重要的作用。利用微波水解能获得高浓度的溶胶，水解所需时间也不长。

目前，此方法主要用于立方体型 α-Fe_2O_3、ZnO、In_2O_3、SnO_2 等超细粉体粒子的制备。

5.2.3 水热法

水热法又称为热液法，属液相化学法的范畴，是19世纪中叶地质学家模拟自然界成矿作用而开始研究的。1900年后科学家们建立了水热合成理论，以后又开始转向功能材料的研究，目前用水热法已制备出百余种晶体。

水热法是在特制的密闭反应容器（高压釜）里，采用水溶液作为反应介质，通过对反应容器加热，创造一个高温、高压的反应环境，使得通常难溶或不溶的物质溶解并重结晶，在高压环境下制备超细粉体的方法。即提供一个在常压条件下无法得到的特殊的物理化学环境，使前驱物在反应系统中得到充分溶解，形成原子或者分子生长基元，成核结晶。

水热法是利用物质的水合物和氧化物在高温高压下在溶剂中的溶解度存在极大差别这一特性对材料进行处理的一种工艺，它可以将水合物转变成氧化物。比如在常温常压下一般的氢氧化物不溶于溶剂，但在高压下它会有很大的溶解度，但氧化物依然溶解度很低，因此它们之间的反应平衡就向氧化物的方向无限制地移动，最后将水合物全部转变为氧化物。

对于某种物质，如果其他某种溶剂比水有更好的类似溶解析出性质，那就使用这种溶剂作为溶剂热法处理。

5.2.3.1 水热法的分类

水热反应依据反应类型的不同可分为水热氧化、水热还原、水热沉淀、水热合成、水热分解、水热结晶等。其中水热结晶用得最多，基本原理为溶解再结晶的机理。首先原料在水热介质里溶解，以离子、分子团的形式进入溶液，利用强烈对流（釜内上下部分的温度差而在釜内溶液产生对流）将这些离子、分子或离子团输运到放有籽晶的生长区（即低温区）形成过饱和溶液，继而结晶。

（1）水热氧化　采用金属单质为前驱物，经水热反应得到相应的金属氧化物粉体。典型的方程式如下：

$$mM + nH_2O \longrightarrow M_mO_n + nH_2\uparrow$$

其中M为钛、铬、铁及其合金等。

例如，以金属钛粉为前驱物，在一定的水热条件（温度高于450℃，压力100MPa，反应时间3h）下，得到锐钛矿型、金红石型 TiO_2 晶粒和钛氢化物 TiH_x（$x=1.924$）的混合物；反应温度提高到600℃以上，得到的是金红石型和 TiH_x（$x=1.924$）的混合物；反应温度高于700℃时，产物则完全是金红石型 TiO_2 晶粒。采用该法制备的反应时间较短、晶粒尺度均匀、团聚较少。

（2）水热沉淀　典型的例子之一是采用 $Ti(SO_4)_2$ 配制的溶液和尿素 $CO(NH_2)_2$ 混合溶液为反应前驱物，放入高压釜中，填充度为80%，水热反应温度在120～200℃。经水热反应在不同的配比下得到锐钛矿型、金红石型或者是两者的混合粉体，晶粒线度为15nm左右。由于在水热反应过程中，尿素首先受热分解，使溶液pH值增大，碱性增强，有利于水解反应进行，从而形成水合二氧化钛，进而生成纳米级二氧化钛超细粉体。

（3）水热结晶

采用无定形前驱物经水热反应形成结晶完好的晶粒。如水热法制备 ZrO_2 晶粒时，以

$ZrOCl_2$ 水溶液中加沉淀剂（氨水、尿素等）得到的 $Zr(OH)_4$ 胶体为前驱物，然后经过水热反应获得纳米二氧化锆。

$$Zr(OH)_4 \longrightarrow ZrO_2 \cdot 2H_2O$$

（4）水热合成　以一元金属氧化物或盐在水热条件下反应合成二元甚至多元化合物。如以 $SnCl_4$ 为原料配制成 $SnCl_4$ 溶液，通过过滤除去不溶物，获得白色澄清溶液，然后通过使用 KOH 调整其 pH 值，水热反应的温度在 120～220℃进行调整，反应 1～2h（升温速度为 3℃/min）。反应完毕后，经过滤洗涤后烘干即得产物。

$$SnCl_4 + 4KOH \longrightarrow 2K_2O \cdot SnO_2 + 4HCl$$

（5）水热分解　如天然钛铁矿的主要成分是 TiO_2 · 53.61%、FeO 20.87%、$Fe_2O_3$20.95%、MnO0.98%，在 10mol 的 KOH 溶液里，温度为 500℃，压力在 25～35MPa 下，经 63h 水热处理，天然钛铁矿可以完全分解。产物是磁铁矿 $Fe_{(3-x)}O_3$ 和 $K_2O \cdot TiO_2$，检测表明在此条件下，得到的磁铁矿晶胞参数（$a=0.8467$nm）大于符合化学计量比的纯磁铁矿的晶胞参数（$a=0.8396$nm），这是由于 Ti^{4+} 在晶格里以替位离子形式存在，形成 $Fe_{(3-x)}O_3 \cdot Fe_2TiO_4$ 固溶体。在温度为 800℃、压力 90MPa 下，水热处理 24h 则可得到符合化学计量比的纯磁铁矿粉体。

除上述水热方法外，还有水热脱水、水热阳极氧化、机械反应（带搅拌作用）、水热盐溶液卸压法等粉体制备技术。

5.2.3.2　水热法的特点

在水热条件下，水可以作为一种化学组分并参加反应，既是溶剂又是矿化剂，同时还可以作为压力传递介质；通过参加渗析反应和控制物理化学因素等，实现无机化合物的形成及改性，既可以制备单组分微小晶体，又可以制备双组分或多组分的特殊化合物粉体。除克服某些高温制备不可避免的硬团聚等，还具有粉体细、纯度高、分散性好、结晶性好、形状可控、利于环境净化和生产成本低等特点。用水热法制备的粉体一般无须烧结，这就可以避免在烧结过程中晶粒长大而且杂质容易混入等缺点。影响水热合成的主要因素有：温度、升温速率、搅拌速度以及反应时间等。水热条件下，水对化学反应的主要作用如下：

① 作为化学组分参与化学反应；

② 作为反应的促进剂；

③ 具有压力传递介质的作用；

④ 具有溶剂的作用，提高物质溶解度；

水热条件下，晶体生长包括以下步骤。

（1）溶解阶段　物料在水热介质里溶解，以离子、分子的形式进入溶液。

（2）输运阶段　由于体系存在十分有效的热对流以及溶解区和生长区之间的浓度差，这些离子、分子或离子团被运输到生长区。

（3）结晶阶段　离子、分子或离子团在生长界面上的吸附、分解与脱附；吸附物质在界面上运动、结晶。

晶体在水热条件下生长有如下优点：

① 水热晶体是在相对较低的热应力条件下生长的，因此其位错密度远低于高温熔体中生长的晶体的位错密度。

② 水热晶体生长使用相对较低的温度，因而可得到其他方法难以获取的物质低温同质异构体。

③ 水热生长是在一定的密闭体系里进行的，可以控制反应气氛而形成氧化还原反应条

件，实现其他方法难以获得的物质的某些物相生成。

④ 水热反应体系存在溶液的快速对流和十分有效的溶质扩散，因此水热结晶具有较快的生长速率。

但是，并非所有晶体都适合在水热环境里生长。判断是否适合采用水热法的一般原则是：结晶物质各组分的一致性原则；结晶物质具有足够高的溶解度；溶解度的温度系数有足够大的绝对值；中间产物通过改变温度较容易分解。

水热法与一般湿化学法相比较所具有的优势如下：

水热法可以直接得到分散且结晶良好的微粒，无须高温灼烧处理避免了可能形成的微粒硬团聚。水热过程中通过调节反应条件可控制超细粉体微粒的晶体结构、结晶形态与晶粒纯度。该法生产的粉体具有较低的表面能，所以粉体无团聚或者少团聚，这一特性使粉体烧结性能大大提高，因而该法特别适用于陶瓷生产。

5.2.3.3 水热反应介质、合成装置及程序

(1) 水热反应介质　水是水热合成中最常用的反应介质，在高温高压下，水的物理化学性质发生了很大改变，其密度、黏度和表面张力大大降低，而蒸汽压和离子积则大为上升。在1000℃、15～20GPa的条件下，水的密度为1.7～1.9g/cm^3，如果离解为H_3O^+和OH^-，则水已相当于熔融盐。1000℃、0.5GPa条件下，水的黏度仅为正常条件下的10%，分子和粒子的扩散迁移速率大大加快。在超临界区域，水介电常数在10～30。此时，电解质在水溶液中完全解离，反应活性大大提高。温度的提高，可以使水的离子积急剧升高(5～10个数量级)，有利于水解反应的发生。

(2) 水热合成装置　高压反应釜是进行水热反应的基本设备，高压容器一般应用特种不锈钢制成，釜内有化学惰性材料，如Pt、Au等贵金属和聚四氟乙烯等耐酸碱材料。高压容器的类型可根据实验需要加以选择和特殊设计。

常见的有自紧式、外紧式、内压式高压反应釜等，加热方式可采用釜外加热或釜内加热。如果温度和压力不太高，方便实验过程的观察，也可部分采用或全部采用玻璃或石英设备。根据不同实验的要求，也可以设计外加压的外压釜，能在反应过程中提取液固相研究反应过程的流动反应釜。

(3) 水热合成程序　实验室常用的水热合成大多是在中温中压（100～250℃，1～20MPa）下进行的。水热合成是一类特殊的合成技术，有诸多因素影响实验的安全和合成的成败。其中，填充度是一个重要因素，填充度是指反应物占封闭反应釜空间的体积分数。水的临界温度是374℃，在此温度下水的相对密度是0.33，这意味着30%的填充度在临界温度下实际上就是气体。因此，在实验中既要保证反应物处于液相传质的反应状态，又要防止由于过大的填充度而导致过高的压力而引起爆炸。但是，高压不仅可以加快分子的传质和反应速率，有时也会改变热力学的化学平衡。因此，在水热反应中，保持一定的压力是必要的。通常填充度应控制在60%～80%。

5.2.3.4 水热法应用

水热法制备TiO_2超细粉体如图5-9所示，实验过程如下：

① 取10mL量筒、50mL的烧杯洗净并彻底干燥备用。

② 取适量冰块放入烧杯中，并加入一定的蒸馏水形成20mL的冰水混合物，用恒温磁力搅拌器搅拌，速度适中。

③ 用量筒量取2mL的无水$TiCl_4$，缓慢滴加到冰水混合物中。

④ 继续搅拌 10min，即可得到 TiO_2 的乳浊液。

⑤ 将制得的乳浊液放入到高压反应釜内，在 120℃的控温烘箱中反应 5h 后取出。

⑥ 取出样品自然冷却后，用蒸馏水洗涤 3 次，无水乙醇洗涤 1 次，用抽滤机抽滤，放入干燥箱内干燥，干燥后称量样品的质量。

⑦ 将干燥的样品进行分析测试。

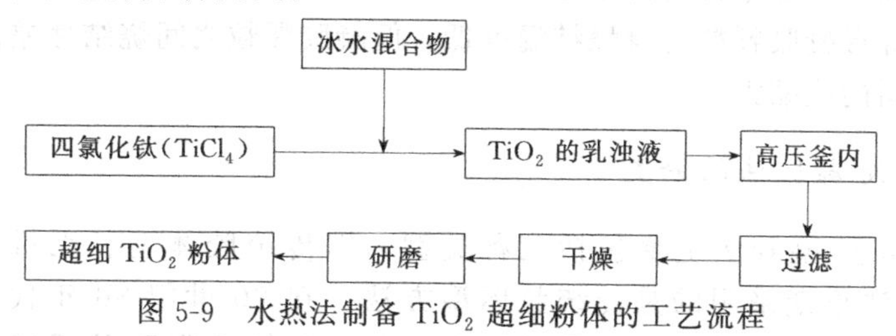

图 5-9 水热法制备 TiO_2 超细粉体的工艺流程

5.2.4 溶胶-凝胶(sol-gel)法

溶胶-凝胶法是在低温或者温和条件下制备超细粉体材料的重要方法。溶胶-凝胶法的化学过程是将易水解的金属无机盐或金属醇盐化合物在某种溶剂中与水发生反应，然后经过水解反应生成具有活性的单体，活性单体进行聚合，开始成为溶胶，进而生成具有一定空间结构的凝胶，再经干燥、烧结等后处理得到超细粉体材料。

5.2.4.1 溶胶-凝胶法的概念

溶胶-凝胶法是指金属无机盐或金属醇盐化合物溶液与溶胶-凝胶而固化，再经过热处理生成氧化物或其他化合物固体的方法。

溶胶是指具有液体特征的胶体体系，分散的粒子是固体或者大分子，分散粒子的大小为 1～1000nm。

凝胶是具有固体特征的胶体体系，被分散的物质形成连续的网状骨架，骨架空隙中充有液体或气体，凝胶中分散相的含量很低，一般在 1%～3%。

简单来讲，溶胶-凝胶法就是利用高活性化学组分作为前驱体，在液相条件下将这些原料均匀混合，并进行水解、缩合化学反应，在溶液中形成稳定的透明溶胶体系，溶胶经陈化胶粒间缓慢聚合，形成三维空间网络结构的凝胶，凝胶网络间充满了流动性的溶剂，形成凝胶。凝胶经过干燥、烧结、固化制备出分子乃至超细粉体结构的材料。

溶胶-凝胶法的历史可追溯到 19 世纪中叶。Ebelman 发现正硅酸乙酯水解形成的 SiO_2 呈玻璃状，随后 Graham 研究发现 SiO_2 凝胶中的水可以被有机溶剂置换，该现象经过长时间化学家们的研究探索，后来逐渐形成胶体化学学科。在 20 世纪 30～70 年代这一阶段科学家们把胶体化学原理应用到制备无机材料获得初步成功，引起人们的重视，并称该法为化学合成法或 SSG 法 (solution sol-gel)，阐明该法在制备材料的初期就进行控制使均匀性可达到亚微米级、纳米级甚至分子级水平。也就是说在材料制备早期就着手控制材料的微观结构，它不仅可用于微粉，而且可用于制备薄膜、纤维及复合材料。

5.2.4.2 溶胶-凝胶法的特点

① 在制备过程中无须机械混合，不易引进杂质，可达高纯度。

② 因溶胶由溶液制得，化学均匀性好。

③ 制备出的颗粒细，胶粒尺寸可小于 0.1μm。

④ 可容纳不溶性颗粒，将其均匀地分散在不产生沉淀的组分溶液中，然后经胶凝化，

使不溶性组分固定在凝胶体系中。

⑤ 可溶性掺杂组分分布均匀。

⑥ 合成温度低。

⑦ 粉体活性高。

⑧ 工艺设备简单，但原材料价格昂贵。

⑨ 烘干后的球形凝胶颗粒自身烧结温度低，但凝胶颗粒之间烧结性差。

⑩ 干燥时粉料的收缩大。

5.2.4.3 溶胶-凝胶法的分类

目前采用的溶胶-凝胶法主要包括三种类型，即传统胶体型、无机聚合物型和络合物型。溶胶-凝胶法早期采用的是传统胶体型方法。在20世纪80年代前后，科学家们集中研究无机聚合物型，因为该型易于控制，各组分体系凝胶及后续产品较均匀，且易从溶胶或凝胶出发制备成各种形状的材料，但其过程一般需要可溶于有机溶剂的醇盐作为前驱体，而许多低价金属醇盐不溶于有机溶剂，致使此型的应用受到限制。为此人们将金属离子形成络合物，使之成为可溶性产物，然后经过络合物溶胶-凝胶过程形成凝胶。

下面重点介绍无机聚合物型的溶胶-凝胶法。无机聚合物型是将金属醇盐溶解在有机溶剂中，通过水解-聚合反应形成均匀的溶胶，进一步反应并失去大部分有机溶剂转化成凝胶，再经过热处理制备超细粉料。采用该法制备的关键在于金属醇盐的合成方法。金属醇盐称为金属烷氧基化合物，它们具有烷氧基与金属元素键合的C—O—M键的特征。如制备稀土醇盐必须以碱金属（Li、Na或K）或碱土金属（Ca、Mg）的醇盐作为烷氧基的提供者，再与稀土金属卤化物有机羧酸盐反应而获得。可用无水稀土乙酸盐、金属钙粒与乙醇在芳香族类溶剂中回流加热反应而合成稀土金属醇盐。现举实例如下。

（1）无水稀土乙酸盐的制备　将干燥的稀土氢氧化物用一定量的无水乙酸溶解，蒸除多余的乙酸，然后加入苯共沸蒸馏以除去里面所含的水分，获得无水的乙酸盐。

（2）稀土金属醇盐的合成　以无水的稀土乙酸盐为原料，与碱土金属、低碳醇在芳香族苯类溶剂体系中反应，在经干燥净化处理的高纯氮气保护下，加热至沸腾温度70℃左右。回流反应一定时间，得到稀土金属醇盐与醇、苯类的混合溶液，再将该溶液在高纯氮气保护下蒸馏，即可得稀土金属醇盐。

金属醇盐法由于醇盐的制备工艺较复杂，成本又高，而许多低价金属醇盐又不溶于有机溶剂，络合物型溶胶-凝胶法发展起来了。下面举实例如下。

溶胶-凝胶法合成超细铁氧材料：将化学计量比的Fe^{3+}、Co^{3+}、Ba^{2+}、Zn^{2+}、Cu^{2+}的硝酸盐溶液混合，搅拌形成均匀褐色透明溶液，再将柠檬酸溶液按摩尔比1∶1～1∶3缓慢地加入前面已制的溶液中，适当加热（70～90℃）并搅拌，使之形成均匀溶液，将氨水缓慢地加入上述配制的溶液中，使完全混合，直至溶液呈中性，pH＝7～8，将配制好的溶液置于100～150℃烘箱中烘干，溶液形成黑褐色的干凝胶，然后将干凝胶在一定温度下进行热处理，得铁氧体细粉。

5.2.4.4 工艺过程

溶胶-凝胶法是一种可以制备超细粉体材料的技术。由于溶胶颗粒本身十分细小，因此，该技术制得的粉体材料很容易达到微米量级，反应活性很好，烧结温度低，制成的材料强度、韧性大大提高。

（1）制取金属醇盐的均相溶液　制取包含金属醇盐和水的均相溶液，以保证醇盐的水解反应在分子水平上进行。由于金属醇盐在水中的溶解度不大，一般用醇作为溶剂，习惯上以水/醇盐的摩尔比计量，催化剂对水解速率、缩聚速率、溶胶和凝胶在陈化过程中的结构演变都有重要影响，常用的酸性和碱性催化剂分别为 HCl 和 NH_4OH，催化剂加入量也常以催化剂/醇盐的摩尔比计量。因为醇是醇盐水解产物，对水解反应有抑制作用，为保证起始溶液的均相性，在配制过程中需施以强烈搅拌。为防止反应过程中易挥发组分散失，造成组分变化，一般需要加回流冷凝装置。

（2）制备溶胶　制备溶胶有两种方法：在抑制水解的条件下使水解产物及部分未水解的醇盐分子之间继续聚合而形成，因此加水量很少；而粒子溶胶则是在加入大量水，使醇盐充分水解的条件下形成的。金属醇盐的水解反应和缩聚反应是均相溶液转变为溶胶的根本原因，控制醇盐水解缩聚的条件如加水量、催化剂和溶液的 pH 值以及水解温度等，是制备高质量溶胶的前提。

（3）将溶胶通过陈化得到湿凝胶　溶胶在敞口或密闭的容器中放置时，由于溶剂蒸发或缩聚反应继续进行而导致向凝胶逐渐转变，此过程往往伴随粒子的 Ostwald 熟化，即因大小粒子溶解度不同而造成的平均粒径增大。在陈化过程中，胶体粒子逐渐聚集形成网络结构，整个体系失去流动性，溶胶从牛顿体像宾汉体转变，并带有明显的触变性，制品的成形如成纤、涂膜、浇注在此期间完成。

（4）凝胶的干燥　湿凝胶内包裹着大量溶剂和水，干燥过程中往往伴随着很大的体积收缩，因而很容易引起开裂。防止凝胶在干燥过程中开裂是溶胶-凝胶工艺中至关重要而又较为困难的一环，特别对尺寸较大的块状材料。为此需要严格控制干燥条件，或添加控制干燥的化学添加剂，或采用超临界干燥技术。

最后对干凝胶进行热处理，其目的是消除干凝胶中的气孔，使制品的相组成和显微结构能满足产品性能要求。在加热过程中，干凝胶在低温下脱去吸附在表面的水和醇，260～300℃发生—OR 集团氧化，300℃以上则脱出结构中的—OH 基。由于热处理伴随着较大的体积收缩、各种气体（CO_2、H_2O、ROH）的释放，加之—OR 在非充分氧化时可能炭化成炭质颗粒，所以升温速率不宜过快。在热处理时发生导致凝胶致密化的烧结过程，由于凝胶的高比表面积、高活性，其烧结温度比通常的粉料坯体低数百摄氏度，采用热压烧结工艺可以缩短烧结时间，提高制品质量。

5.2.5　微乳液法

微乳液是两种互不相溶的液体形成的热力学稳定、各向同性、外观透明或不透明的分散体系；由水溶液、有机溶剂、表面活性剂以及助表面活性剂构成，两种互不相溶的溶剂在表面活性剂的作用下形成乳液，在微泡中经成核、聚结、团聚、热处理后得纳米粒子。一般有水包油型和油包水型以及近年来发展的连续双包型。

微乳液制备微纳米材料的特点在于：微反应器的界面是一层表面活性剂分子，在微反应器中形成的纳米颗粒因这层界面膜隔离而不能聚结，是理想的反应介质。由于微乳液的结构限制了颗粒的生长，使纳米颗粒的制备变得容易。这种方法的实验装置简单，操作方便，并且可以人为控制粒径，因此在微纳米颗粒的制备中具有极其广泛的应用前景。其特点是粉体颗粒的单分散和界面性好，Ⅱ～Ⅵ族半导体纳米粉体多用此法制备。

微乳液是热力学稳定、透明的水滴在油中（W/O）或油滴在水中（O/W）形成的单分散体系，其微结构的粒径为 5～70nm，分为 O/W 型和 W/O（反相胶束）型两种，是表面活性剂分子在油/水界面形成的有序组合体。

1943 年 Schulman 等在乳状液中滴加醇，首次制得了透明或半透明、均匀并长期稳定的微乳液。

5.2.6 冷冻干燥法

冷冻干燥法是由 Landsberg 和 Schnettler 等人开发出来的，它是近年来发展起来用于制备各类新型无机材料的一种很有前途的方法。

冷冻干燥法的基本原理是：先使干燥的溶液喷雾在冷冻剂中冷冻，然后在低温低压下真空干燥，将溶剂升华除去，就可以得到相应物质的超细粉体。如果从水溶液出发制备超细粉体，冻结后将冰升华除去，直接可获得超细粉体。如果从熔融盐出发，冻结后需要进行热分解，最后得到相应的超细粉体。

冷冻干燥法首先要考虑的是制备含有金属离子的溶液，在将制备好的溶液雾化成微小液滴的同时迅速将其冻结固化。这样得到的冻结液滴经升华后，冰水全部汽化，制成无水盐。将这类盐在较低的温度下煅烧后，就可以合成相应的各种超细粉体。下面介绍以水为溶剂进行冷冻干燥的情况，从而给出冷冻干燥法制备纳米粒子的物理机制。图 5-10 给出了盐水溶液的 T-p 关系。

图中 E 点处为冰、盐、溶液、蒸气四相共存点，由相律分析知道，E 点的自由能为零。由 E 点出发引出冰＋溶液＋气相、冰＋盐＋溶液、冰＋盐＋气相、盐＋溶液＋气相四条曲线。可以看出，在这些曲线上相数为 3，自由度为 1。从 E 点出来的四条线所包围的各区域自由度为 2，相数为 2。由于水溶液一般能在大气压、室温下制备，所以在相图上可用点来表示被冰的熔化曲线和蒸气压曲线所围的水的液相区域。设该点为①，那么在该状态下溶液的蒸气压与同一温度下纯水蒸气压相等。若将①点状态的溶液急剧冷冻，溶液就向②点变化，溶液物系就变为冰与盐的固体混合物。将该混合物减压至物系的四相平衡点 E 以下的压力之后再缓慢升温，使物系向盐＋蒸气的区域移动，即物系在相图上发生②→③→④的变化。在状态④将蒸气相排出物系，只剩盐的存在。

采用冷冻干燥法合成了 Y-Ba-Cu-O 体系的高温超导纳米粒子。该体系的组分接近于 $YBa_2Cu_3O_9$。首先是按 Y：Ba：Cu：O 的名义组分为 0.45：0.55：1.3 的比例将 $Y(NO_3)_3$、$Ba(NO_3)_2$、$Cu(NO_3)_2$ 配制成总金属离子浓度为 0.6mol/L 的水溶液，然后利用喷雾器将该混合水溶液直接喷入液氮中，待冷冻物料与液氮分离后，将其放入升华干燥装置中进行干燥处理，待空气干燥后，将硝酸盐混合物加热分解，抽去氮氧化物，最后制得了 $YBa_2Cu_3O_9$ 超导纳米粒子。

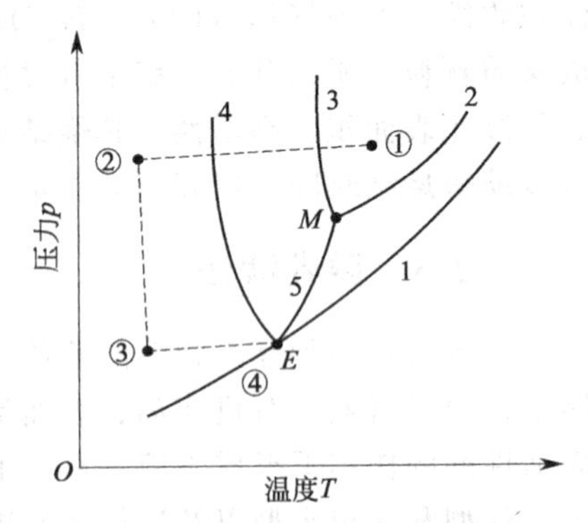

图 5-10 盐水溶液的 T-p 图

1—盐液气；2—盐的蒸气压曲线；3—水溶液曲线；4—冰液气；5—冰盐气

研究发现，液滴的冻结过程对粒子的最终形成有重要影响。事实上溶解于溶液中的盐很容易发生解离，因此，应对溶液喷雾过程加以控制，最好能将溶液雾化为细小的液滴粒子，以加快其冻结速度。此外，选择适当的冷冻剂也是一个非常重要的制约因素。冷冻干燥法用途比较广泛，特别是以大规模成套设备来生产微细粉末时其相应成本较低，具有实用性。从上述介绍也可以发现，通过控制可溶性盐的均匀性、控制冻结速率以及金属离子在溶液中的均匀性都可以明显地改善生成纳米粒子的组分、均匀性及纯度。此外，经冻结干燥可生成多孔性、透气性良好的干燥体，在煅烧时生成的气体易于排放，因此粒子粉碎性好。

5.2.7 喷雾法

喷雾热分解法又称溶剂蒸发法，起源于 20 世纪 50 年代，是喷雾干燥技术的延伸。所不同的是喷雾干燥过程中仅仅发生物理变化，而喷雾热分解过程中化学变化和物理变化都会发生。其主要制备过程是将金属盐溶液喷入低压高温气氛中，形成微小液滴，溶剂蒸发和金属盐的分解过程同时迅速进行，直接制得超细粉。

喷雾热分解法具有工艺简单、制备的粉体材料成分分布均匀、分散性及单分散性良好、形貌易于控制等优点，已逐渐成为一种重要的粉体制备技术，被广泛应用于制备金属材料、光学材料、磁性材料、膜材料等。

5.2.7.1 喷雾热分解法的工艺过程

喷雾热分解过程可以简单地描述为，将金属盐按所需复合粉的化学计量比精确配制成前驱体溶液，雾化为细小液滴后，通过载气的流动带入到高温反应炉中。液滴进入反应炉后，在极短的时间内经过溶剂蒸发、溶质沉淀、干燥、金属盐热分解、烧结成型等步骤后，最后形成所需粉末颗粒。

图 5-11 为喷雾热分解法的工艺流程，具体如下。

(1) 前驱体溶液的配制　根据粉末的组成来配制溶液，使不同的金属盐能在分子级范围内混合均匀。一般选用去离子水作为溶剂，也可选用乙醇、乙酸等有机溶剂或有机溶剂和去离子水的混合物。溶质通常是盐酸盐、硝酸盐、硫酸盐和乙酸盐等。

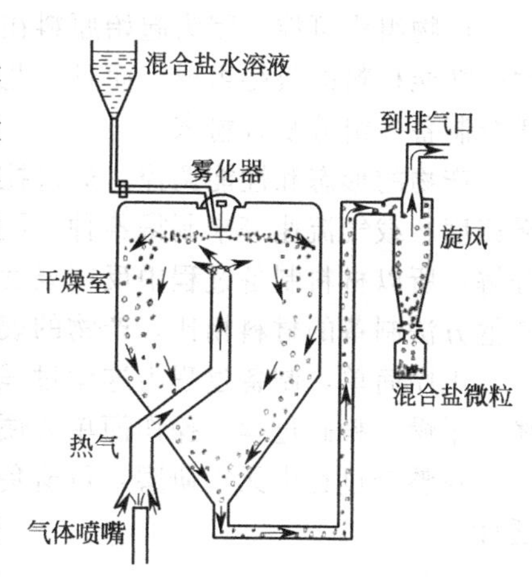

图 5-11　喷雾热分解法的工艺流程

(2) 溶液雾化　溶液雾化直接影响粉末的粒度、形貌、产量。各种雾化方式如单流体雾化、双流体雾化、超声雾化及静电雾化等，被应用于喷雾热解法中。不同的雾化方式，参数是不同的，如雾化粒径、液滴尺寸分布、雾化量、液滴速率，前驱体溶液的黏度和密度、表面张力将直接影响雾化的结果。以超声雾化方式雾化的液滴，粒径可达 10μm 甚至更小，尺寸分布均匀。雾化后的液滴用载气带入加热炉膛中，可方便地控制液滴通过炉膛的速度，保证有足够的反应时间，缺点是雾化量小，不适合工业化生产。希望得到的雾化效果是：有比较小的雾化粒径；雾化后的雾滴速度慢，保证在炉膛内有足够的停留时间；雾化液滴尺寸分布均匀，同时保证单位时间内有一定的雾化量。

(3) 液滴的蒸发与干燥　雾滴的蒸发包括雾滴表面液相的蒸发、雾滴中气相的扩散和雾滴的收缩。蒸发的快慢对粉末的性能有重要影响。采用分段控温技术可以有效控制雾滴蒸发速度，从而控制粉末的生成形态。雾滴在干燥阶段主要发生盐类的沉淀过程。当溶质开始沉淀时，蒸气通过沉积层孔扩散，其扩散率小于空气中溶剂蒸气的扩散率，质量迁移的阻力随之增大，挥发速率明显降低，此时雾滴的温度显著升高，一直升到环境温度为止。

(4) 热分解和烧结过程　热分解过程在 400～500℃下进行，常伴有气体生成。烧结过程在 1000℃以上。在热分解阶段，干燥后的盐分解为具有小孔隙、高纯度及小尺寸等特征的颗粒。这些包含有纳米微晶的小颗粒在高温时很容易致密化，即烧结。这种烧结实质上是单个颗粒的收缩和致密化，它不同于常规粉末冶金烧结中的颗粒致密化过程，这是由于表面扩散时颗粒碰撞的时间太短而不能形成径向以及微米尺寸颗粒间黏结系数小等原因造成的，这也正是SP工艺中原位合成的颗粒活性大的原因。

(5) 产物收集和尾气处理　反应完的粉体通过引风机进入旋风分离器和布袋收集。尾气含有对环境有污染的酸性气体，经处理后可直接排放。

5.2.7.2　喷雾热分解法的特点

喷雾热分解法采用类似于金属有机物热解法（MOD）或溶胶-凝胶法（sol-gel）中的有机溶液或者水溶液作为前驱体，将前驱体溶液雾化为液滴，用类似于CVD的方法将液滴用载气送入反应室，在加热基片上反应沉积薄膜。根据对气溶胶产生机制、热分解过程以及材料制备工艺的研究侧重点不同，喷雾热分解法还有其他类似的名字，如solution aerosol thermolysis、mist decomposition、aerosol decomposition等。

喷雾热分解法实际上是气溶胶过程，属于气相法范畴，但与一般的气溶胶过程不同的是它以液相溶液作为前驱体，因此兼具气相法和液相法的诸多优点。

由于微粉是由悬浮在空中的液滴干燥而来的，所以制备的颗粒一般呈规则的球形且在尺寸和组成上都是均匀的。这对于如沉淀法、热分解法和醇盐水解法等其他制备方法来说是难以实现的，这是因为形成了微反应器且干燥时间短，整个过程迅速完成。

产物组成可控。因为起始原料在溶液状态下均匀混合，故可以精确地控制所含合成化合物或功能材料的最终组成；而且工艺过程简单，组分损失少，可精确控制化学计量比，尤其适合制备多组分复合粉末。

产物的形态和性能调控。通过控制不同的操作条件，如合理地选择溶剂、反应温度、喷雾速度、载气流速等来制得各种不同形态和性能的微细粉体。由于方法本身利用了物料的热分解，所以材料制备过程中反应温度较低，特别适合于晶状复合氧化物超细粉末的制备。与其他方法制备的材料相比，产物的表观密度小、比表面积大、微粉的烧结性能好。

工序简单，制备过程为连续过程，一步即获得产品，无须各种液相法中的后续过滤、洗涤、干燥、粉碎过程，操作简单方便。

在整个过程中无须研磨，可避免引入杂质和破坏晶体结构，从而保证产物的高纯度和高活性。

5.3 气相合成法

气相法是直接利用气体或通过各种手段将物质变成气体，使之在气相状态下发生物理反应或化学反应，然后在冷却过程中凝聚长大形成超细粉体颗粒的方法。

气相法可分为气相中蒸发法、化学气相反应法、化学气相凝聚法和溅射法。气相法的主要特点：制得的超细粉体颗粒表面清洁，粒度整齐且粒径分布窄，粒度容易控制，颗粒分散性好。

5.3.1　气相中蒸发法

气相中蒸发法是制备超细粉体以及纳米级粉体的一种早期的物理方法。蒸发法是在惰性气体中将金属、合金或陶瓷等原料加热、蒸发、汽化，使之与惰性气体冲突、冷却、凝聚，生成极微细的粉体颗粒。气相中蒸发法主要制备金属粒子、难熔氧化物、复合粒子。

气相中蒸发法将蒸发出来的气体金属原子不断与环境中的惰性气体原子发生碰撞，既降低动能又得到冷却，本身成为浮游状态，从而有可能通过互相碰撞而长大。

气相中蒸发法根据加热热源的不同可分为电阻加热法、高频感应加热法、离子体加热法、电子束加热法、激光加热法、加热蒸发法、爆炸丝法。

气相中蒸发法的基本原则：蒸发温度既要保证物质加热所需要的足够能量，又要使原料蒸发后快速凝结，要求热源温度场分布空间范围尽量小、热源附近的温度梯度大，这样才能制得粒径小、粒径分布窄的超细粉体。惰性气体的压力参数影响超细粉体的形成及其形成后的粒径。

最早研究蒸发法制备金属纳米颗粒的是东京大学名誉教授上田良二先生。大约在 20 世纪 40 年代初，上田良二教授采用真空蒸发法制备了 Zn 纳米粉。随后许多研究者开始对气体蒸发法制备纳米颗粒技术进行研究，并在此基础上改进制备方法，开发了多种技术手段制备各类超细粉体颗粒。

1963 年由 Ryozi Uyeda 通过在纯净的惰性气体中的蒸发和冷凝过程得到较干净的超细粉体颗粒。1984，Gleiter 等人用气相中蒸发法制备具有清洁表面的超细粉体。基本过程如下：如图 5-12 所示，真空室抽至真空（约 10^{-6}Pa），通入惰性气体，压力保持约 10^{2}Pa，从蒸发源蒸发金属，惰性气体流将蒸发源附近的超微粒子带到液氮冷却的冷凝器上形成 10nm 左右的细粉颗粒。通过调节蒸发温度场、气体压力以控制尺寸，可以制备出粒径为 2nm 的细粉颗粒。蒸发结束后，再将真空室抽至高真空，把纳米颗粒刮下，通过漏斗接收在与真空室相连的成型装置中，在室温和 70MPa～1GPa 压力下将粉末压制成型，从而得到所需的纳米材料。1987 年，Siegles 等采用该法又成功地制备了纳米级 TiO_2 陶瓷材料。气相中蒸发法制备超细粉体颗粒具有如下特征：

① 高纯度；

② 粒径分布窄；

③ 良好结晶和清洁表面；

④ 粒度易于控制。

在理论上适用于任何被蒸发的元素以及化合物。但是，本方法成本高，不适合大规模生产。应该注意的是，惰性气体中的氧含量对产物颗粒的粒径和形貌有重要影响，需要仔细控制。例如，制备金属铜，痕量氧减慢其生长，少量氧的存在将改变颗粒形貌，防止团聚。

气相中蒸发法是采用物理方法制备超细粉体的一种典型方法。该法的基本原理是在真空蒸发室内充入低压惰性气体（氮气、氦气、氢气等），通过蒸发源的加热作用（可采用电阻、等离子体、电子束、激光、高频感应等加热源），使待制备的金属、合金或化合物气化或形成等离子体，与惰性气体原子碰撞而失去能量，然后骤冷使之凝结成超细粉体颗粒，颗粒的粒径可通过改变气体压力、加热温度、惰性气体种类以及惰性气体流速等进行控制。凝聚形成的超细粉体颗粒，将在冷阱上沉积起来，用刮刀（可选用聚四氟乙烯）刮下并收集起来。合金超细粉体可通过同时蒸发两种或数种金属物质得到。氧化物超细粉体颗粒可在蒸发过程中或制成粉体后于真空室内通以纯氧使之氧化得到。若欲获取金属超细粉体颗粒，可于真空室内通以甲烷为粉体包覆碳“胶囊”。

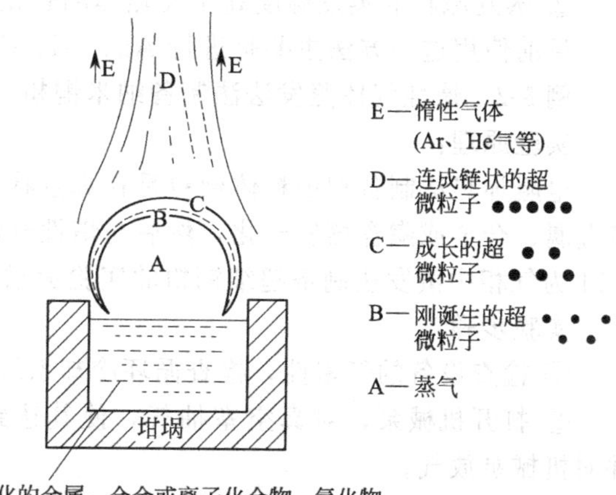

图 5-12 气相中蒸发法制备超细粉体的模型

气相中蒸发法的优点是所制备的超细粉体颗粒表面清洁，可以原位加压进而制备块体材料，超细粉体颗粒的粒径可以通过调节加热温度、压力和气氛等参数在几纳米至 500 nm 范围内调控。缺点是结晶形状难以控制，生产效率低，在实验研究上较常用。

5.3.1.1 电阻加热法

电阻加热法装置如图 5-13 所示，蒸发源采用通常的真空蒸发使用的螺旋纤维或舟状的电阻发热体。

由于蒸发材料通常放在 W、Mo、Ta 等螺线状的载样台上，所以有两种情况不能使用这种方法进行加热和蒸发：

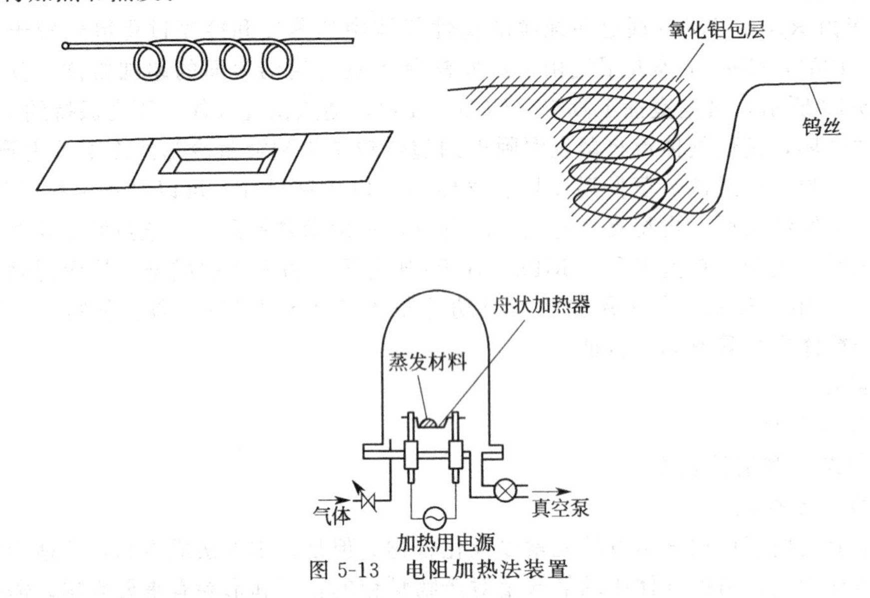

图 5-13 电阻加热法装置

① 两种材料（发热体与蒸发原料）在高温熔融后形成合金。

② 蒸发原料的蒸发温度高于发热体的软化温度。

目前使用这一方法主要是进行 Ag、Al、Cu、Au 等低熔点金属的蒸发。

例 5-2 惰性气体蒸发法法制备纳米铜粉。

实验原理：

电阻加热法制备超细粉体微粒是在真空状态及惰性气体氩气和氢气中，利用电阻发热体将金属、合金或陶瓷蒸发气化，然后与惰性气体碰撞、冷却、凝结而形成超细粉体微粒。图 5-14 为气相中蒸发法制备超细铜粉的实验示意图。

实验步骤：

① 检查设备的气密性，检查循环冷却系统各部位是否畅通。

② 打开机械泵，对真空室抽气，使其达到较高的真空度，关闭真空计。关闭机械泵，并对机械泵放气。

③ 打开氩气和氢气管道阀，向真空室中充入低压的纯净氩气，并控制适当的比例。关闭管道阀，关闭气瓶减压阀及总阀。

④ 开通循环冷却系统。

⑤ 打开总电源及蒸发开关，调节接触调压器，使工作电压由 0 V 缓慢升至 100V，通过观察窗观察真空室内的现象；钼舟逐渐变红热，钼舟中的铜片开始熔化，接着有烟雾生成并上升。

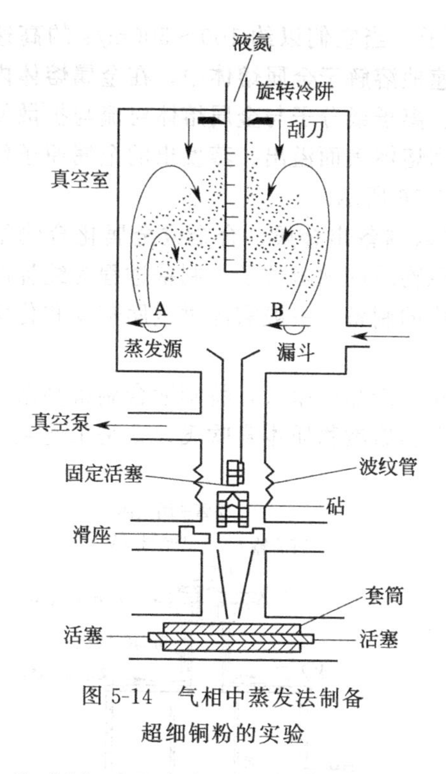

图 5-14　气相中蒸发法制备超细铜粉的实验

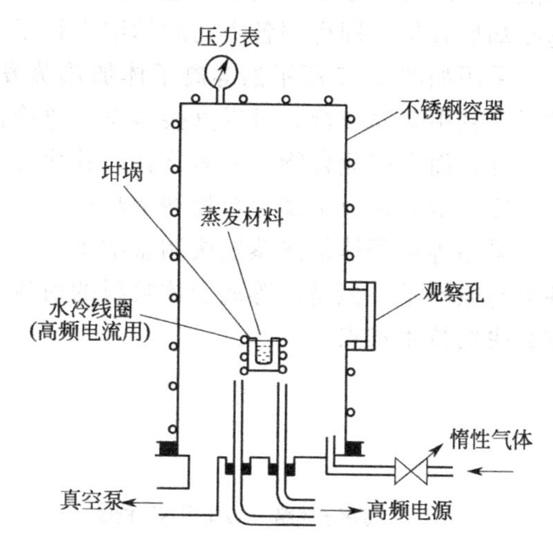

图 5-15　高频感应加热蒸发法制备超细粉体实验

⑥ 制备过程中密切观察真空室压力表指示，若发现压力有明显增加，要查明原因，及时解决。

⑦ 当钼舟中的铜片将要蒸发完毕时，通过接触调压器将工作电压减小到 50V，然后启动加料装置，往铜舟中加入少量铜片。再将工作电压升至 70V，继续制备。

⑧ 重复步骤⑦，直至加料装置中的铜片制备完毕。

⑨ 制备结束后，关闭蒸发电源及总电源。待设备完全冷却后，关闭循环冷却系统。打开真空室，收集纳米粉。

5.3.1.2　高频感应加热法

高频感应加热蒸发法制备超细粉体颗粒是 20 世纪 70 年代初开发的一种新方法。这种方法的原理是利用高频感应的强电流产生的热量使金属物料被加热、熔融，再蒸发而得到相应的超细粉体颗粒。利用这种方法，同样可以制备各种合金超细粉体颗粒。在高频感应加热过程中，由于电磁波的作用，熔体会发生由坩埚的中心部分向上、向下以及向边缘部分的流动，使熔体表面得到连续搅拌，这使熔体温度保持相对均匀。

如图 5-15 所示，高频感应加热是利用金属材料在高频交变电磁场中产生涡流的原理，通过感应的涡流对金属工件内部直接加热，因而不存在加热元件的能量转换过程而无转换效率低的问题；加热电源与工件不接触，因而无传导损耗；加热电源的感应线圈自身发热量极低，不会因过热毁损线圈，工作寿命长；加热温度均匀，加热迅速，工作效率高。

采用高频感应加热蒸发法制备超细粉体颗粒具有很多优点，如生成颗粒粒径比较均匀、产量大、便于工业化生产等。

5.3.1.3　等离子体加热法

等离子体加热蒸发是利用等离子体的高温而实现对原料加热蒸发的。一般等离子体焰流温度高达 2000K 以上，存在大量的高活性原子、离子。当它们以约 100～500m/s 的高速到达金属或化合物原料表面时，可使其熔融并大量迅速地溶解于金属熔体中，在金属熔体内形成溶解的超饱和区、过饱和区和饱和区。这些原子、离子或分子与金属熔体对流与扩散使金属蒸发。同时，原子或离子又重新结合成分子从金属熔体表面溢出。蒸发出的金属原子经急速冷却后收集，即得到各类物质的纳米粒子，如图 5-16 所示。

采用如图 5-17 所示的等离子体加热蒸发法，可以制备出金属、合金或金属化合物纳米粒子。其中金属或合金可以直接蒸发、急冷而形成原物质的纳米粒子，制备过程为纯粹的物理过程；而金属化合物，如氧化物、碳化物、氮化物的制备，一般需经过金属蒸发和化学反应急冷，最后形成金属化合物纳米粒子。

采用等离子体加热蒸发法制备纳米粒子的优点在于产品收率大，特别适合制备高熔点的各类超微粒子。但是，等离子体喷射的射流容易将金属熔融物质本身吹飞，这是工业生产中应解决的技术难点。

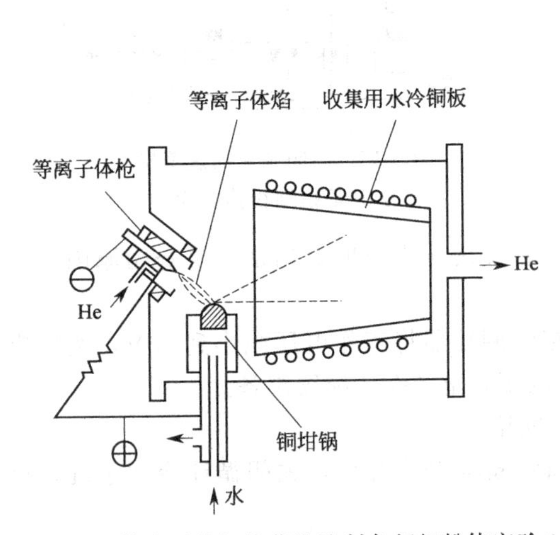

图 5-16　等离子体加热蒸发法制备超细粉体实验 1

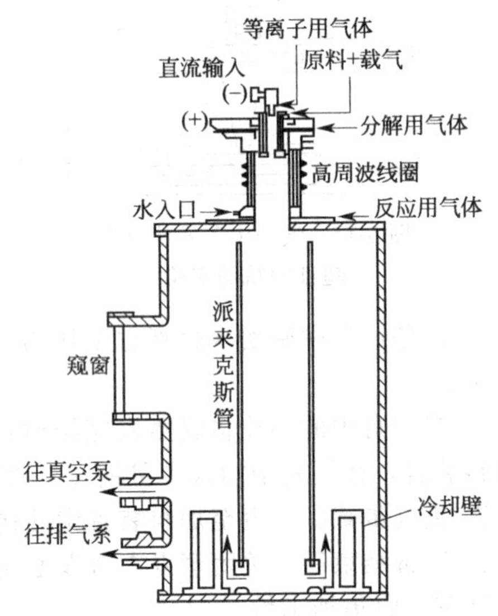

图 5-17　等离子体加热蒸发法制备超细粉体实验 2

5.3.1.4　电子束加热法

电子束加热通常用于熔融、焊接、溅射以及微细加工等方面。利用电子束加热各类物质，使其蒸发、凝聚，同样可以制备出各类纳米粒子。电子束加热蒸发法的主要原理如图 5-18 所示。在加有高速电压的电子枪与蒸发室之间产生差压，使用电子透镜聚焦电子束于待蒸发物质表面，从而使物质被加热、蒸发，凝聚为细小的纳米粒子。用电子束作为加热源可以获得很高的投入能量密度，特别适合于用来蒸发 W、Ta、Pt 等高熔点金属，制备出相应的金属、氧化物、碳化物、氮化物等纳米粒子。

5.3.1.5　激光加热法

作为光学加热方法，激光法制备纳米粒子是一种非常有特色的方法。激光法是采用大功率激光束直接照射于各种靶材，通过原料对激光能量的有效吸收使物料蒸发，从而制备各类纳米粒子。一般 CO_2 和 YAG 大功率激光器的发射光束均为能量密度很高的平行光束，经过透镜聚焦后，功率密度通常提高到 10^4 W/cm^2 以上，激光光斑作用在物料表面区域温度可达几千摄氏度。对于各类高熔点物质，可以使其熔化蒸发，制得相应的纳米粒子。

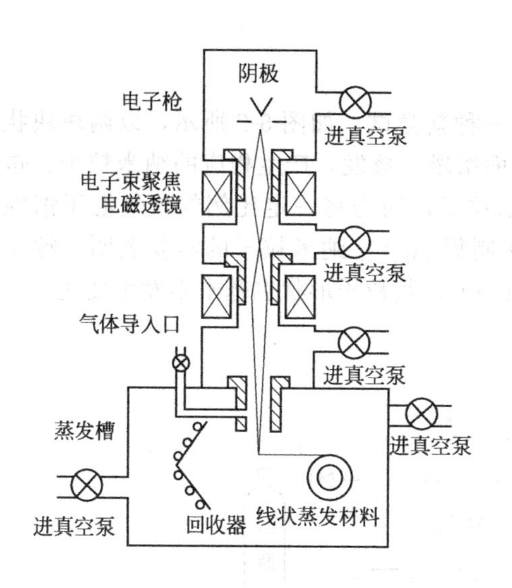

图 5-18 电子束加热蒸发法制备超细粉体实验

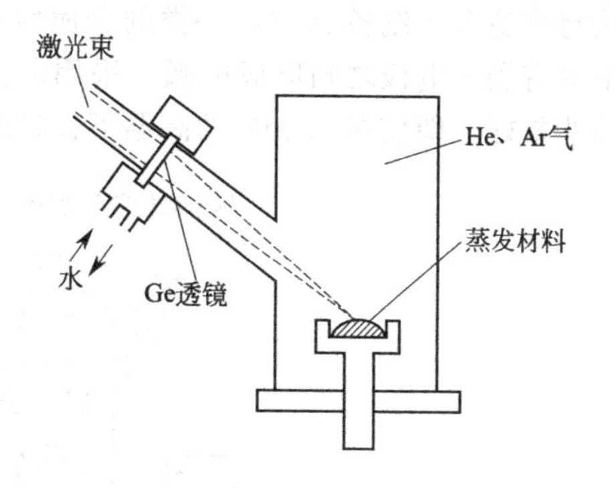

图 5-19 激光法制备超细粉的实验 1

如图 5-19 和图 5-20 所示，采用 CO_2 和 YAG 等大功率激光器，在惰性气体中照射各类金属靶材，可以方便制得 Fe、Ni、Cr、Ti、Zr、Mo、Ta、W、Al、Cu 以及 Si 等纳米粒子。在各种活泼性气体中进行同样的激光照射，也可以制备各种氧化物、碳化物和氮化物等陶瓷纳米粒子。同样，通过调节蒸发区的气氛压力，可以控制纳米粒子的粒径。

激光加热蒸发法制备纳米粒子具有很多优点，如激光光源可以独立地设置在蒸发系统外部，可使激光器不受蒸发室的影响；物料通过对入射激光能量的吸收，可以迅速被加热；激光束能量高度集中，周围环境温度梯度大，有利于纳米粒子的快速凝聚，从而制得粒径小、粒径分布窄的高品质纳米粒子。此外，激光加热法还适合于制备各类高熔点的金属和化合物的纳米粒子。

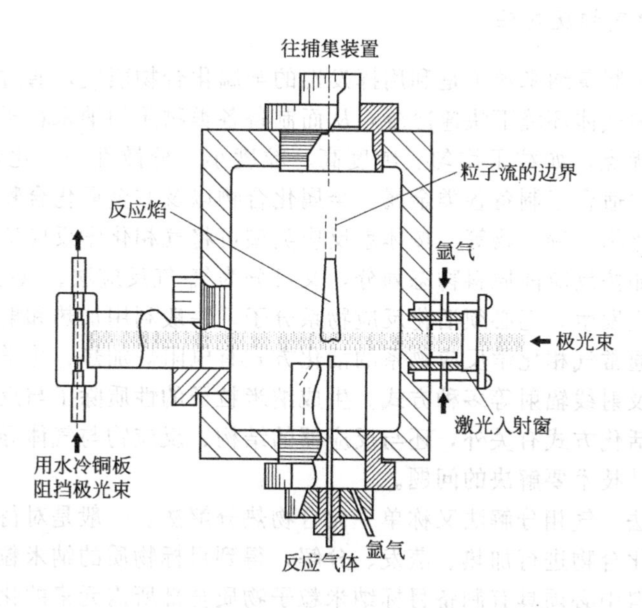

图 5-20 激光法制备超细粉的实验 2

5.3.1.6　电弧放电法

电弧放电加热蒸发法是蒸发法制备纳米粒子的一种新尝试。如图 5-2 所示，以两块块状金属作为电极，使之产生电弧，从而使两块金属的表面熔融、蒸发，产生相应的纳米粒子。这种方法特别适合于制备 Al_2O_3 一类的金属氧化物纳米粒子，因为将一定比例的氧气混于惰性气体中更有利于电极之间形成电弧。采用电弧放电法制得 Al_2O_3 纳米粒子的实验表明，粒子的结晶非常好。即使在 1300℃的高温下长时间加热 Al_2O_3，其粒子形状也基本不发生变化。

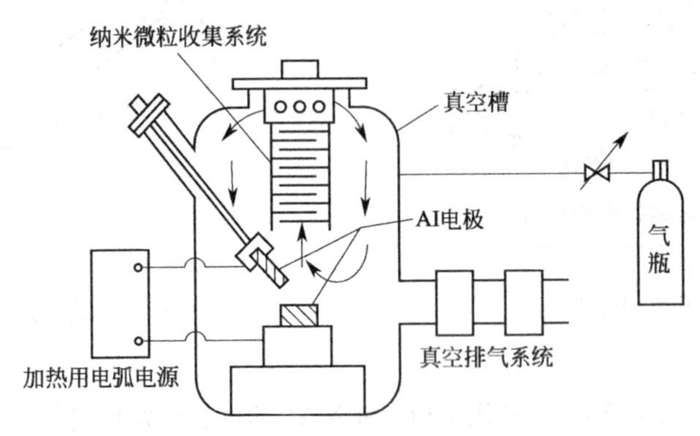

图 5-21　电弧放电法制备超细粉的实验

5.3.2　化学气相法

化学气相法是直接利用气体或通过各种手段将物质变为气体，使之在气态下发生化学反应，最后在冷却过程中凝聚长大形成超微粒子的方法。

化学气相法的特点是粉末纯度高，颗粒尺寸小，颗粒团聚少，组分更容易控制且非常适于非氧化物粉末的生产。化学气相法又可以分为以下几种方法：化学气相反应法、化学气相蒸发法、化学气相沉淀法、高温气相裂解法等。

5.3.2.1　化学气相反应法

气相化学反应法制备纳米粒子是利用挥发性的金属化合物蒸气，通过化学反应生成所需要的化合物，在保护气体环境下快速冷凝，从而制备各类物质的纳米粒子。气相反应法制备超微粒子具有很多优点，如粒子均匀、纯度高、粒度小、分散性好、化学反应性与活性高等。气相化学反应法适合于制备各类金属、金属化合物以及非金属化合物纳米粒子，如各种金属、氮化物、碳化物、硼化物等。按体系反应类型可将气相化学反应法分为气相分解和气相合成两类方法；如按反应前原料物态划分，又可分为气-气反应法、气-固反应法和气-液反应法。要使化学反应发生，还必须活化反应物系分子，一般利用加热和射线辐照方式来活化反应物系的分子。通常气相化学反应物系的活化方式有电阻炉加热、化学火焰加热、等离子体加热、激光诱导及射线辐射等多种方式。生成纳米粒子的性质除了与反应体系的物理化学性质、反应物系的活化方式有关外，还与反应器的结构、反应物与气体导入到反应室部位有关。这是反应器设计技术要解决的问题。

（1）气相分解法　气相分解法又称单一化合物热分解法。一般是对待分解的化合物或经前期预处理的中间化合物进行加热、蒸发、分解，得到目标物质的纳米粒子。气相分解法制备纳米粒子要求原料中必须具有制备目标纳米粒子物质全部所需元素的化合物。热分解一般具有以下反应形式：

$$A(气) \longrightarrow B(固) + C(气)\uparrow$$

气相热分解的原料通常是容易挥发、蒸气压高、反应性好的有机硅、金属氯化物或其他化合物，如 $Fe(CO)_5$、SiH_4、$Si(NH)_2$、$(CH_3)_4Si$、$Si(OH)_4$ 等，其相应的化学反应式为：

$$Fe(CO)_5 \longrightarrow Fe(s) + 5CO(g)\uparrow$$

$$SiH_4(g) \longrightarrow Si(s) + 2H_2(g)\uparrow$$

$$3[Si(NH)_2] \longrightarrow Si_3N_4(s) + 2NH_3(g)\uparrow$$

$$(CH_3)_4Si \longrightarrow SiC_4(s) + 6H_2(g)\uparrow$$

$$2Si(OH)_4 \longrightarrow 2SiO_2 + 4H_2O(g)\uparrow$$

在此，要强调如采用激光热解法制备纳米粒子，还要考虑到原料要对相应的激光束具有较强的吸收，如 SiH_4 对 CO_2 的 10.6μm 波段具有很强的吸收能力。有人曾对 CH_3SiCl_3 一类的大多数有机硅化合物进行实验，发现这些化合物不能直接吸收激光光子。当选择这类物质作为激光热解原料制备 SiC 时，需要在体系中加入光敏剂 SF_6，才有可能得到相应的分解产物，即 SiC 超微粒子。对某些氧化物纳米粒子，如 Al_2O_3、ZrO_2、SiO_2 等，可通过将相应溶液喷入等离子体中，经高温等离子体使溶液干燥，并使盐类分解挥发而制得这些物质的纳米粒子。

当采用金属卤化物气相热解制备相应金属纳米粒子时，通常还需要在反应体系中加入 H_2 与 NH_3 一类的还原性气体。然而，这类反应通常不仅仅是单元的气相分解反应问题，而是多元反应。

(2) 气相合成法　气相合成法通常是利用两种以上物质之间的气相化学反应，在高温下合成出相应的化合物，再经过快速冷凝，从而制备各类物质的纳米粒子。利用气相合成法可以进行多种纳米粒子的合成，具有灵活性和互换性，其反应形式可以表示为：

$$A(气) + B(气) \longrightarrow C(固) + D(气)\uparrow$$

如前所述，在激光诱导气相合成纳米粒子中，同样存在选择对激光束具有吸收能力的反应原料问题，如 SiH_4、NH_3、C_2H_2、BCl_3 等对 CO_2 激光光子均有强吸收性。对于某些反应，还应考虑是否存在光化学反应，这类问题将在综合方法中介绍。下面是典型的气相合成反应方程：

$$3SiH_4(g) + 4NH_3(g) \longrightarrow Si_3N_4(s) + 12H_2(g)\uparrow$$

$$3SiCl_4(g) + 4NH_3(g) \longrightarrow Si_3N_4(s) + 12HCl(g)\uparrow$$

$$2SiH_4(g) + C_2H_2(g) \longrightarrow 2SiC(s) + 5H_2(g)\uparrow$$

$$BCl_3(g) + 3/2H_2(g) \longrightarrow B(s) + 3HCl(g)\uparrow$$

依靠气相化学反应合成纳米粒子，是由于气相下均匀核生成及核生长而产生的，反应气需要形成较高的过饱和度，反应体系要有较大的平衡常数。此外，还要考虑反应体系在高温条件下各种副反应发生的可能性，并在制备过程中尽可能加以抑制。

采用气相反应法合成纳米粒子具有多方面的优点，如产物纯度高、粒子分散性好、粒子均匀、粒径小、粒径分布窄、粒子比表面积大、反应性好。此外，采用激光气相反应法可以合成用其他方法难以制备的各类金属、氮化物、碳化物、硼化物等纳米粒子。特别是通过控制气体介质和相应的合成工艺参数，可以合成高质量的各类物质的纳米粒子。

(3) 气-固反应法　气-固反应法也常被用来制备 SiC、Si_3N_4 等纳米粒子。已有文献报道将碳热还原制备硅系纳米粒子归入气-固反应法；还有人将固体燃烧与碳热还原法称为固相合成法。这两种方法均可合成非氧化物纳米粒子和非氧化物-氧化物复合纳米粒子，并且制备成本也相对较低。采用气-固反应法制备纳米粒子时，通常要求相应的起始固相原料为纳米颗粒。笔者近年来曾经对气相还原反应法制备的纳米级纯 Fe 纳米粒子进行气-固反应实验，在 NH_3 气氛下进行低温氮化，得到了 Fe_4N 纳米粒子。由于反应是在低温下进行的，根据 Tamman 模型，反应温度远低于生长速率的最大值温度，因此 Fe 纳米粒子短时间氮化没有导致粒子的过分生长。研究证实，气-固反应法可以用来制备纳米粒子。

5.3.2.2 化学气相蒸发法

气相蒸发法是在惰性气体（或活性气体）中使金属、合金、陶瓷蒸发气化，然后与惰性气体冲突而冷却和凝结（或与活性气体发生化学反应后再冷却凝结）而形成超微粒子。其中惰性气体冷凝技术又称为蒸发-凝结技术，它是最先发展起来的制备方法。它是通过适当的热源使可凝结性物质在高温下蒸发，然后在惰性气体下骤冷形成纳米粒子。由于颗粒的形成是在很高的温度梯度下完成的，因此制得的颗粒很小（<100nm）且颗粒的团聚、凝聚等形态特征可以得到良好的控制。但此法不适合金属氧化物、氮化物等高熔点物质。

科学工作者在此基础上将加热源发展为电弧法加热、电子束加热、等离子体加热、激光束加热，成功制备了 MgO、Al_2O_3、ZrO_2 和 Y_2O_3 等多种高熔点纳米颗粒。在气相蒸发过程中，通过引入其他反应性气体，使其在高温下与蒸发的蒸气发生化学反应来合成新物质（如 TiN、AlN），称之为化学气相蒸发法。

5.3.2.3 化学气相沉积法

化学气相沉积法（chemical vapor deposition，CVD）是近几十年发展起来的制备无机材料的新技术，是在远高于临界反应温度的条件下，通过化学反应，使反应产物蒸气形成很高的过饱和蒸气压，自动凝聚形成大量的晶核。这些晶核不断长大，聚集成颗粒，随着气流进入低温区，最终在收集室内得到微纳米粉体。化学气相沉积法在本质上属于原子范畴的气态传质过程。概括来讲，化学气相沉积就是利用气态或蒸气态的物质在气相和气-固界面上反应生成固态沉积物的技术。

化学气相沉积技术可广泛用于特殊复合材料、原子反应堆材料、微电子材料等多个领域。该技术适合于制备金属、金属化合物以及非金属化合物纳米颗粒，如各种金属氮化物、碳化物、硼化物等，后来用于制备碳纤维、碳纳米管等；也可用于提纯物质、研制新晶体，沉积各种单晶、多晶或玻璃态无机薄膜材料，这些薄膜材料可以是氧化物、硫化物、氮化物、碳化物，也可以是多元的元素间化合物，而且它们的物理性能可以通过气相掺杂的沉积过程精确控制。自 20 世纪 80 年代，化学气相沉积技术又逐渐用于粉末、块状和纤维的制备。

5.3.2.4 等离子体气相化学反应法

等离子体是物质存在的第四种状态。处于等离子体状态下的物质微粒通过相互作用可以很快地获得高温、高热焓、高活性。这些微粒将具有很高的化学活性和反应性，在一定条件下获得比较完全的反应产物。因此，利用等离子体作为加热、蒸发和反应手段，可以制备出各类物质的微纳粉体颗粒。等离子体化学气相反应法制备微纳颗粒具有多方面优点，如等离子中具有较高的电离度和离解度，可以得到多种活性组分，有利于各类化学反应的进行；等离子体反应空间大，可以使相应的物质化学反应完全；等离子体技术更容易实现工业化生产等。

等离子体化学气相反应法合成纳米粉体的主要过程：先将反应室抽成真空，充入一定量纯净的惰性气体；然后接通等离子体电源，同时导入各路反应气体与保护气体。在极短的时间内，反应体系被等离子体高温焰流加热，并达到引发相应化学反应的温度，迅速完成成核反应；生成的粒子在真空泵抽运下，迅速脱离反应区被收集器收集。制备过程主要包括：等离子体产生、原料蒸发、化学反应、冷却凝聚、颗粒收集和尾气处理。

5.4 固相合成法

固相化学法既包括经典的固-固反应，也包括固-气反应和固-液反应。可见，所有固相化学反应都是非均相反应。

固相化学反应无论在提高反应速率、产率，还是在提高反应选择性方面均较溶液法具有显著优势。固相化学合成不仅减少了能耗，节约了溶媒，避免了环境污染、毒害性及爆炸性等，而且提高了反应的空间效率，因此，研究固相化学反应既有重要的理论意义，又具有广泛的应用前景。

5.4.1 草酸盐热分解法

草酸盐热分解法属于固相热分解法中的一种。该法制备微纳粉体具有工艺路线短、设备条件简单、成本低、质量稳定等优点，在实际生产中有广泛应用。这里以制备 ZnO 超细粉体为例，简单介绍草酸盐热分解法的工艺原理。

利用草酸盐热分解法制备 ZnO 粉体材料，首先利用 $ZnSO_4 \cdot 7H_2O$，溶于水，配制一定温度下一定浓度的溶液，然后加入相同温度下的草酸溶液并迅速搅拌。冷却至室温后，静置陈化，将沉淀抽滤并充分洗涤，得到的产物干燥即可得白色粉末样品（利用 XRD 表征可知为 $ZnC_2O_4 \cdot 2H_2O$）。在一定温度下对样品进行热处理，得到相应的焙烧产物。

接下来讨论的是草酸盐热分解法制备粉体材料的影响因素。

5.4.1.1 溶液的浓度及温度

溶液浓度和反应温度对生成沉淀的颗粒度有很大影响。根据槐氏经验公式，沉淀的分散度与溶液的相对饱和度存在如下关系：

$$\varphi = K(Q-S)/S$$

其中一定温度下 K（比例常数）、S（沉淀物溶解度）为定值，Q 为沉淀物质的瞬间浓度。溶液的相对饱和度（$Q-S$）越大，则分散度越大，形成的晶核数目越多，得到的沉淀越细，热分解得到的 ZnO 超细粉体的粒径也越小。为了得到细小颗粒的沉淀，通过对初始溶液加热，使之能分别溶解较多的 $ZnSO_4$ 和草酸，以便提高混合溶液的相对过饱和度。但温度提高的同时，也提高了离子的扩散速度，使生成的沉淀颗粒趋于长大。所以，溶液的温度不能太高。实验证明，溶液温度在 80℃ 左右时效果较佳。沉淀时的快速搅拌也有利于减小粒径，并能减少沉淀团聚。

5.4.1.2 溶液的热分解温度

将得到的白色粉末样品（$ZnC_2O_4 \cdot 2H_2O$）进行 TG-DTA 分析，结果如图 5-22 所示。

由 TG 曲线可以看出，曲线有三个平台，$ZnC_2O_4 \cdot 2H_2O$ 在 147.3℃以前无失重，其热重曲线呈水平状；在 147.3 ～177℃之间试样失重并开始出现第二个平台，这一步的失重占试样总质量的 17.15%，相当于 1mol $ZnC_2O_4 \cdot 2H_2O$ 失去 2mol H_2O（理论值应为 19.00%），说明样品转变为 ZnC_2O_4；随后试样在 400℃左右失重并出现第三个平台，其失重占试样总量的 36.98%，此时说明 ZnC_2O_4 热分解转变为超细 ZnO（理论值与实验值的差别可能是由制备过程中少量 Zn^{2+} 离子的水解所造成的）。图 5-22 DTA 曲线在 168.8℃和

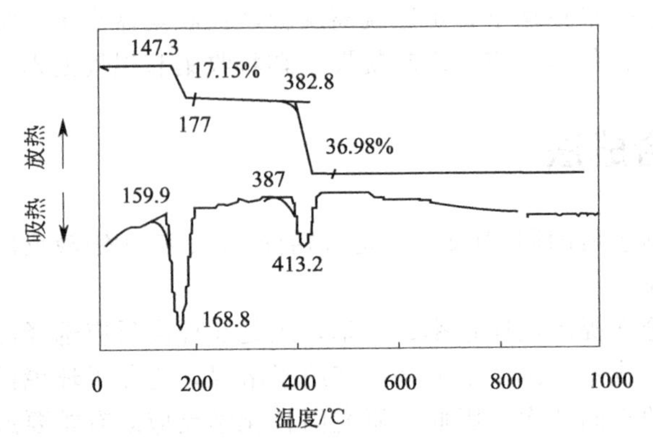

图 5-22 干燥 $ZnC_2O_4 \cdot 2H_2O$ 样品的 TG-DTA 曲线

413.2℃的两个吸热峰也证实了上面的两个反应。分别选择 600℃、700℃、800℃、900℃对试样进行灼烧，测得其基本性质如表 5-2 所示。

表 5-2 不同温度热处理 2h 的 ZnO 基本性质

温度/℃	SEM 观察	相对密度	外观颜色
600	颗粒细小，有多层次的团聚现象	5.42	白色
700	颗粒细小，团聚黑影减少	5.42	淡黄色
800	原生粒子明显，但发育不全	5.43	淡黄色
900	原生粒子发育完好，二次颗粒分布均匀	5.76	淡黄色

由以上结果不难发现，为了获得不同性能的产品，首先应选择不同的热处理温度，低温虽然易获得细粒度高活性的产物，但温度过低一方面大大延长了 ZnC_2O_4 的热分解时间；另一方面也使粒子发育不齐。因此，在某些情况下，这对获得良好性能的微粉反而不利。

5.4.1.3 沉淀的热分解时间

将 900℃焙烧不同时间的试样在 1000℃进行恒重实验，其结果列于表 5-3。从表 5-3 可以看出，试样在 900℃焙烧 2h 后失重率已达到平衡。据此拟定焙烧时间为 2h 较为适宜。

表 5-3 900℃不同时间处理的 ZnO 1000℃恒重的失重情况

焙烧时间/h	焙烧前样品质量/g	焙烧后样品质量/g	损失量/%
1	7.3168	7.2920	0.340
2	7.2976	7.2773	0.032
3	7.2864	7.2843	0.029
4	7.2901	7.2878	0.031
5	7.2879	7.2855	0.033

5.4.2 固相反应法

固相反应法包括高温固相反应法、中温固相反应法、低温固相反应法和室温固相反应法。

高温固相反应法利用混合氧化物在高温下发生化学反应来制备复合氧化物纳米粉体。此法反应温度较高，难以控制生成物的粒度和纯度，能耗大，现在制备微纳粉体颗粒已较少采用。

中温固相反应法虽然起步较晚，但可以提供重要的机理信息，并获得动力学控制、只能在较低的温度下稳定存在而在高温下分解的介稳化合物，甚至在中温固相反应中可使产物保留反应物的结构特征。由此而发展起来的前驱体合成法、熔化合成法、水热合成法的研究特别活跃，对于指导人们按照所需设计并实现反应意义重大。高温和中温固相法在稀土-无机物复合材料制备方面也有很多应用，易控制。

由于固相化学反应的特殊性，人们为了使之在尽量低的温度下发生，已经做了大量工作。例如，在反应前尽量研磨混匀反应物以改善反应物的接触状况及增加有利于反应的缺陷浓度；用微波或者各种波长的光等预处理反应物以活化反应物等，从而发展了各种降低固相反应温度的方法。已见文献报道的有如下方法：前驱体法、置换法、共沉淀法、熔化法、水热法、微波法等。

这些方法虽然没有把反应温度降低到室温，但是在低温固相反应中也具有十分重要的借鉴意义。室温固相化学反应法是近几年发展起来的一种新型合成方法。该法在室温下对反应物直接进行研磨，合成一些中间化合物，在对化合物进行适当处理得到最终产物。由于它从根本上消除了溶剂化作用，使反应在一个全新的化学环境下进行，因而有可能获得在溶液中不能得到的物质。与液相法和气相法相比，室温固相化学反应法既克服了传统湿法存在的团聚现象，也克服了气相法能耗高的缺点，充分体现了固相合成无须溶剂、产率高、节能等优点以及复合材料合成绿色化、清洁化的要求，但室温固相化学反应多数反应剧烈，放热多。由于反应的热控问题不能完全解决，颗粒只能自然生成，要得到均匀的颗粒，还有许多问题需要进一步研究。

第6章 粉体分散原理和技术

6.1 概述

在超细粉体的制备过程中，“粉碎与反粉碎”实际上就是粉碎过程中新生粒子的分散和团聚问题，它对最终产品的细度起着至关重要的作用。在分级处理中，超细粉体的分散性直接影响分级效果和分级产品的细度及均匀性。另外，分散性的好坏对超细粉体的输送、混合、均化和包装都起到不容忽视的作用。

粉体物质的超细化使其表面电子结构和晶体结构发生变化，随之产生的不饱和价键使粉体粒子热力学不稳定，表现出块状材料不具备的表面效应、小尺寸效应、量子效应和宏观量子隧道效应，从而赋予了超细粉体有别于常规颗粒材料的一系列优异物理化学性能。源于对超细粉体特异性质的有效利用，超细粉体的分散稳定研究已成为热点课题。

超细粉体的应用十分广泛，然而由于其具有极高的比表面积和比表面能，高热力学不稳定性导致极易团聚，影响材料的微观结构和性能。为了更好地体现超细粉体的表面效应，利用基于静电平衡或熵稳定原理的分散剂来实现其超细形态的稳定分散效果。其中，超分散剂是一类具有特定锚固基团和溶剂化链段的用于分散超细粉体的高分子型分散剂。

如今，随着人们对环保要求日益严格，对绿色产品呼声也日渐强烈，水性化低挥发性有机化合物（VOC）或无VOC的产品已成为研究发展的方向，但在高表面张力的极性溶剂水中分散超细粉体仍是涂料、油墨等工业产品水性化的技术难点。目前适用于水性体系的超分散剂多采用常规自由基聚合工艺合成，只有少数产品采用活性可控聚合技术合成。

纳米粉体因其体积效应和表面效应而在磁性、催化性、光吸收、热阻和熔点等方面显示出优异的性质，因而受到人们的极大关注。但纳米粒子粒径小，表面能高，具有自发团聚的强烈趋势，而颗粒的团聚又将大大影响纳米粉体优势的发挥。因此，如何改善纳米粉体在液相介质中的分散和稳定性是十分重要的课题，纳米粉体分散的重要性已深入到冶金、化工、食品、医药、涂料、造纸、建筑及材料等领域中。

在陶瓷材料领域，与传统陶瓷相比，纳米陶瓷大幅度地提高了制品的性能，纳米粉体的引入及其分散技术显得尤为重要。陶瓷是人类最早制造和使用的材料之一，陶瓷产品的应用范围遍及国民经济的各个领域。陶瓷材料具有耐磨损、耐腐蚀、耐高温高压、硬度大、不老化等许多其他材料无法比拟的优异性能，但其最大的弱点就是脆性，同时还有加工困难、烧成温度高等缺点。纳米陶瓷的出现，为这些问题的解决带来了新的希望。将纳米颗粒均匀分散或将纳米颗粒分散到微米陶瓷颗粒基体中制备成纳米陶瓷或纳米微米复相陶瓷材料，可以改善和提高材料的力学性能，同时也能降低陶瓷的烧结温度。对于纳米陶瓷及纳米微米复相陶瓷材料，粉体的均匀分散是获得具有较好显微结构和性能的陶瓷制品的基础，纳米粉体的分散技术成为研究和制作该类材料的关键技术。因此，人们对纳米陶瓷颗粒的分散技术，特别是对引入各种高效分散剂的研究越来越多。

纳米陶瓷粉体的分散一般发生在液相之中，颗粒在液体中的分散过程包括以下三个步骤：①颗粒在液体中的润湿；②颗粒团聚体在机械力作用下被分开成独立的原生粒子或较小的团聚体；③将原生粒子或较小团聚体稳定，阻止再发生团聚。固体颗粒在液相中的分散，本质上受固体颗粒与液相介质的润湿作用和在液相中颗粒间的相互作用两者的控制。根据分散介质的不同，分散体系可分为水性体系和非水性体系。纳米陶瓷或纳米微米复相陶瓷材料在制作过程中主要采用水性体系进行分散，是以水为分散介质的一种分散方法。

6.2 粉体分散的定义

粉体的分散是组成粉体的所有颗粒在一定条件下以“单一颗粒”的形式均匀分布在液相或其他粉体中的现象。粉体组成和细度不同时，在同一分散条件下的分散程度也不相同。人们将粉体在液相或气相中能够被分散成单一颗粒的难易程度称为粉体的分散性。粉体的分散方法可分为物理分散法和化学分散法。

对于化学分散方法而言，通常是在分散体系中加入一定量的外加剂使颗粒处于分散状态。这种能使粉体分散成单个颗粒的外加剂称为分散剂。

分散介质：指分散体系中的连续相。分散介质可以是气体、液体或固体相。

分散相：存在于分散体系中的微细颗粒称为分散质。为了与连续相的分散剂相对应，分散质也称为分散相。

在粉体中，微粒之间不仅存在范德瓦耳斯力，而且还存在由于双电层而产生的斥力。当微粒之间的斥力大于引力时，微粒互相排斥，颗粒分散；当引力大于斥力时，微粒自发地互相接近，颗粒团聚。例如，六硝基二苯基乙烯（HNS）分子中含有 2 个苯环，1 个 C═C 双键和 6 个—NO_2，苯环上的碳碳键和 C═C 形成共轭大 π 键，取代基—NO_2 使苯环上的电子云密度降低，因此悬浮液中的微粒对溶液中的离子具有选择性的吸收，并且由于静电引力在颗粒周围的液体中扩散分布形成双电层。

假设双电层间相互作用势能为 E_0，则 E_0 可表示为：

$$E_0=\frac{\varepsilon r\psi_0^2}{2}\exp(-KL) \tag{6-1}$$

式中 ε——溶液的介电常数；

r——微粒半径；

ψ_0——粒子的表面电位；

K——双电层的扩散程度；

L——双电层的厚度。

则两粒子间总的相互作用为：

$$E=E_V+E_0=\frac{\varepsilon r\psi_0^2}{2}\exp(-KL)-\frac{A}{12}\frac{r}{L} \tag{6-2}$$

根据 Schulze-Hardy 定律，当 K 较小时，E 有最大值，因能垒的障碍，团聚速度很慢；当 K 较大时，E 没有极大值，团聚易发生且速度快。表面活性剂和超声波振荡也起到了减小 K 值的作用。

6.3 超细粉体分散性的评价

超细粉体分散体系的分散性和稳定性是相辅相成的，分散性越好，则分散体系的稳定性也就越好。目前评价分散性的方法有以下几种。

① 检测超细粉体在液相中的沉降速度，若超细粉体的沉降速度慢，则可以认为粒子在液相中的悬浮时间长，则分散性好，分散体系的稳定性好。粉体粒子的沉降速度采用光散射和分光光度计吸收测量法来测量。

② 将经充分分散的超细粉体分散体系静置一段时间后，用虹吸的方法吸取上层澄清液，将沉淀的超细粉体浓溶液烘干，称量所沉淀粉体，计算其与加入的粉体的质量比。

③ 取出分散后的超细粉体分散体系置于载玻片上，在显微镜下观察相同面积下的团聚颗粒数以及最大团聚物的直径。通过 SEM 照片，可以直观地看到被分散沉积物的颗粒大小和沉积表面的分散情况，是一种较常用的测定分散性的方法。SEM 照片经过处理后也可用数学方法进行分析，得出更精确的数字化的分散性能结论。

④ 粉体粒子在分散体系中，若粒径不随时间的延长而增大，则可以认为分散体系的分散性好、稳定性好。粒径随时间的变化可以用光子相光谱法（PCS）直接测定。

⑤ 采用 Zeta 电势作为评价粉体在液体中分散性的标准。Zeta 电位用电泳仪测定。通常认为 Zeta 电位越高，分散体系越稳定。

⑥ 利用浊度来评价分散性。浊度法的原理是当光线通过分散体系时，从侧面看光路呈现乳色。若体系对入射光无选择性吸收时，其乳光强度可用入射光通过单位厚度体系后光强度的损失即浊度来表示。浊度越大，其分散性越好。浊度采用浊度仪来测定。

⑦ 根据分散体系的黏度变化来判别分散性。通常体系的黏度越低，体系就越稳定，超细粉体在分散体系中的分散性就好。

6.4 粉体的分散机理

6.4.1 粉体的团聚

超微颗粒之间相互作用的力通常包括分子间力、库仑力（静电排斥力）和空间位阻力。分子间力是相互作用的粒子内部偶极的影响而形成的。研究表明，相似粒子间的分子间力随粒径增大而增大，随粒子间距增大而减小。超微粒子之间的静电排斥力取决于粒子周围形成的双电层厚度。双电层厚度降低，粒子的分散稳定性降低。为了获得较好的分散稳定性，有必要使超微粒子间的双电层厚度保持一定值。另外，实验表明，静电排斥力还与颗粒的粒径有关，较大颗粒之间的排斥力比较小颗粒之间的大，这与分子间力随粒径的变化是一致的。但是，静电排斥力的增大对超微颗粒间的分散有利，而分子间力的增大对分散不利。

超细微粒的比表面积大、表面活性高，具有热力学不稳定性和自动聚结的趋势，使微粒聚结在一起，形成带有若干弱连接界面的较大的团聚体，给微粒的收集带来很大困难。研究中，悬浮在溶液（溶剂与水的溶液）中的微粒有团聚现象。尤其是在固液分离后，烘干过程中结块更为严重。分析其原因，是超细微粒受分子引力——范德瓦耳斯力作用的结果。

设两个粒子间的范德瓦耳斯力引起的相互作用势能为 E_V，则 E_V 可表示为：

$$E_V=-\frac{A}{12}\times\frac{r}{L} \tag{6-3}$$

式中 L——微粒间距；
r——微粒半径；
A——常数。

空间位阻力来自颗粒表面的一层吸附物质或支链对邻近空间的阻碍。空间位阻力与静电排斥力相结合，在一定条件下形成的体系趋于十分稳定。

良好的分散稳定效果有以下两方面：一是要求在分散过程中每一个新形成的粒子表面能迅速地被介质所润湿，即被分散的介质所隔离，防止重新生成较大的粒子；二是要求有足够的能量阻止粒子相互间的碰撞接触和重新附聚。

6.4.2 分散机理

6.4.2.1 依据热力学原理的分散机理

根据热力学原理，水泥粒子要在水中稳定分散，获得相对稳定性，必须降低分散体系的自由能。而分散过程体系自由能的变化 ΔG 为：

$$\Delta G=\sigma\Delta A-T\Delta S \tag{6-4}$$

式中 ΔA——水泥粒子表面积的增量；
σ——固-液界面张力；
T——温度；
ΔS——体系的熵变。

水泥粒子的分散恰恰使比表面积增加，造成体系的自由能增加。由此可知，在体系的固相和液相相对数量一定的情况下，降低体系的自由能就必须降低水泥-水表面张力。

为此实验测试了AH溶液表面张力，实验结果如图6-1所示。由实验结果可见，AH加入能够降低溶液的表面张力，且随着溶液浓度的增大，表面张力下降增多。这也就从一方面解释了AH掺入水泥浆中，水泥颗粒具有良好分散作用的原因。

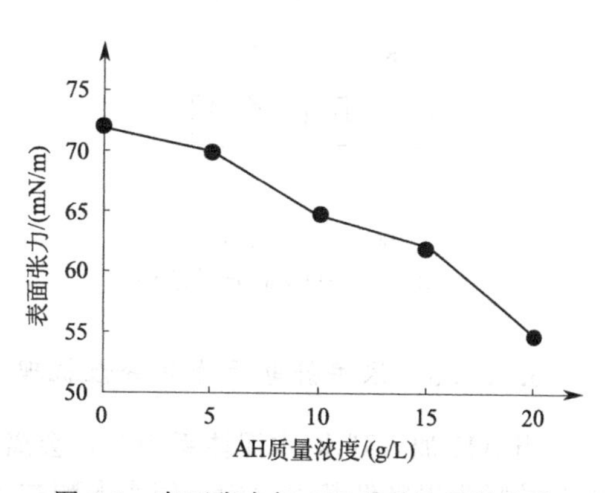

图6-1 表面张力与AH质量浓度的关系

6.4.2.2 依据吸附形态的分散机理

一般认为，高效减水剂在水泥颗粒表面的吸附是其产生减水分散作用的主要原因之一。为此，实验测试了AH和目前广泛使用的萘系高效减水剂（FDN）在水泥颗粒表面的吸附量，依据吸附量来研究其在水泥颗粒表面的吸附形态对水泥分散性能的影响。实验测试结果如图6-2所示。从图6-2中不难看出，AH的吸附量明显低于FDN。然而，图6-3中曲线表明，在相同的掺量下，AH的分散性要好于FDN。形成这种现象的原因，可能与二者分子结构及其吸附形态有关。AH的分子结构（见图6-4）具有较多极性支链，在水泥颗粒表面呈环圈及尾状吸附（见图6-5），吸附量少。FDN分子结构（见图6-6）属于少支链的线性结构，在水泥颗粒表面，呈一种短棒状平直型横卧吸附（见图6-7），吸附量大。另外，AH的分子空间结构较大，立体空间位阻大，使得水泥颗粒不易凝聚。FDN分子空间结构较小，立体空间位阻小。因而表现为掺AH的水泥浆流动性好于FDN。

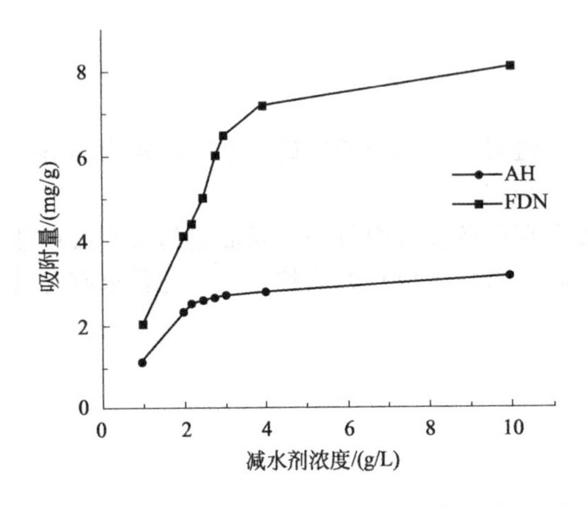

图 6-2　减水剂在水泥颗粒表面的吸附曲线

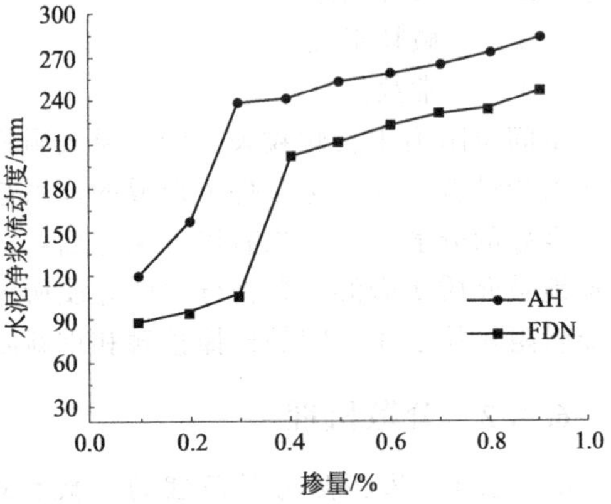

图 6-3　FDN 和 AM 掺入量对水泥净浆流动度的影响

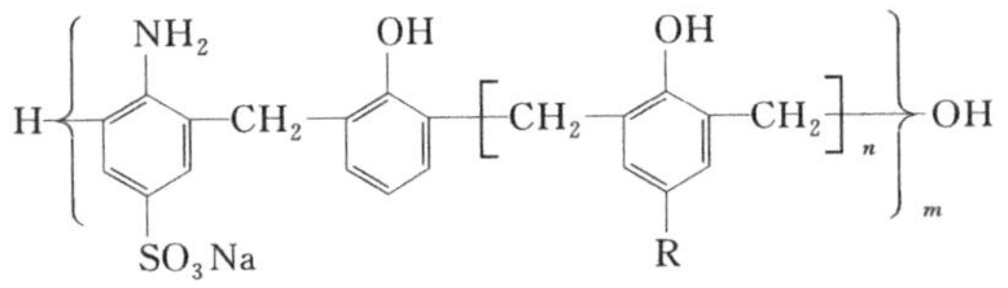

图 6-4　AH 的分子结构

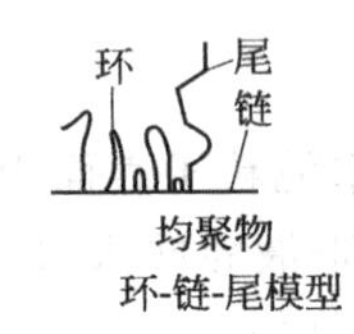

图 6-5　AM 在水泥颗粒表面的吸附形态

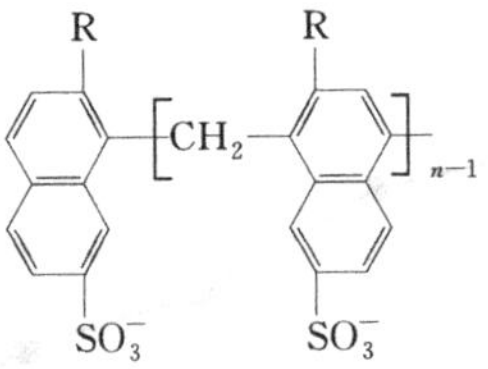

图 6-6　FDN 的分子结构

刚直链的横卧吸附

图 6-7　FDN 在水泥颗粒表面的吸附形态

6.4.2.3　依据静电斥力的分散机理

当 AH 加入到水-水泥体系中时，会离解成大阴离子和金属阳离子，其中大阴离子被水泥颗粒吸附以降低其表面能，使水泥颗粒表面带上负电，在颗粒表面处形成扩散双电层，进而在颗粒之间产生静电斥力。当水泥颗粒在外电场的作用下进行相对运动时，双电层的滑移面上会产生电位差即 ξ 电位。ξ 电位的大小对水泥颗粒的分散和凝聚起着重要作用。为此实验研究了掺 AH 的水泥颗粒表面 ξ 电位，如图 6-8 所示。实验表明，在水-水泥体系中，未掺 AH 的水泥颗粒表面的 ξ 电位在 +8mV 左右，掺 AH 后水泥颗粒表面的 ξ 电位由正变负，且绝对值也随之增大。当浓度增加到一定值时，ξ 电位值保持在 −20～−25mV，与未掺 AH 的 ξ 电位相比，ξ 电位绝对值增大较多。ξ 电位是颗粒带电的标志，它的大小反映了水泥颗粒带电的程度，颗粒带电量越多，ξ 电位绝对值越大，水泥颗粒间的静电斥力也就越大，从而阻止粒子间的聚结，有利于料浆的分散，分散效果就越好。

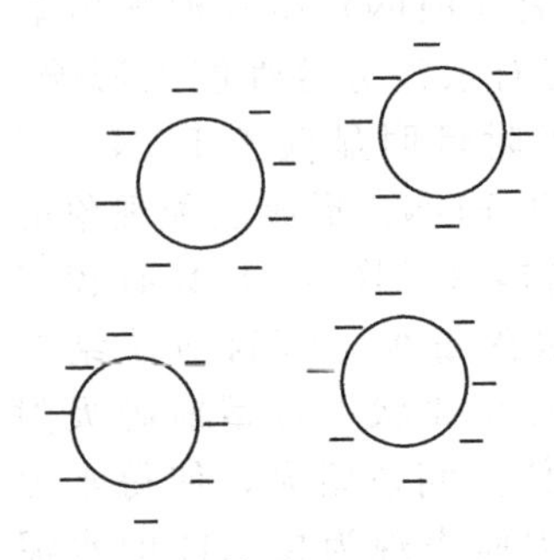

图 6-8　静电稳定作用

超细粉体表面电荷的不均匀会使部分区域带电荷，其极易吸附溶液中的离子并与反离子作用构成双电层。带电质点与扩散双电层作为一结合体时，由于反离子的屏蔽作用使质点呈电中性，如图 6-9(a) 所示。带电质点在水溶液中的作用行为是：当两个带电质点相互靠近时，其二者的双电层能够发生交叉，致使交叉区域的离子浓度提高，这就改变了原来双电层内电荷分布的平衡性和对称性，进而引起反离子从浓度高的交联区向浓度低的未交联区扩散（即双电层交联区内反离子的电荷重新分配），这就导致了交联的两个带电质点间的静电排斥力增大（其中可能在于反离子“去屏蔽”作用的较大贡献），最终使靠近的带电质点彼此分开，如图 6-9(b) 所示。

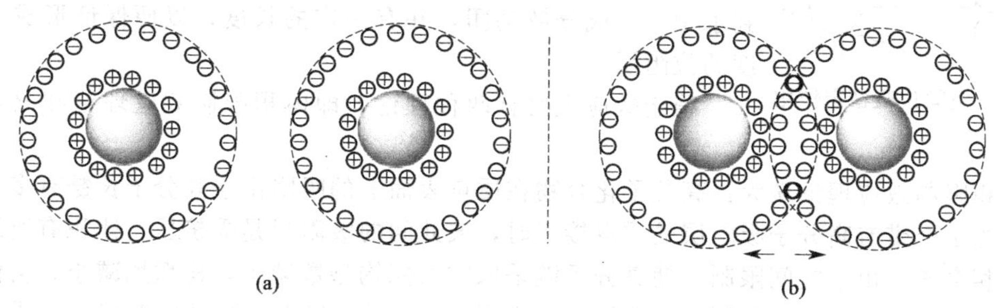

图 6-9 双电层理论模型

6.4.2.4 依据润滑作用的分散机理

红外谱图是对物质定性分析最简单的方法。为此测定 AH 红外谱图，测得结果如图 6-10 所示。从图中可以看出，在 $3430cm^{-1}$ 处出现一个较宽的强峰，它是氨基的伸缩振动与羟基伸缩振动峰的叠加，$1575cm^{-1}$ 附近的吸收峰是苯环共轭体系碳碳双键伸缩振动特征谱带。在 $1120cm^{-1}$ 和 $1170cm^{-1}$ 附近是磺酸基的很强的伸缩振动峰，是磺酸基团的特征吸收峰。由此可以确定，AH 分子结构含有极性基团—SO_3H、—OH 和—NH_2。这些极性基团很容易以氢键形式与水分子缔合。另外，水分子之间也会以氢键形成缔合，由此使得水泥粒子表面形成了一层厚厚的溶剂化水膜，阻止水泥颗粒间的直接接触，在颗粒间起到润滑作用，从而增加 AH 的分散性。

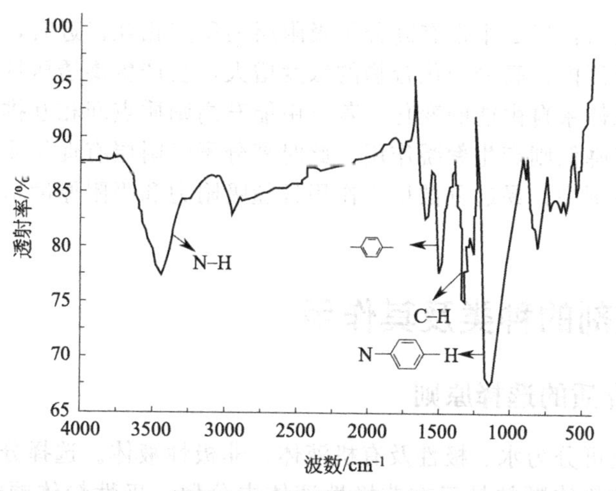

图 6-10 AH 的红外光谱

6.4.2.5 空间稳定机理

空间稳定机理主要是指粒子表面附着一些高分子化合物，在表面聚集，相互排斥。粒子在接近到一定距离时，相互之间接近时受到阻力，使其接触受到空间阻碍，进而形成空间位

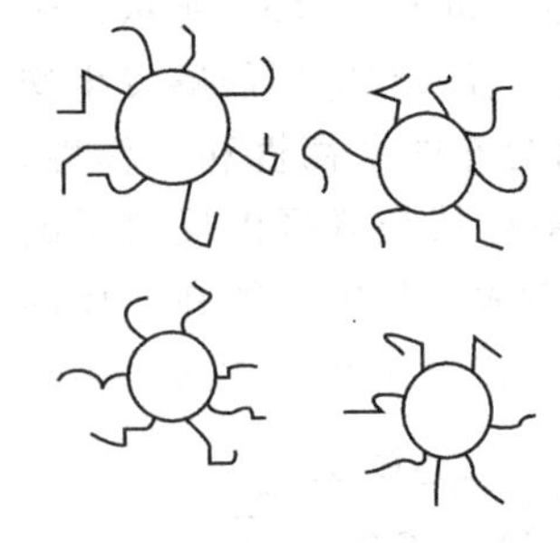

图 6-11 空间位阻稳定作用

阻，如图 6-11 所示。空间位阻效应对吸附的高分子有机物有一定要求：

① 有机物分子中必须有一部分不可溶基团附着于颗粒表面，形成锚固基团，与粒子结合牢固，不易脱落，能够较为完整地覆盖粒子表面。

② 另一部分要求有良好的亲水性，能够脱离粒子表面，伸展到水中，形成分散基团，并有一定的长度，以便保证形成一定厚度的位阻层。

稳定效应主要有两种理论，即体积限制效应理论和混合效应理论。

体积限制效应理论认为：高分子化合物在质点表面上的吸附由于高分子长链有多种可能构型，当 2 个带有高分子吸附层的质点接近时，彼此间的吸附只是受挤压，体积有所缩小而不能互相穿透。由于空间限制，使高分子链采取的可能构型数减少，构型熵减小，会使体系的自由能增加而产生排斥作用（或称熵排斥作用），使质点稳定。熵排斥能越高，质点越稳定，如图 6-12(a) 所示。

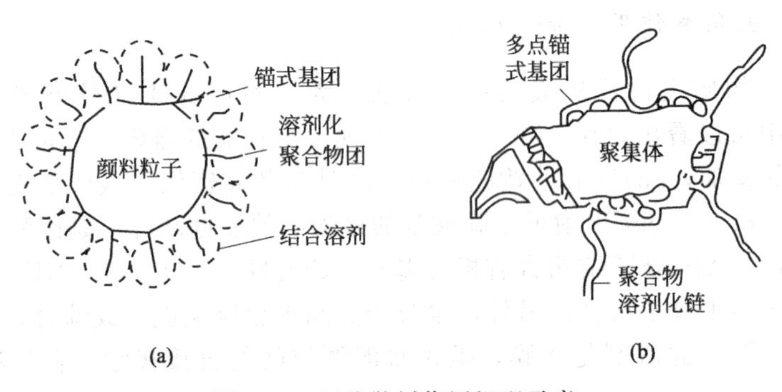

图 6-12 超分散剂作用机理示意

混合效应理论认为：当 2 个带有高分子吸附层的质点相互接近时，其吸附层可互相穿透而发生交联，在交联区内，高分子化合物的浓度增大，会产生渗透压从而引起混合过程体系的熵变和焓变，导致体系自由能的变化。若自由能升高则质点间相互排斥而使体系趋于分散稳定状态；若自由能降低则产生絮凝作用，此时高分子吸附层有促使质点聚结的作用。高分子化合物若处于良溶剂中，易起分散稳定作用且随吸附力和吸附厚度增加而稳定性增强，如图 6-12(b) 所示。

6.5 分散剂的种类及其作用

6.5.1 分散介质的选择原则

分散介质大体上可分为水、极性及有机液体、非极性液体。选择分散介质的原则是相似相溶原理，即非极性粉体颗粒易于在非极性液体中分散，极性粉体颗粒易于在极性液体中分散。

6.5.2 分散剂的选用原则

分散剂是指能使物质分散于水等介质中而形成胶体溶液的物质，其主要作用是降低微粒间的结合力，防止絮凝或附聚。分散剂主要包括3类：(1) 无机电解质，如LPL、SS、NaOH等；(2) 有机高聚物，如聚丙烯酰胺系列、聚氧化乙烯系列、单宁、木质素等；(3) 天然高分子等表面活性剂。不同种类的分散剂分散机理也不相同。根据DLVO理论、空间位阻理论和空缺稳定理论，选择分散剂应把握以下两个原则。

① 能增加位垒U_{max}的高度，即提高粒子的表面电荷量，从而提高粒子的静电排斥作用，以提高粒子分散的稳定性。

② 粒子吸附分散剂后，吸附层在粒子周围起到一个屏障作用，防止颗粒相互接近，即利用吸附层的空间位阻作用来达到分散体系稳定的目的。

用于水性体系的分散剂可分为三类：无机分散剂、有机小分子分散剂和超分散剂（即高分子分散剂）。

6.5.3 无机分散剂

目前使用最多的无机分散剂主要有聚磷酸盐（如六偏磷酸钠）、硅酸盐、碳酸盐等。无机分散剂的分散稳定机理是静电稳定机制，即主要是通过静电物理吸附、特性吸附、定位离子吸附等方式使粒子带上正电荷和负电荷，增大粒子表面的静电斥力，提高位能曲线上的位垒值，从而使粒子在热运动、布朗运动过程中难以进一步靠拢、团聚。图6-13是无机分散剂硅酸钠的浓度对超微粒子分散的影响，其中F_s表示分散率，其值越大表示分散效果越好；反之，分散效果越差。

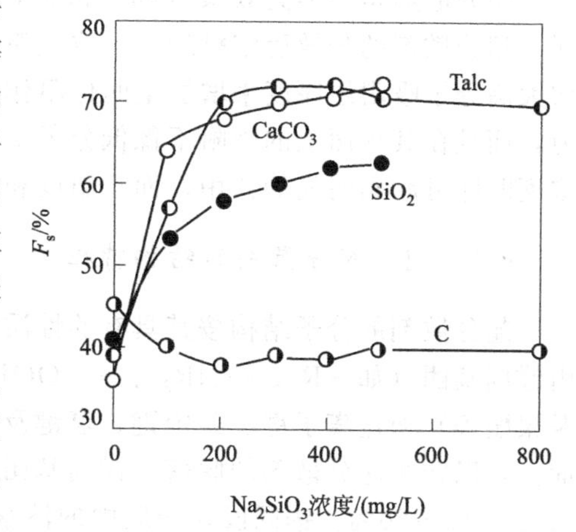

图6-13 Na_2SiO_3浓度对超微颗粒分散的影响

图6-13中曲线表明，硅酸钠浓度对二氧化硅、重质碳酸钙和滑石的分散作用影响很大。它的浓度大，二氧化硅、重质碳酸钙和滑石的分散作用强。在硅酸钠浓度>200mg/L时，对滑石有显著的分散效果，当浓度为300mg/L时，滑石的分散率可达63%。但是硅酸钠对石墨无分散作用，而且表现出聚团现象。这可能是由于石墨难以与硅酸钠发生作用所致。无机分散剂在选矿中用得较多，例如，六偏磷酸钠的分散效果较好，但是应用于精细陶瓷制备过程中，无机分散剂的离子如Na^+、PO_4^{3-}等会对陶瓷性能如电导率、介电常数等带来不良影响，因此无机分散剂的使用在一定领域内受到限制。与无机分散剂相比，有机小分子和高分子分散剂在高温煅烧时易挥发，对陶瓷性能不会带来不良影响。

6.5.4 有机小分子分散剂

有机小分子分散剂主要是表面活性剂类，其中非离子型表面活性剂用量较多，见表6-1。

表6-1 有机小分子分散剂

化学品	俗名	表面活性剂类型	化学品	俗名	表面活性剂类型
十二酸钠	月桂酸钠	阴离子型	氯化十八烷基二甲基苄基铵		阳离子型
十八酸钠	硬脂酸钠	阴离子型			
二丁基萘磺酸钠	拉开粉BX	阴离子型	失水三梨醇单月桂酸酯	斯盘	非离子型
十二烷基苯磺酸钠	月桂基苯磺酸钠	阴离子型			
氯化三甲基十二烷基铵		阳离子型	月桂酰二乙醇胺		非离子型

有机小分子分散剂除通过改变粉体表面的静电斥力外，还可以与粉体发生化学反应，在粒子外形成一壳层，如图 6-14 所示。这一壳层增大了两粒子之间最接近的距离，减少了范德瓦耳斯引力的相互作用，提高了总排斥位能，从而使分散体系稳定。

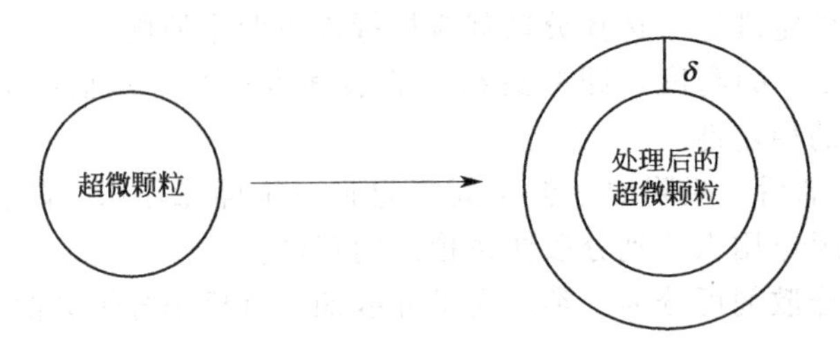

图 6-14 表面活性剂处理前后的颗粒

6.5.5 超分散剂

超分散剂是一类高效聚合物分散剂，与传统分散剂的结构有类似之处，但又不完全相同。超分散剂的分散稳定机理除了改变粉体表面的电性质，增大静电斥力外，主要还是通过增大高分子吸附层厚度来增加空间位阻作用。超分散剂具有很强的进入固液和油水界面的能力，而且在其界面上的吸附不像低分子量分散剂那样易受物理因素的影响。因此，它在较低浓度时即可起到明显的作用，而且温度和盐对其影响不大。

6.5.5.1 超分散剂的结构特征

超分散剂的分子结构按其具有的性质和功能可分为两个部分：锚固段溶剂化段。锚固段由锚固基团（如—R_2、—NR_3^+、—COOH、—SO_3H、—SO_3^-、—PO_4^{2-}、多元胺、多元醇及聚醚等）通过离子键、共价键、氢键及范德瓦耳斯力等相互作用，紧紧吸附在固体颗粒表面上，以防止超分散剂的脱落。锚固基团在整个超分散剂的分子结构中所占比例很少，一般仅为 10%～20%。锚固段在介质中的溶解度一般很低。同时，锚固基团可以根据超微粉体的表面性质进行选择，以保证超分散剂在固体颗粒表面的牢固吸附。而这种吸附为不可逆吸附，很难解吸，这对稳定分散极为有利。

聚酯、聚醚、聚烯烃以及聚丙烯酸酯等为溶剂化段。其在固体颗粒表面形成一吸附层，通过空间位阻效应对颗粒进行分散稳定作用。溶剂化段的合成是超分散剂制备过程中的重要一环，其单元结构与分散介质的性质密切相关。因此，从溶剂化段的单元结构就可以比较准确地判断超分散剂适用介质的范围。为了在水中充分伸展，溶剂化段在水中溶解度必须高。

6.5.5.2 水性体系常用的两类超分散剂

这两类超分散剂为聚电解质类超分散剂和非离子型超分散剂。

聚电解质类超分散剂（如聚羧酸类超分散剂）同时存在静电稳定和空间位阻稳定两种稳定机理。它主要由含羧基的不饱和单体（如丙烯酸、马来酸酐等）与其他单体共聚而成。在聚羧酸类超分散剂中引入特种功能性单体（如含磺酸基、氨基等的功能性单体），可改善超分散剂的分散性能，减少分散剂用量。比较有代表性的是 BYK 公司开发的 disperbyk-182、disperbyk-184 聚电解质类超分散剂，不仅能对水性涂料及有机颜料产生永久性抗絮凝作用，而且能控制涂料的流动性。

非离子型超分散剂靠空间位阻机理对颗粒进行稳定。它主要通过自由基开环反应聚合而成，对所分散的颗粒选择性不强，而且它在颗粒表面的吸附受 pH 值的影响很小，分散稳定性很好。它与阴离子型超分散剂进行复配，可制备高固含量的白色及有色颜料浆。非离子型超分散剂主要有聚氧乙烯类衍生物、聚乙烯吡咯烷酮等。

下面介绍一种适于水性体系的超分散剂（water based hyper dispersant，WBHD）的分散稳定性能。

WBHD 的分子结构设计不仅取决于分散对象的分子组成、表面官能团和晶型，还取决于该分散对象的应用环境对锚固基团和溶剂化链组成的选择。

(1) 分子组成结构对分散稳定性的影响　粉体-分散剂-水三者之间的作用力是粒子能否稳定分散的决定因素。超分散剂锚固基团与粉体之间的结合力要强，否则分散剂易从粉体表面脱落。而锚固方式又分单点锚固和多点锚固，其中多点锚固与粉体之间的结合力明显强于单点锚固的结合力。同时，溶剂化链应易溶于水，才能使之在水中充分伸展。若溶剂化链在水中的溶解性过低，则在水中伸展程度较差，不能产生足够的空间位阻，易与相邻粉体表面结合，从而导致粉体间的聚集。若溶剂化链在水中溶解性过高，但是溶剂化链太短，则形成的吸附层厚度有限，空间位阻不足以使之稳定。

(2) pH 值对分散稳定性的影响　pH 值对非离子型和阳离子型超分散剂的分散稳定性影响不大，其中张清岑等用非离子型超分散剂 YRC 对 SiO_2 进行分散稳定性研究，研究表明分散稳定性先随 pH 值增大而增大。当 pH＞10 后，分散稳定性随 pH 值的增大而减小。由于非离子型超分散剂主要是以空间位阻效应起分散作用，因此 pH 值对其分散稳定性影响不是很大。而 pH 值对阴离子型超分散剂的分散稳定性影响较大，这是因为阴离子型超分散剂随着 pH 值增大，其离解程度增大，从而增大静电排斥，使其分散稳定性增强。柳宜强等用自由基共聚法合成了阴离子型四元高分子分散剂，以其对碳酸钙进行分散并研究其分散效果。结果表明随着 pH 值的增大，极大地降低了碳酸钙悬浮液体系的黏度。

(3) 分散剂用量对分散稳定性的影响　随着分散剂浓度增大，分散剂在粉体表面的吸附量不断增加，直到分散剂浓度达到临界胶束浓度才饱和。当分散剂浓度过低时，粉体表面吸附不完全或吸附层厚度太薄，不能很好地起到空间位阻作用。此时增大分散剂浓度能增强粉体表面的吸附或增加吸附层的厚度，从而增强体系的稳定性。当分散剂浓度过高时，粉体表面的吸附量达到饱和，剩下游离的分散剂会在粉体间“架桥”而导致絮凝，从而降低体系的稳定性。因此，分散剂加入量在临界胶束浓度（CMC）附近存在最佳值，过多或过少都将使悬浮体系的分散稳定性下降。当用量为最佳值时，体系 Zeta 电位值最低，黏度最小，同时粉体的粒径也最小。

6.6 粉体的分散方法

6.6.1 物理分散法

6.6.1.1 机械分散法

机械分散属于物理分散方法，是借助外界剪切力或撞击力等机械能使纳米粒子在介质中充分分散的一种方法。机械分散法一般采用普通球磨、搅拌磨、行星磨和剪切式高速搅拌器等方式进行。其中，普通球磨研磨效率较低，常用于已分散的料浆经搁置后的二次分散。搅拌磨、行星磨研磨效率高，简单易行，是常用的一种分散超细粉体的方法。但无论采取何种球磨方式都存在一些缺点，最大缺点是在研磨过程中，由于球与球、球与筒、球与料以及料与筒之间的撞击、研磨，使球磨筒和球本身被磨损，磨损的物质进入料浆中成为杂质，这些杂质将不可避免地对浆料的纯度及其后成品的性能产生影响。尽管采用与纳米粉料同质的研磨球体和磨筒衬里，但由于其基本状态和纯度与纳米粉料存在差异，仍会对浆料产生不良影响。

另外，球磨过程是一个复杂的物理化学过程。球磨过程不仅可以使颗粒变细，而且通过球磨可能会改变粉体的物理化学性质，如可提高粉末的表面能，增加晶格不完整性，形成表面无定形层。因此，球磨分散方法会给料浆带来一定影响，分散时要控制好分散的时间。

剪切式高速搅拌器虽然分散效果好，但其缺点是在分散的过程中会导致大量空气裹入体系中，在高速剪切力的作用下，使整个料浆呈泡沫状，因此分散后如何彻底消除整个体系内的泡沫是该种分散方法的一个难题。

6.6.1.2 超声波分散法

超声分散的机理是超声波在分散体系中以驻波的形式传播，使粉体颗粒受到周期性的拉伸和压缩，同时超声波在液体中还可能产生空化作用使颗粒分散。利用超声空化时产生的局部高温、高压或强冲击波和微射流等，弱化微粒间的微粒作用能，可有效地防止微粒的团聚。超声波分散的效果与超声波的频率和功率有关。不同粒度的粉体对应不同的最适宜的超声波频率。粉体粒度越小，超声分散所需频率越大。粒度增大，其频率相应降低。超声功率越大，分散效果越佳。因此，在选择超声波仪器时，一定要选择功率大的棒式超声仪器，而不能选择小功率的用于清洗的超声仪器。在超声分散时，要控制好料浆温度，不宜过高，防止随温度的升高，颗粒碰撞的概率也增加，可能会进一步加剧团聚。为避免料浆过热，可采取间歇式分散和用空气或水进行冷却的方法。

超声波用于微粒悬浮夜的分散虽然效果很好，但存在的问题是：一旦停止超声波振荡，仍有可能使微粒再度团聚；超声波处理一定时间后，颗粒的粒度不能再进一步减小，继续处理也会重新引起颗粒的团聚；超声波对极细小的微粒，其分散效果并不理想，因为超声波分散使颗粒共振加速运动，颗粒碰撞能量增加，可能导致团聚，而且由于其能耗大，大规模使用在经济上还存在许多问题。

另外，超声时间一定要控制好。如果超声时间不足，则达不到分散的目的；如果超声时间过长，粉体颗粒则可能发生碎解。另外，超声分散能耗较大，因而使其大规模工业应用受到限制。

6.6.1.3 电磁分散法

电磁分散法系利用铁磁性搅拌棒在交变电压产生的磁场中的周期性运动来实现对粉体颗粒的分散。这种方法对超细粉体分散的效果也不太明显。

6.6.1.4 撞击流法

利用射流撞击器在撞击碰撞过程中产生的高压、高速湍流以及超声波作用来对粉体颗粒进行分散。撞击流技术适合亚微米级粉体的分散。

物理分散存在的一个共性的问题是，一旦离开物理方法产生的湍流场、外部环境复原时，粉体颗粒可能重新聚团。在对 0～10μm 的 Al_2O_3 和金刚石微粉的实验中发现中，即使采用多种物理分散方法相结合来对超细粉体进行分散，也无法达到预期目标。

6.6.2 化学分散法

化学分散即选择一种或多种适宜的分散剂提高悬浮体的分散性，改善其稳定性及流变性。化学分散是分散纳米颗粒最本质、最有效的方法。本节以纳米陶瓷粉体为例，介绍纳米粉体化学分散的有关内容。

6.6.2.1 纳米颗粒化学分散的理论依据

(1) 双电层排斥理论　双电层排斥理论主要是DLVO理论。该理论是在忽略了高分子能够在粒子表面形成一层吸附层，同时也忽略了由于聚合物吸附而产生一种新的斥力——空间位阻斥力的情况下成立的。该理论揭示了纳米颗粒表面所带电荷与稳定性的关系，通过调节溶液的pH值或外加电解质等方法来增加颗粒表面电荷，形成双电层，通过Zeta电位增大，使颗粒间产生静电排斥作用，实现颗粒的稳定分散。体系的稳定性主要是通过双电层排斥能与范德瓦耳斯引力能的平衡来实现的，表达式如下：

$$V_T = V_{WA} + V_{ER} \tag{6-5}$$

式中　V_T——两粒子总势能；

V_{WA}——范德瓦耳斯引力势能；

V_{ER}——双电层排斥力能。

(2) 空间位阻稳定理论　双电层排斥理论不能用来解释高聚物或非离子表面活性剂的胶体物系的稳定性。对于通过添加高分子聚合物作为分散剂的物系，可以用空间位阻稳定机理来解释。分散剂分子的锚固基团吸附在固体颗粒表面，其溶剂化链在介质中充分伸展形成位阻层，阻碍颗粒的碰撞团聚和重力沉淀。聚合物作为分散剂在不同分散体系中的稳定作用，在理论和实践中都已得到验证。但产生空间位阻稳定效应必须满足以下条件：①锚固基团在颗粒表面覆盖率较高且发生强吸附，这种吸附可以是物理吸附也可以是化学吸附；②溶剂化链充分伸展，形变形成一定厚度的吸附位阻层，通常保持颗粒间距大于10～20nm。

6.6.2.2 纳米陶瓷粉体分散剂的选择方法

在纳米材料的结构单元中，包含尺寸在1～100nm的粒子——纳米颗粒，它们大于原子簇而小于通常的微粉，处于原子簇和宏观物体交界的过渡区域。当纳米陶瓷颗粒分散到分散介质中时，构成的陶瓷浆料属胶体分散体系。由于纳米粉体具有大的比表面和表面能，粉体颗粒具有互相团聚来降低其表面能的趋势，因此粉体颗粒实际上是以团聚的形式存在的。在纳米陶瓷浆料中，粉体颗粒作永无休止的无序的布朗运动。颗粒在作布朗运动时彼此会经常碰撞，由于吸引作用，它们会连在一起。二次颗粒较单一颗粒运动的速度慢，但仍可能与其他粒子发生碰撞，进而形成更大的团聚体，直到大到无法运动从悬浮体中沉降下来，这样的过程称为“聚集”。在纳米胶体分散体系中加入分散剂的目的就是为了防止这种“聚集”的形成，使纳米颗粒在分散介质中充分地分散开来。那么，怎样才能使分散剂达到有效的分散效果呢？因为纳米粉体的表面性质对其性能具有重要影响，研究纳米粉体分散剂，首先要对被分散的纳米粉体的表面性质进行研究，主要包括：纳米粉体的表面元素分析、液相中粉体粒度分布的测定、表面电荷的测定、粉体在液相中相互作用力的测定等。

纳米粉体的分散属于疏液胶态体系，始终具有热力学不稳定性，疏液胶态体系的分散相与分散介质之间有着很大的分界面，这使它们保持了大的表面能，导致胶粒产生自动聚集的倾向，聚集使得胶体粒子变大，分散度降低，为了达到胶体化学意义上的稳定状态，有如图6-15所示的两条途径。

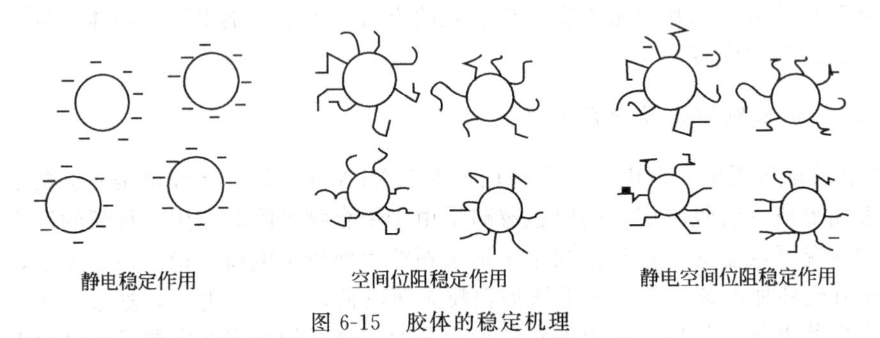

图 6-15　胶体的稳定机理

① 使颗粒带上相同符号的电荷，彼此互相排斥。

② 通过在颗粒表面吸附某些物质如高分子，阻止颗粒的相互接近。

第一种方法为“静电稳定作用”，第二种方法为“空间位阻稳定作用”。

兼顾上述两种方法，采用既能产生空间位阻效应，又能发生离解而带电的聚电解质作为纳米陶瓷粉体分散剂是一种最有效的方法。这一类分散剂具有较大的分子量，吸附在固体颗粒表面，其高分子长链在介质中充分伸展，形成数纳米至数十纳米的吸附层，产生空间位阻效应能有效阻止颗粒间的相互聚集。而且，其主链和支链上的基团可发生离解而使其带电，吸附在颗粒表面可增加其带电量，因此除位阻作用外，还有静电稳定机理，即产生静电位阻稳定效应。颗粒在距离较远时，双电层斥力起主导作用；颗粒在距离较近时，空间位阻阻止颗粒靠近，这种静电位阻效应被认为可以产生最佳分散效果，从而达到对相应纳米陶瓷粉体进行有效分散的目的。

陶瓷粉体的化学组成和表面性质对吸附作用有很大影响。不同种类的粉体对应不同类型的分散剂。分散剂的类型以及分散剂分子量、聚合度、离解度的确定是选择和应用纳米陶瓷分散剂的关键点。

对于等电点（pHiep）较高的 Al_2O_3、ZrO_2 纳米粉，阴离子型聚电解质聚丙烯酸（PAA）、聚甲基丙烯酸（PMAA）在其表面可发生较强吸附，即使当pH值超过其等电点时，粉体与PAA、PMAA均带负电，仍可以发生吸附。最近研究发现，相对PAA、PMAA更有效的聚合物分散剂是嵌段共聚物或接枝共聚物。其中，丙烯酸铵-丙烯酸甲酯的共聚物用于分散 Al_2O_3、ZrO_2 效果更好。这种聚合物由两种单体共聚反应而成，其中一种单体A对固体表面有较强的亲和力，使共聚物一端强烈地吸附在粉体表面；另一端单体B与溶剂有较大的亲和性，深入到液体中，为悬浮体提供空间位阻作用，如图6-16所示。丙烯酸铵-丙烯酸甲酯共聚物的结构式如图6-17所示。其中亲水基团与疏水基团的比例 m/n 的值是可调的，根据 m/n 值的不同，可做成一系列产品。因此，m/n 值要通过实验来确定，合理的 m/n 值能够确保纳米料浆的黏度最低，且流动曲线符合牛顿型，分散效果最佳。

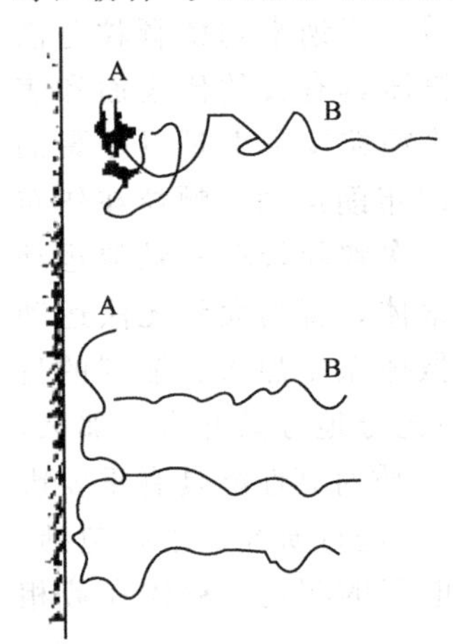

图 6-16　空间位阻作用机理

等电点很低的SiC是酸性粉体，PAA、PMAA在它的表面基本不发生吸附，而采用阳离子型分散剂PEI时，SiC对其吸附量较大，而且分散效果也较好。对于SiC纳米粉体，应采用聚乙烯亚胺（PEI）弱碱型聚电解质分散剂，其结构式如图6-18所示，它与SiC颗粒表面可发生较强的吸附。

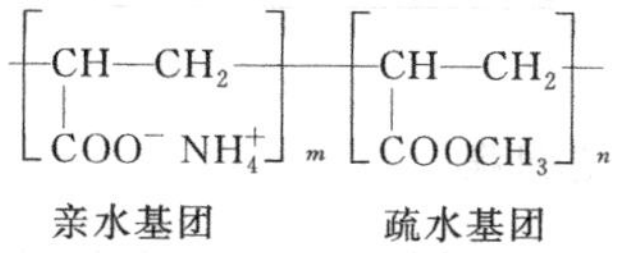

$$\left[\begin{array}{c}-CH-CH_2-\\|\\COO^-\ NH_4^+\end{array}\right]_m\left[\begin{array}{c}-CH-CH_2-\\|\\COOCH_3\end{array}\right]_n$$

亲水基团　　疏水基团

图6-17　丙烯酸铵-丙烯酸甲酯共聚物的结构式

$$-\!\!\left(CH_2-CH_2-NH\right)_n\!-$$

图6-18　聚乙烯亚胺（PEI）的结构式

选定分散剂之后，将聚电解质分散剂加入到纳米陶瓷粉体浆料中，选择合适的引入方式和引入量，并确保分散剂不能和料浆中的其他无机添加剂和有机添加剂发生络合反应。纳米粉体在介质中的分散效果与许多因素有关。除了与分散剂、添加剂的种类、引入量以及引入顺序等相关外，其中很重要的因素是引入添加剂之后粉体料浆的pH值。因此，引入添加剂之后，需要对纳米陶瓷料浆的pH值进行调整，可通过在纳米料浆中引入电解质（冰醋酸、盐酸、四甲基铵等），使料浆脱离等电点，保持Zeta电位的绝对值达到最大值。这样，纳米颗粒之间可产生最大的电荷斥力，再结合聚电解质分散剂的空间位阻效应，实现聚电解质分散剂的高效分散作用。

6.6.2.3　纳米陶瓷粉体分散的工艺过程

在应用纳米粉体制作纳米陶瓷和纳米微米复相陶瓷的过程中，上述分散方法并不是单一孤立地使用，而是将上述分散方法按照具体的工艺要求，结合起来协同使用。

纳米陶瓷和纳米微米复相陶瓷主要采取水性体系进行分散，通常是将纳米粉体和作为分散介质的水在一起进行混合分散，制备出流动性良好、固含量合理的纳米（或纳米微米复合）料浆，以便成型时使用。

制备纳米或纳米微米复相陶瓷制品，主要采取以下三种成型方法：①注浆成型；②喷雾造粒后干压成型；③离心成型。其中，注浆成型和喷雾造粒后干压成型采用的是传统的成型方法；离心成型是针对纳米陶瓷生产的一种特殊成型方法。纳米料浆要在1.15×10^4r/min以上的高速离心机中脱水而形成非常致密的陶瓷坯体，这种陶瓷坯体可在比正常烧成温度低300～400℃的温度制度下烧结出晶粒细小、均匀、显微结构理想、机械性能优异的纳米陶瓷材料。但这种工艺方法只能制造出形状简单的柱状瓷件，对于形状复杂的纳米陶瓷制件还要采用注浆成型和喷雾造粒后干压成型的方法。

无论采用哪种成型方法，对纳米料浆性能的要求是相同的，即制备出分散均匀、流动性好、固含量合理的纳米粉体料浆。

一般要求纳米料浆的料/水质量比>1。对于纳米颗粒而言，用相同份额的粉料和水进行混合，完全不可能形成流动状态。因此，必须引入适宜的分散剂，所以化学分散方法是纳米粉体分散中首选的方法，在工艺次序上也是优先采用的方法。通过引入高效分散剂，使纳米料浆料/水质量比>1成为可能。

在工艺实施过程中，化学分散一定要借助于机械搅拌来完成其分散过程。所以，化学分散与物理分散是密不可分的。化学分散的搅拌一般采用搅拌磨、行星磨等研磨设备来实现，纳米粉体料浆通过上述设备达到了既搅拌又研磨的目的。所以说在纳米粉体的实际分散中化学分散和机械搅拌分散是同时进行的。

通过化学分散和机械搅拌分散的纳米料浆在使用前还要经过超声分散，利用超声空化作用有效防止微粒的再团聚。经过超声分散后的纳米料浆，不应搁置太久，应直接进入下道工序。

在纳米陶瓷制作中，纳米粉体料浆的分散工艺过程如图6-19所示。

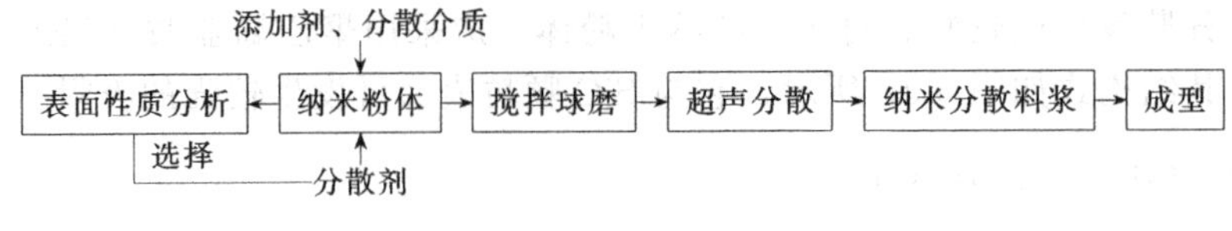

图 6-19　纳米粉体料浆的分散工艺过程

对于纳米微米复相陶瓷，分散好的纳米料浆要按添加比例加入到微米料浆中，与微米料浆混合后进行进一步的物理分散，制备出成型所需的纳米微米复合料浆。在纳米微米复合料浆中，要尽量选择同类的添加剂，防止彼此间发生反应，而使添加剂失效或产生络合物。

成型后的坯体经干燥、烧成后，制作出所需的纳米陶瓷或纳米微米复相陶瓷。制作出纳米陶瓷或纳米微米复相陶瓷后，还要对其显微结构和性能进行检测和分析。通过检测和结果分析，来认证纳米陶瓷粉体的分散效果，并对分散工艺做进一步修正和改进。

6.6.2.4　纳米陶瓷粉体分散技术的现状和发展方向

颗粒分散技术是近年来发展起来的新兴边缘科学。在该领域，德国、日本、美国等国家处于技术领先，已有相应的产品问世，并形成系列化专业生产。因纳米粒子具有自发团聚的趋势，而团聚的存在又将大大影响纳米粉体优势的发挥，影响到产品的最终性能，因此如何改善纳米粉体在液相介质中的分散和稳定性是十分重要的课题，但由于缺乏系统的研究与开发，纳米材料的分散技术已成为纳米陶瓷材料发展的技术瓶颈。所以，对于纳米材料分散剂的系统研究、制备和应用开发已成为纳米陶瓷材料研究的一项重要课题。因此，设立“有机添加剂研究与无机材料应用”的交叉学科，建立用于纳米材料分散的高效分散剂的系列专业化生产是今后我国在该领域的发展方向。

第7章 粉体表面改性原理和技术

7.1 概述

粉体表面改性（surface modification of powder）系指通过物理、化学、机械等方法对粉体颗粒表面进行处理，从而改变粉体材料表面的物理化学性质，如表面组成、结构和官能团、表面能、表面润湿性、电性能、光性能、吸附和反应特性等，以满足现代新材料、新工艺和新技术发展的需要。

7.1.1 粉体表面改性的目的

无机粉体填料在塑料、橡胶、胶黏剂等高分子材料工业及高聚物基复合材料领域中具有很重要的作用。上述材料的生产过程中添加一定细度的轻质碳酸钙和重质碳酸钙、高岭土、滑石、氢氧化铝、氢氧化镁、石英、硅藻土、白炭黑、云母、硅灰石、叶蜡石、石棉、玻璃微珠等无机粉体，不仅可以降低材料的生产成本，还能提高材料的硬度、刚性或尺寸稳定性，改善材料的力学性能并赋予材料某些特殊的物理化学性能，如耐腐蚀性、耐候性、阻燃性和绝缘性等。但由于无机粉体填料与有机高聚物基质的表面或界面性质不同，相容性较差，因而难以在基质中均匀分散，直接填充或过多填充往往会导致材料易脆化及某些力学性能的劣化。因此，除了粉体粒度及其分布的要求之外，还需要对无机粉体填料表面进行改性，以改善其表面的物理化学特性，增强其与基质（有机高聚物或树脂等）的相容性和在有机基质中的分散性，以提高材料的机械强度及综合性能。表 7-1 列出了部分无机填料经过表面化学改性后的应用及功能。可以说，表面改性是无机填料由一般增量填料变为功能性填料所必需的加工处理途径之一，同时也为高分子材料及有机/无机复合材料的发展提供了新的技术方法，这是粉体表面改性最主要的目的之一。

表 7-1 部分经表面化学改性后的无机填料的应用和功能

无机填料	主要用途	主要功能
氢氧化铝	电线电缆、PVC、EPDM	阻燃、改善工艺性能
碳酸钙	PVC 管	提高填充量
高岭土	轮胎、EPDM、电线电缆	颜料代用品、电性能
硅灰石	尼龙	改善物理性能、代替玻纤
云母	聚烯烃	改善物理性能
石英粉	环氧树脂的磨铸料	电性能
滑石	工业橡胶	改善物理性能
有机黏土	涂料	改善分散性、触变性等

粉体表面改性的第二个主要目的是提高涂料中颜料的分散性并改善涂料的光泽、着色力、遮盖力和耐候性、耐热性、抗菌防霉性和保色性等。涂料的着色颜料和体质颜料，如钛白粉、锌钡白、氧化锌、碳酸钙、碳酸钡、重晶石、石英粉、白炭黑、云母、滑石、高岭土、氧化铝等多为无机粉体，为了提高其在有机基质涂料中的分散性，需对其进行表面改性，以改善其表面的润湿性，增强与基体的结合力。在具有电、磁、声、热、光、抗菌防霉、防腐、防辐射、特种装饰等功能的特种涂料的生产中，不仅要求填料和颜料的粒度超细化，而且要求具有一定的“功能”。因此，必须对其进行表面处理。此外，为提高某些颜料的耐候性、耐热性以及遮盖力和着色力等，采用一些性能较好的无机物进行包覆，如用氧化铝、二氧化硅包覆钛白粉改善其耐候性等性能，可获得理想的改性效果。

在水性建筑装饰涂料中，不仅要求无机颜料和填料与其他组分良好的相容性和配伍性，还需具有较长时间的分散稳定性和良好的流变性，这也是水性涂料中应用的颜料和填料必须进行表面改性或表面处理的原因之一。

许多高附加值产品要求要有良好的光学效应和视觉效果，使制品更富色彩，这也需要对一些粉体原料进行表面处理，使之赋予制品良好的光泽和装饰效果。如白云母粉经氧化钛、氧化铬、氧化铁、氧化锆等金属氧化物进行表面改性后用于化妆品、塑料制品、浅色橡胶、涂料、特种涂料、皮革等，可赋予这些制品珠光效应，显著提高了这些产品的价值。

在无机/无机复合材料中，无机组分之间的分散性对于材料的最终性能有很大影响，例如在彩色陶瓷地砖中添加的陶瓷颜料，其分散性直接影响陶瓷制品色彩的均匀性和产品的档次。使用分散性能好的陶瓷颜料不仅可以使最终产品的色泽好，而且可减少昂贵的颜料用量。因此，旨在对无机颜料或组分分散性的表面处理对于提高和改善无机/无机复合材料的性能具有重要意义。

在许多层状晶体结构的粉体材料中，利用晶体层之间较弱的分子键连接或层间离子的可交换性而进行的插层改性可产生黏土层间化合物和石墨层间化合物等新型矿物层间化合物。这些层间化合物具有原矿物粉体所不具有的新的物化性质或功能。如石墨经过层间化学处理制成的层间化合物，其性质大大优于石墨，具有耐高温、抗热振、防氧化、耐腐蚀、润滑性和密封性好等优良性能或功能，是制备新型导电材料、电极材料、储氢材料、柔性石墨、密封材料的重要原料，其应用范围已扩大到冶金、石油、化工、机械、航空航天、原子能、新能源等领域；膨润土层间有机改性后的有机膨润土在非极性和弱极性溶剂中显示出良好的膨胀、吸附、触变和黏结等特性。

对于吸附和催化粉体材料，为了提高其吸附和催化活性以及选择性、稳定性及力学强度等性能，也需要对其进行表面处理或表面改性。例如，在活性炭、硅藻土、氧化铝、硅胶、海泡石、沸石等粉体表面通过浸渍法负载金属氧化物、碱或碱土金属、稀土氧化物以及Cu、Ag、Au、Mo、Co、Pt、Pd、Ni等贵金属。

纳米粉体是在微米粉体基础上发展的一种新的粉体材料，具有良好的应用前景。然而，纳米粉体的比表面积大、表面原子数多、表面能高，在制备、储运和使用过程中很容易团聚形成二次、三次或更大的颗粒，因而难以发挥其应有的纳米效应。因此，纳米粉体的表面处理或表面改性对改善和提高纳米粉体的应用性能，加速其工业应用具有至关重要的意义。

此外，粉体改性还在许多工业生产和人们的日常生活中发挥了广泛作用，例如：为了保护环境，对某些公认的有害于人体健康的原料（如石棉）进行表面处理，用对人体无害和对环境不构成污染，又不影响其使用性能的其他化学物质覆盖、封闭其表面的活性点，以维持其在未来矿产品的位置；对某些用于精细铸造、油井钻探等的石英砂进行表面涂敷以改善其黏结性能；对用于保温材料的珍珠岩等进行表面涂敷以改善其在潮湿环境下的防水和保温性能；对煅烧高岭土进行有机表面改性以提高其在潮湿环境下的电绝缘性能等。

综上所述，虽然粉体表面改性的作用因应用领域不同而异，但共同的目的是改善或提高粉体原料的应用性能或赋予其新的功能以满足新材料、新技术发展或新产品开发的需要。

7.1.2 粉体表面改性的研究内容

粉体表面改性或表面处理与粉体工程、物理化学、表面与胶体化学、有机化学、无机化学、高分子化学、无机非金属材料、高分子材料、复合材料、结晶学、化学工程、矿物加工工程、环境工程与环境材料、光学、电学、磁学、微电子、现代仪器分析与测试技术等许多学科密切相关。可以说，粉体表面改性是一门将众多学科理论和技术融入粉体或颗粒制备技术的综合学科。粉体表面改性主要包括以下研究内容。

（1）表面改性的原理和方法　粉体表面改性的原理和方法是粉体表面改性技术的基础，主要包括：①粉体（包括改性处理后的粉体）的表面与界面性质及与应用性能的关系；②粉体表面或界面与表面改性处理的作用机理和作用模型，如吸附或化学反应的类型，作用力或键合力的强弱，热力学性质的变化等；③表面改性方法的基本原理或理论基础，如粉体表面改性处理过程的热力学和动力学以及改性过程的数学模拟和化学计算等。

（2）表面改性剂　粉体表面性质的改变或新功能的产生往往是通过各种有机或无机化学物质（即表面改性剂）在粉体粒子表面的吸附或反应来实现的。因此，从某种意义上来说，表面改性剂是粉体表面改性技术的关键所在。此外，表面改性剂还关系到粉体改性（处理）后的应用特性。因此，表面改性剂的选择还与应用领域或应用对象密切相关。表面改性剂的研究内容涉及表面改性剂的种类、结构、性能或功能及其与各种颗粒表面基团的作用机理或作用模型；表面改性剂的分子结构、分子量大小或烃链长度、官能团或活性基团等与其性能或功能的关系；表面改性剂的用量和使用方法；经表面改性剂处理后粉体的应用特性（如表面改性填料对塑料或橡胶制品力学性能等的影响，改性颜料对其湿润性、分散稳定性及对涂料遮盖力、耐候性、抗菌性、耐热性和光学效果等的影响）以及新型、特效表面改性剂的制备或合成工艺。

（3）表面改性工艺与设备　粉体表面改性工艺与设备是根据实际需要决定最终粉体颗粒表面性质改变的重要环节。其主要研究内容包括：不同类型和不同用途粉体表面改性的工艺流程和工艺条件；影响表面改性效果的因素；表面改性剂的配方（品种、用量、用法）；设备类型与操作条件；高性能表面改性设备的研制开发等。表面改性工艺与设备是互相联系的，理想的改性处理工艺必然包括高性能的改性处理设备。

（4）表面改性过程控制与产品检测技术　表面改性过程控制和监测涉及表面改性或处理过程中温度、浓度、pH值、时间、表面改性剂用量等工艺参数以及表面包覆量、包覆率或包膜厚度等结果参数的监控技术；表面改性产品的湿润性、分散性、粒度分布特性、表面形貌、比表面能、表面改性剂的吸附或反应类型、表面包覆量、包覆率、包膜厚度、表面包覆层的化学组成、晶体结构、电性能、光性能、热性能等的检测方法；此外，还包括建立控制参数与指标之间的对应关系以及过程的计算机仿真和自动控制等。

7.1.3 粉体表面改性技术的发展趋势

早在20世纪50年代，研究人员就已经注意到，用二氧化硅或三氧化二铝等对钛白粉进行表面复合或包膜处理可以改善其保光性和耐候性，但是在更广的范围内和更深的程度上认识粉体表面改性的意义并将其作为一种重要的粉体深加工技术来进行研究、开发则是近几十年的事情。随着现代高技术和新材料尤其是功能性复合材料、新型高分子材料、特种涂料、生物化学材料、电子信息材料、吸附型环保材料和催化材料等的快速发展，粉体表面改性技术水平也在不断提高。材料功能化不仅取决于其体质性能，还与其表面性质密切相关。在热塑性复合材料和热固性复合材料中，各种组分的表面性质及相容性，特别是有机高聚物基料与无机填料的相容性对材料的综合性能或某一方面的功能有至关重要的影响。现代新材料的“设计”离不开粉体表面性质的“设计”，即表面处理。因此，粉体表面改性技术的研究已引起粉体工程和化学工程专家以及材料科学家的高度重视。

无机填料的表面改性（处理）满足了现代高分子材料及高聚物基复合材料、胶黏材料、功能化学纤维、涂料提高综合性能的需要，并将成为粉体表面改性的重要应用领域之一。据估计，仅仅在塑料工业中，经过表面改性处理的无机填料的用量将以每年10%以上的速率增长，其增长速度将显著高于普通无机填料。颗粒微细化、表面活性化、结构复杂化被认为是未来无机填料发展的三大方向，因此“复合”处理工艺，即将结构复杂、粒径微细化、表面活性化在同一工艺过程或系统中完成，将成为未来无机填料加工技术的主要发展趋势。

颜料是表面改性的另一个用量呈上升趋势的重要应用领域。颜料的表面处理大大提高了涂料的外观效果、光泽、耐候性、化学稳定性、环境友好功能和涂膜的强度，并赋予涂层特殊功能，如吸波、隔热、抗辐射等，适应了当代涂料和涂层材料及特种漆料发展的要求。新一代的云母珠光颜料赋予制品多彩和高雅的外观，已成为汽车面漆、高档塑料和皮革制品、高级化妆品的重要颜料之一，发展前景十分广阔。

插层化合物或层间化合物是表面或界面改性另一个重要的发展领域。插层改性技术赋予层状结构非金属矿物粉体或矿物材料全新的功能，可以根据高技术、新材料和环保等发展的要求对层间化合物有目的地进行设计，发展前景广阔。

表面处理或表面改性是吸附和催化粉体材料所必需的加工技术之一。表面处理技术为高性能吸附和催化材料的发展提供了新的技术手段和开发领域。这些吸附和催化粉体材料广泛用于石油、化工、化肥的生产以及环境保护，具有良好的发展前景。通过表面改性提高吸附和催化材料的吸附和催化活性、选择性、稳定性、机械强度等性能以及降低其生产成本将成为吸附和催化材料的主要发展方向之一。

改善和提高纳米粉体材料的分散性、在多项复合材料中的相容性，并优化其表面或界面性能是粉体表面改性技术伴随纳米粉体制备技术而发展的一个新的应用领域。纳米粉体的表面改性技术将与纳米粉体制备技术同步发展。

现代高技术和新材料的发展对粉体原料的表面性质提出了许多新的要求。由于大多数改性后的粉体物料只是作为一种填料、颜料或其他性质及功能的原料，并非最终的材料或制品，因此，粉体表面改性技术也将不断发展和提高以适应相关应用领域的发展和现代科学技术日新月异的变化。

在粉体表面改性的原理和方法方面，将在重视基本原理研究和改进现有方法的基础上借鉴其他学科方法，发展简单可靠、容易控制的新的表面改性方法并优化现有工艺以适应各种不同粉体原料和不同功能要求的表面改性或表面处理。

表面改性剂在粉体的表面改性中起重要作用，其发展方向是：①降低现有改性剂尤其是各种偶联剂的成本；②研究开发应用性能好、成本低或有专门性能或特殊功能的新型表面改性剂及使用方法。研制开发与基质材料的化学成分、分子结构紧密相关的“衍生物”，将大大改善粉体与基质的相容性和应用性能，具有良好的发展前景。

目前，粉体表面改性的大多数设备是借用一些通用的化工设备，如高速捏合（混合）机、研磨机、反应釜等，专门设备还较少。今后将加快发展连续生产、对粉体及表面改性剂的分散性好、粉体与表面改性剂的接触或作用机会均等、改性温度可调、单位产品能耗低、无粉尘污染、操作简便、运行平稳、适应性强的专门的表面改性（处理）机和成套工艺设备。

随着表面改性技术的发展、表面改性产品用途的扩大和用量的增加以及产业的逐步壮大，按用途建立一套较完整的质量标准和相应的检验、评价方法也应成为粉体表面改性研究的内容之一。

7.2 粉体的表面改性剂

粉体的表面改性主要是依靠表面改性剂（或处理剂）在粉体颗粒表面的吸附、反应、包覆或包膜来实现的。因此，表面改性剂是粉体表面改性技术的重要内容之一，对于粉体的表面改性或表面处理具有决定性作用。

粉体的表面改性一般都有其特定的应用背景或应用领域。因此，选择表面改性剂必须考虑被处理物料的应用对象。例如，用于塑料、橡胶、胶黏剂等高聚物基复合材料的无机填料的表面改性所选用的表面改性剂既要能够与表面吸附或反应、覆盖于填料颗粒表面，又要与有机高聚物有较强的化学作用和亲和性，因此，从分子结构来说，用于无机填料表面改性的改性剂应是一类具有一个以上能与无机颗粒表面作用较强的官能团和一个以上能与有机高聚物基分子结合的基团并与高聚物基料相容的化学物质；而用于多相陶瓷、水性涂料体系的无机颜料的表面改性剂应既能与无机颜料有较强的作用，显著提高无机颜料的分散性，又要与无机相或水相有良好的相容性或配伍性。

表面改性剂的种类很多，目前尚无统一的分类方法。常用的改性剂有：偶联剂、表面活性剂、有机低聚物、不饱和有机酸、有机硅、水溶性高分子、超分散剂以及金属氧化物及其盐等。

7.2.1 偶联剂

偶联剂是具有两性结构的化学物质。按其化学结构和成分可分为硅烷类、钛酸酯类、铝酸酯类、锆铝酸盐及有机络合物等几种。其分子中的一部分基团可与粉体表面的各种官能团反应，形成强有力的化学键合；另一部分基团可与有机高聚物基料发生化学反应或物理缠绕，从而将两种性质差异很大的材料牢固地结合起来，使无机粉体和有机高聚物分子之间建立起具有特殊功能的“分子桥”。

偶联剂适用于各种不同的有机高聚物和无机填料的复合材料体系。经偶联剂进行表面改性后的无机填料，既抑制了填充体系“相”的分离，又使无机填料“有机化”，与有机基料的亲和性增强，即使增大填充量，仍可较好地均匀分散，从而改善制品的综合性能，特别是抗张强度、冲击强度、柔韧性和挠曲强度等。

7.2.1.1 钛酸酯偶联剂

钛酸酯偶联剂是美国KENRICH石油化学公司在20世纪70年代开发的一种新型偶联剂，至今已有几十个品种，是无机填料和颜料等广泛应用的表面改性剂。

（1）钛酸酯偶联剂的分子结构及其作用机理　钛酸酯偶联剂的分子结构可划分为6个功能区，每个功能区都有其特点，在偶联剂中发挥各自的作用。钛酸酯偶联剂的通式和6个功能区：

偶联无机相　　亲有机相

1　　2　3　4　5　6

$$(RO)_M—Ti—(OX—R'—Y)_N$$

其中，$1 \leqslant M \leqslant 4$，$M+N \leqslant 6$；R 为短碳链烷烃基；R′为长碳链烷烃基；X 为 C、N、P、S 等元素；Y 为羟基、氨基、双键等基团。

功能区 1：$(RO)_M$ 为与无机填料、颜料发生偶联作用的基团。钛酸酯偶联剂通过该烷氧基团与无机颜料或填料表面的微量羟基或质子发生化学吸附或化学反应，偶联到无机颜、填料表面形成单分子层，同时释放出异丙醇。由于功能区不同偶联剂分成三种类型，每种类型由于偶联基团的差异，对颜料或填料表面的含水量有选择性。一般单烷氧基型适用于干燥的仅含键合水的低含水量的无机颜料或填料；螯合型适用于高含水量的无机颜料或填料。

功能区 2：Ti—O…酯基转移和交联基功能区团。某些钛酸酯偶联剂能够和有机高分子中的酯基、羧基等进行酯基转移和交联，造成钛酸酯、填料或颜料及有机高分子之间的交联，促使体系黏度上升呈触变性。

功能区 3：X—联结钛中心的基团。该基团包括长链烷氧基、酚基、羧基、磺酸基、磷酸基、焦磷酸基等。这些基团决定钛酸酯偶联剂的特性与功能，如磺酸基赋予一定的触变性，焦磷酸基具有阻燃、防锈、增加黏结性功能，亚磷酸配位基具有抗氧化功能等。通过这部分基团的选择，可以使钛酸酯偶联剂兼有多种功能。

功能区 4：R′为长链的纠缠基团。长的脂肪族碳链比较柔软，能和有机基料进行弯曲缠绕，增强和基料的结合力，提高它们的相容性，改善无机填、颜料和基料体系熔融流动性和加工性能，缩短混料时间，增加无机填料的填充量，并赋予柔韧性及应力转移功能，从而提高延伸、撕裂和冲击强度。还赋予无机填、颜料和基料体系润滑性，改善分散性和电性能等。

功能区 5：Y 为固化反应基团。当活性基团联结在钛的有机骨架功能区上，就能使钛酸酯偶联剂和有机聚合物进行化学反应而交联。例如，不饱和双键能和不饱和树脂进行交联，使无机填、颜料和有机基料结合。

功能区 6：N 为非水解基团数。钛酸酯偶联剂中非水解基团至少具有两个以上。在螯合型钛酸酯偶联剂中具有 2 个或 3 个非水解基团；在单烷氧基型钛酸酯偶联剂中有 3 个非水解基团。由于分子中多个非水解基团的作用，可以加强缠绕，并因碳原子数多可急剧改变表面能，大幅度降低体系的黏度。3 个非水解基团可以是相同的，也可以是不相同的，可根据相容性要求调节碳链长短；又可根据性能要求，部分改变连接钛中心的基团，既可适用于热塑性树脂，也可适用于热固性树脂。

(2) 钛酸酯偶联剂的类型和应用性能　如表 7-2 所示，钛酸酯偶联剂按其化学结构可分为三种类型，即单烷氧基型、螯合型和配位型。

表 7-2　钛酸酯偶联剂的分类

类型		结构式
单烷氧基型		$i\text{-}C_3H_7O-Ti\!\left(O-\overset{\overset{\displaystyle O}{\|}}{C}-C_{17}H_{35}\right)_3$
螯合型	螯合 100 型	$\left(\begin{matrix}O{=}C-O \\ \vert \\ H_2C-O\end{matrix}\right)Ti\!\left[O-\overset{\overset{\displaystyle O}{\|}}{\underset{\underset{\displaystyle OH}{\|}}{P}}-O-\overset{\overset{\displaystyle O}{\|}}{P}\!\left(OC_8H_{17}\right)_2\right]_2$
	螯合 200 型	$\left(\begin{matrix}H_2C-O \\ \vert \\ H_2C-O\end{matrix}\right)Ti\!\left[O-\overset{\overset{\displaystyle O}{\|}}{P}\!\left(OC_8H_{17}\right)_2\right]_2$
配位型		$(i\text{-}C_3H_7O)_4Ti\cdot[P\!\left(OC_8H_{17}\right)_2OH]_2$

① 单烷氧基型。这一类品种最多，具有各种功能基团的特点，使用范围极广，价格适中，广泛应用于塑料、橡胶、涂料、胶黏剂工业。除含乙醇氨基和焦磷酸基的单烷氧基型外，大多数品种耐水性差，只适用于处理干燥的填料和颜料，在不含水的溶剂涂料中使用。其代表性品种如下。

a. 单烷氧基三羧酸钛。这类品种的分子通式为：$i\text{-}C_3H_7Ti(OCOR)_3$。例如，异丙氧基三异硬脂酸钛的分子式为：

$$i\text{-}C_3H_7Ti[OCO(CH_2)_{14}CH(CH_3)_2]_3$$

由于分子中存在长链脂肪酸的大量碳原子，处理颜料、填料可改善它们在高聚物基料中的分散性，提高无机物的填充量，使体系黏度大幅度下降，并增加熔融流动性，提高制品的延伸率、抗冲击强度等力学性能，特别适用于处理填充聚烯烃塑料的碳酸钙。由于连接钛中心的羧基具有酯交换性能，在有些涂料中能提供触变性，起防沉作用。这种钛酸酯偶联剂与无机粉体的作用机理如图7-1所示。

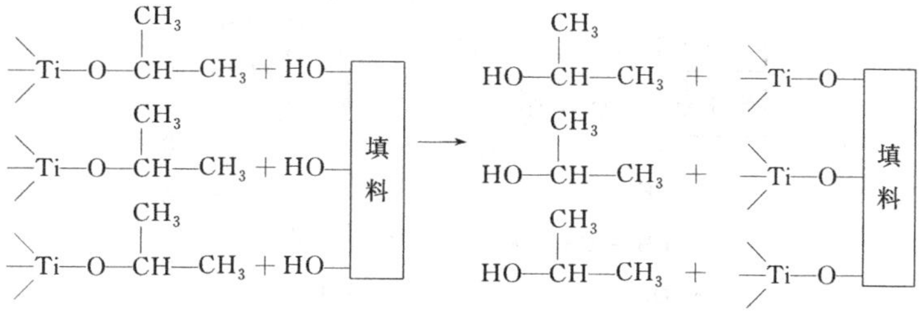

$$3\ \text{—Ti—O—}\overset{\overset{CH_3}{|}}{CH}\text{—CH}_3 + \text{HO—[填料]} \longrightarrow 3\ \text{HO—}\overset{\overset{CH_3}{|}}{CH}\text{—CH}_3 + \text{—Ti—O—[填料]}$$

图7-1 单烷氧基钛酸酯偶联剂与无机填料的作用机理

b. 单烷氧基三（磷酸酯）钛。这类品种的分子通式为：$i\text{-}C_3H_7Ti[O\overset{\overset{O}{\|}}{P}(OR)_2]_3$。例如，异丙氧基三（磷酸二辛酯）钛的分子式为：$i\text{-}C_3H_7Ti[O\overset{\overset{O}{\|}}{P}(OC_8H_{17})_2]_3$。

这种钛酸酯偶联剂适用于干燥的无机粉体的表面处理。在溶剂型涂料中使用时，对铁红、钛白粉等颜料具有明显的分散防沉效果，尤其对钛白粉的分散效果较好，能提高钛白粉在聚丙烯、热熔性萜类树脂、丙烯酸树脂以及醇酸树脂等中的分散性。在聚酰胺固化环氧树脂中，用量为钛白粉和填料的0.9%，就能明显提高涂膜性能。

c. 单烷氧基三（焦磷酸酯）钛。以异丙氧基三（焦磷酸二辛酯）钛为例，其分子式为：

$$i\text{-}C_3H_7OTi[O\underset{\underset{OH}{|}}{\overset{\overset{O}{\|}}{P}}O\overset{\overset{O}{\|}}{P}(OC_8H_{17})_2]_3$$

这类品种比一般单烷氧基型钛酸酯耐水性好，适用于中等含水量的无机粉体的表面处理，但比螯合型钛酸酯的耐水性差。其吸湿作用机理见图7-2。它在涂料中的应用很广，能明显提高炭黑、酞菁蓝、铁红、中铬黄等多种颜料在基料中的分散性、防沉性和储存稳定性，缩短研磨次数和时间，改变涂膜的附着力和外观质量，且具有阻燃、耐腐蚀、增加黏结性和催化固化等功效。

② 螯合型。美国公司将螯合型钛酸酯分成两种系统，一种系统是含有氧乙酸螯合剂的产品，称为螯合100型；另一种系统是含有乙二醇螯合剂的产品，称为螯合200型。

螯合型钛酸酯的耐水性较好，适用于高含水量的无机粉体的表面处理。其偶联作用机理

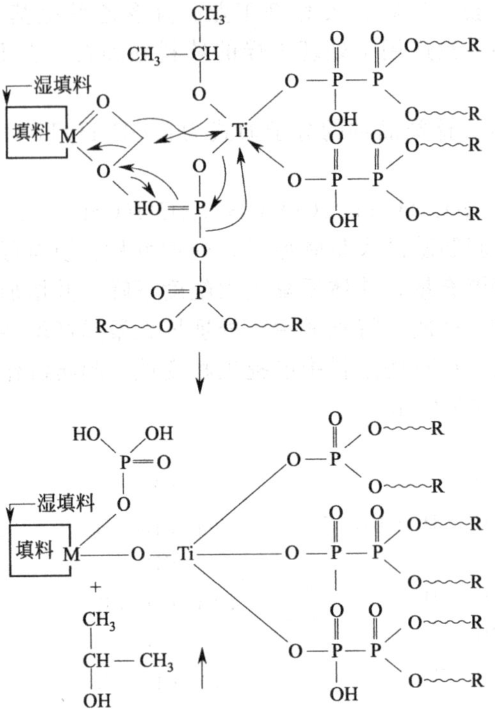

图 7-2　焦磷酸酯型钛酸酯处理湿填料的吸湿作用机理

见图 7-3 和图 7-4。

100 型的水解稳定性比 200 型好，而 200 型的体系黏度比 100 型的低。

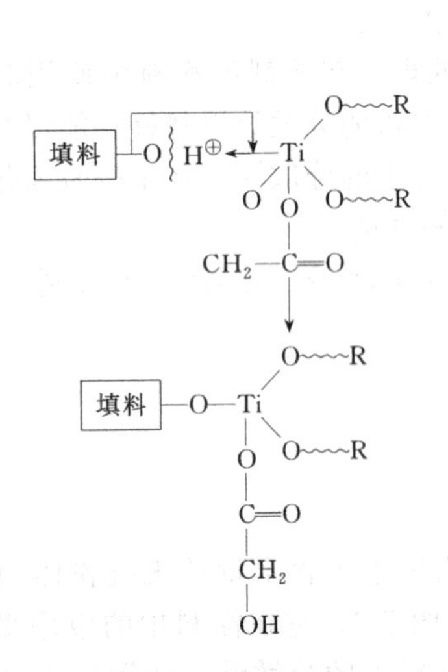

图 7-3　螯合 100 型钛酸酯与无机填料的作用机理

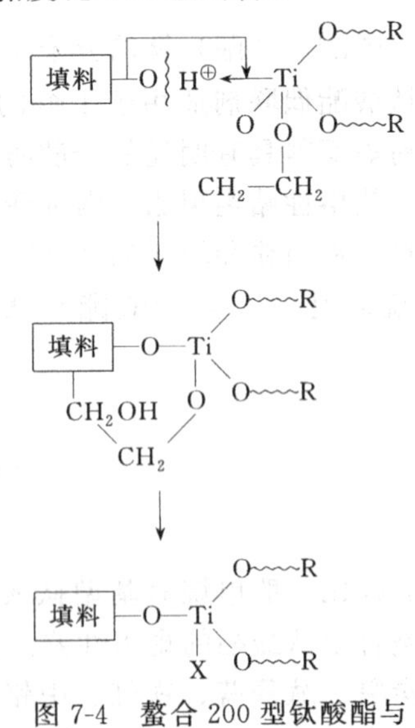

图 7-4　螯合 200 型钛酸酯与无机填料的作用机理

③ 配位型。配位型偶联剂是以两个以上的亚磷酸酯为配体，将磷原子上的孤对电子移到钛酸酯中的钛原子上，形成两个配价键。以 ODTLPI-46（KR-46）为例，其分子结构式为：

```
          P(OH)(OC12H25)2
H17C8O          ↓         OC8H17
           \    ↓    /
                Ti
           /    ↑    \
H17C8O          ↑         OC8H17
          P(OH)(OC12H25)2
```

可以看出，钛原子由 4 价键转变为 6 价键，降低了钛酸酯的反应活性，提高了耐水性。因此，配位型钛酸酯偶联剂耐水性好，可在溶剂型涂料或水性涂料中使用。配位型钛酸酯偶联剂多数不溶解于水，可以直接高速研磨使之乳化分散在水中，也可以加表面活性剂或亲水性助溶剂使它分散在水中，对无机粉体进行表面处理。

配位型钛酸酯偶联剂与无机填料的偶联作用机理如图 7-5 所示。

```
                  Y                                                   Y
                  |                                                   |
                  R2                                                  R2
                  |                                                   |
       CH3        X1      CH3                                         X1     CH3
       |          |       |                                           |      |
CH3—CH—O          O       O—CH—CH3                                    O      O—CH—CH3           CH3
        \         |      /                                            |     /                   |
[填料]—OH +         Ti                   ——→     [填料]—O              Ti           + CH3—CH—OH↑
        /         |      \                                \          |     \
CH3—CH—O          O       O—CH—CH3                         O          O      O—CH—CH3
       |          |       |                               /           |      |
       CH3        X1      CH3                           CH            X1     CH3
                  |                                    /  \           |
                  R2                                 CH3   CH3        R2
                  |                                                   |
                  Y                                                   Y
```

图 7-5 配位型钛酸酯偶联剂与无机填料的偶联作用机理

7.2.1.2 硅烷偶联剂

(1) 硅烷偶联剂的分子结构和作用机理 硅烷偶联剂是一类具有特殊结构的低分子有机硅化合物，其通式为：$RSiX_3$。式中，R 代表与聚合物分子有亲和力或反应能力的活性官能团，如氧基、巯基、乙烯基、环氧基、酰胺基、氨丙基等；X 代表能够水解的烷氧基，如卤素、酰氧基等。

进行偶联时，首先，X 基水解成硅醇，然后与无机粉体颗粒表面上的羟基反应，形成氢键并缩合成—SiO—M 共价键（M 表示无机粉体颗粒表面）。同时，硅烷各分子的硅醇又相互缔合齐聚形成网状结构的膜，覆盖在粉体颗粒表面，使无机粉体表面有机化。其化学反应的简要过程如下。

水解：
$$RSiX_3 + 3H_2O \xrightarrow[\text{催化剂}]{pH} RSi(OH)_3 + 3HX$$
（通常 HX 为醇或酸）

缩合：

```
                    R        R        R
                    |        |        |
3RSi(OH)3 ——→ HO—Si—O—Si—O—Si—OH + 2H2O
                    |        |        |
                    OH       OH       OH
```

氢键形成：

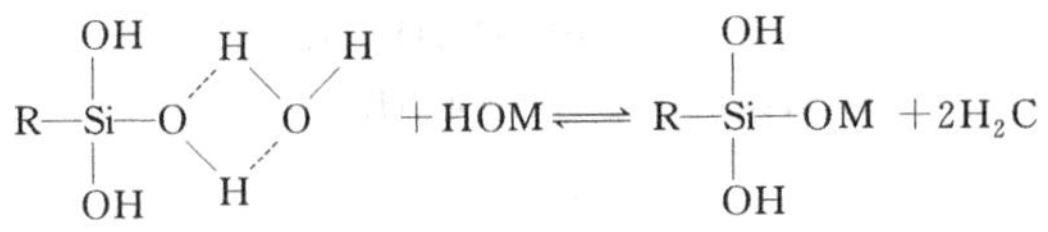

$$R-Si(OH)_2-O\cdots H_2O\cdots H + HOM \rightleftharpoons R-Si(OH)_2-OM + 2H_2C$$

共价键形成：

$$R-Si(OH)_2-O\cdots H-O-H\cdots H + HOM \rightleftharpoons R-Si(OH)_2-OM + 2H_2O$$

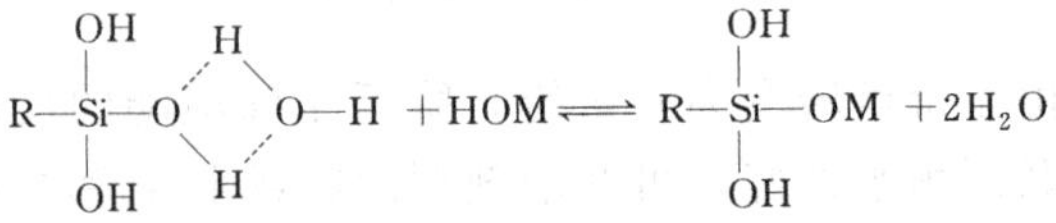

关于硅烷偶联剂在高聚物复合材料中的作用机理在以下几种观点。

① 化学键理论。认为硅烷偶联剂含有两种不同的化学官能团，其一端能与无机材料，如玻璃纤维、硅酸盐、金属氧化物等表面的硅醇基团反应生成共价键；另一端又与高聚物基料或树脂生成共价键，从而将两种不相容的材料偶联起来。

② 表面浸润理论。认为硅烷偶联剂提高了玻璃纤维或其他无机材料的表面张力，甚至使其大于树脂基体的表面张力，从而有利于树脂在无机物表面的浸润与展开，改善了树脂对无机增强材料的润湿能力，使树脂与无机增强材料较好地黏合在一起。

③ 变形层理论。认为硅烷偶联剂在界面中是可塑的，它可以在界面上形成一个厚度大于 100nm 的柔性变形层。该变形层具有遭受破坏时自行愈合的能力，不但能够松弛界面的预应力，而且能阻止裂纹的扩展，故可改善界面的黏合强度。

④ 拘束层理论。认为复合材料中高模量增强材料与低模量树脂之间存在着界面区，而硅烷偶联剂为其中的一部分。硅烷偶联剂不仅能与无机物表面产生黏合，而且还有可以与树脂反应的基团，能将聚合物“紧束”在界面上。当此界面区的模量介于无机增强材料与树脂之间时，应力可以被均匀地传递。

⑤ 可逆水解理论。认为有水存在时硅烷偶联剂和玻璃纤维间受应力作用而产生断裂，但又能可逆地重新愈合。这样在界面上既有拘束层理论的刚性区域（由树脂和硅烷偶联剂交联生成），又可允许应力松弛，将化学键理论、拘束层理论和变形层理论调和起来。此机理不但可以解释界面偶联作用机理，而且也可以说明松弛应力的效应以及抗水保护表面的作用。

无机颜料和填料在涂料液态有机相中的分散可分为润湿、解聚及稳定化（抗絮凝）三个阶段。由于这些无机颜料和填料天然亲水，表面易吸附一层水，因此非极性的疏水基料难以使其润湿和分散。用硅烷偶联剂对无机颜料和填料进行预处理（表面改性），硅烷基团就会取代颜料或填料表面的水，包覆颗粒，使得 R 基团朝外，变得亲油、疏水，而易于被基料润湿。经过润湿，基料分子插入无机颜料或填料颗粒之间，将它们隔开，使之分散稳定，防止了沉淀和结块。无机颜料和填料表面经硅烷偶联剂处理后，降低了与漆基间的结构化作用，使涂料的黏度大幅度降低，消除了絮凝，即使增大颜填料的添加量也不会影响涂料的流动性，而且颜填料颗粒的良好分散使最终漆膜的遮盖力、显色力和着色力均获得提高。

(2) 硅烷偶联剂的种类及应用　硅烷偶联剂可用于许多无机粉体，如填料或颜料的表面处理，其中对含硅酸成分较多的石英粉、玻璃纤维、白炭黑等效果最好，对高岭土、水合氧化铝、氧化镁等效果也比较好，对不含游离酸的钛酸钙效果欠佳。但选择硅烷偶联剂对无机粉体进行表面改性处理时一定要考虑聚合物基料的种类，即一定要根据表面改性后无机粉体的应用对象和目的来仔细选择硅烷偶联剂。

7.2.1.3　铝酸酯偶联剂

(1) 结构特点与作用机理　酯偶联剂的化学通式为：

$$\begin{array}{c} D_n \\ | \\ (RO)_x—Al—(OCOR')_m \end{array}$$

式中，D_n 代表配位基团，如 N、O 等；RO 为与无机粉体表面活泼质子或官能团作用的基团；COR′为与高聚物基料作用的基团。

铝酸酯偶联剂分子的空间结构如图 7-6 所示。

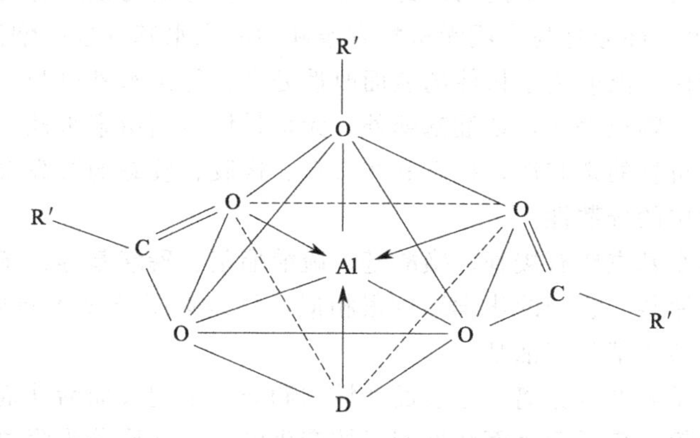

图 7-6　铝酸酯偶联剂分子的空间结构示意

铝酸酯偶联剂与无机粉体表面的作用机理如图 7-7 所示。

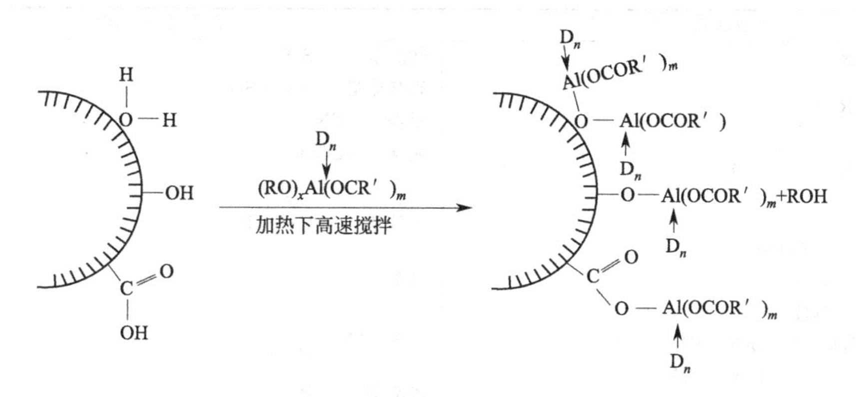

图 7-7　铝酸酯偶联剂与无机粉体表面的作用机理

(2) 应用　铝酸酯偶联剂具有与无机粉体表面反应活性大、色浅、无毒、味小、热分解温度较高、使用时无须稀释以及包装运输和使用方便等特点。研究中还发现在填充体系中铝酸酯偶联剂有很好的热稳定协同效应和一定的润湿增塑效果。因此，铝酸酯偶联剂广泛应用于各种无机填料、颜料及阻燃剂，如重质碳酸钙、羟质碳酸钙、碳酸镁、磷酸钙、硫酸钡、硫酸钙、滑石粉、石棉粉、钛白粉、氧化锌、氧化铝、氧化镁、铁红、铬黄、炭黑、白炭黑、立德粉、云母粉、高岭土、膨润土、炼铝红泥、叶蜡石粉、海泡石粉、硅灰石粉、粉煤灰、玻璃粉、玻纤、氢氧化镁、氢氧化铝、三氧化二锑、聚磷酸铵、偏硼酸锌等的表面改性处理。

经铝酸酯偶联剂处理的各种改性无机填料，其表面因化学或物理化学作用生成一有机长链分子层，因而由亲水性变成亲油性。对照实验研究表明，颗粒度变小、吸油量减少、沉降体积增大，因此用于塑料、橡胶或涂料等复合制品中，可改善加工性能、增加填料用量、提高制品的综合性能。

7.2.2 表面活性剂

表面活性剂是一种能显著降低水溶液的表面张力或液液界面张力，改变体系的表面状态从而产生润湿和反润湿、乳化和破乳、分散和凝聚、起泡和消泡以及增溶等一系列作用的化学药品。表面活性剂所起的这种作用称为表面活性。

表面活性剂分子由性质截然不同的两部分组成：一部分是与油或有机物有亲和性的亲油基（也称憎水基）；另一部分是与水或无机物有亲和性的亲水基（也称憎油基）。表面活性剂分子的这种结构特点使它能够用于粉体的表面改性处理，即亲水基可与无机粉体表面发生物理、化学作用，吸附于颗粒表面，亲油基朝外，无机粉体表面由亲水性变为疏水性，从而改善无机粉体材料与有机物的亲和性，提高其在塑料、橡胶、胶黏剂等高聚物基复合材料填充时的相容性和在涂料中的分散性。

表面活性剂的亲水基主要有羧基、磺酸基、硫酸酯基、磷酸基等；亲油基多来自天然动植物油脂和合成化工原料。它们的化学结构很相似，只是碳原子数和端基结构不同。表 7-3 所列为具有代表性的亲水基和亲油基。

表面活性剂按离子类型可分离子型表面活性剂和非离子型表面活性剂，前者可在溶于水后离解，后者则不离解。离子型表面活性剂又按产生电荷的性质分为阴离子型、阳离子型和两性表面活性剂，如图 7-8 所示。

表 7-3 表面活性剂的主要亲水基和亲油基

亲油基原子团	亲水基原子团
石蜡烃基 $R-$	磺酸基 $-SO_3^-$
烷基苯基 $R-C_6H_4-$	硫酸酯基 $-O-SO_3^-$
烷基酚基 $R-C_6H_4-O-$	氰基 $-CN$
脂肪酸基 $R-COO^-$	羧基 $-COO^-$
脂肪酰胺基 $R-CONH-$	酰胺基 $-C(=O)-NH-$
脂肪醇基 $R-O-$	铵基 $-N<$
脂肪胺基 $R-NH-$	羟基 OH
马来酸烷基酯基 $R-OOC-CH-$ $R-OOC-CH_2$	磷酸基 $-P(=O)(O^-)O^-$
烷基酮基 $R-OOCH_2-$	巯基 $-SH$
聚氧丙烯基 $-O-(CH_2-CH(CH_3)-O)_n-$	卤基 $-Cl$、$-Br$ 等
（R 为石蜡烃链，碳原子数为 8～18）	氧乙烯基 $-CH_2-CH_2-O-$

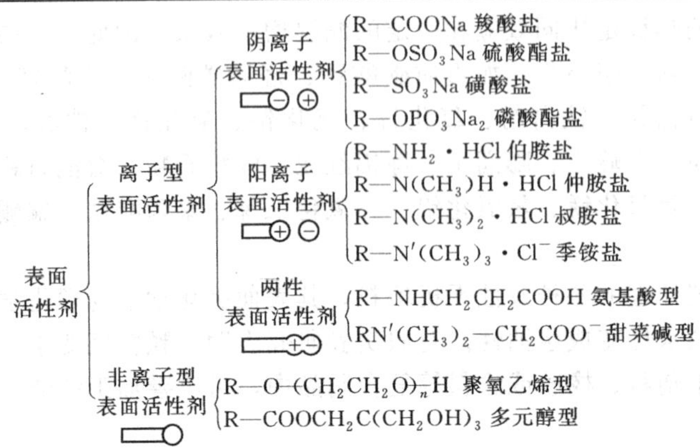

图 7-8 表面活性剂按离子类型的分类

7.2.2.1 阴离子表面活性剂

(1) 高级脂肪酸及其盐 高级脂肪酸及其盐的分子通式为：RCOOH(M)。式中，M代表金属离子。分子一端为长链烷基，其结构和聚合物相似，因而与聚合物有一定的相容性；分子另一端为羧基，可与无机填料或颜料表面发生物理、化学吸附作用。因此，用高级脂肪酸及盐，如硬脂酸处理无机填料或颜料类似偶联剂的作用，可改善无机填料或颜料与高聚物基料的亲和性，提高其在高聚物基料中的分散度。另外，由于高级脂肪酸及其盐类本身具有润滑作用，还可使复合体系内摩擦力减小，改善复合体系的流动性能。代表性品种有：硬脂酸、硬脂酸钠、硬脂酸钙、硬脂酸锌、硬脂酸铝、松香酸钠等，用量约为填料或颜料质量的0.25%～5%。使用时既可干法直接与无机填、颜料混合分散均匀或稀释后喷洒在无机填、颜料表面，搅拌均匀后再烘干，除去水分；也可加入浆料中湿法进行表面处理，然后再干燥（脱水）。

高级脂肪酸的胺类（酰胺）及脂类与其盐类近似，也可作为无机粉体，如填料或颜料的表面改性剂。

(2) 磺酸盐及其酯类 分子通式为：RSO_3Me，与无机粉体的作用与高级脂肪酸及其盐类似。代表性品种有磺化蓖麻油（用于轻质碳酸钙的辅助表面改性）、烷基苯磺酸钠等。

(3) 高级磷酸酯盐 分子通式为 $ROPO_3Me$。单脂型磷酸酯用于滑石的表面包覆处理，可改进滑石粉填料与高聚物（如聚丙烯）的界面亲和性，改善其在有机高聚物基料中的分散状态，并提高高聚物基料对填料的润湿能力。聚磷酸酯表面活性剂（ADDP）用于超细轻质碳酸钙的表面改性，可使超细轻质碳酸钙的吸油率显著降低，在非极性介质中的分散性及与树脂的相容性得到明显改善。

7.2.2.2 阳离子表面活性剂

粉体表面改性中应用的阳离子表面活性剂一般为高级胺盐，包括伯胺、仲胺、叔胺和季铵盐等。其中，至少有1～2个长链烃基（C_{12}～C_{22}）。与高级脂肪酸一样，高级胺盐的烷烃基与聚合物的分子结构相近，因此与高聚物基料有一定的相容性，分子另一端的氨基与无机填料或颜料等粉体表面发生吸附作用。

在对膨润土或蒙脱石型黏土进行有机覆盖处理以制备有机土时，一般采用季铵盐，即甲基苯基或二甲基二烃基胺盐。用于制备有机土的季铵盐，其烃基的碳原子数为12～22，优先碳原子数为16～17，其中16烃基占20%～35%，17烃基占60%～75%。阴离子最好是氯化物、溴化物或其混合物，以氯化物为最佳。然而，其他阴离子如乙酸、氢氧化物和氮化物也可存在于季铵盐中。季铵盐的通式为：

$$\left[R_2-\overset{\displaystyle R_1}{\underset{\displaystyle R_3}{N}}-R_4\right]^+ M^-$$

其中，R_1 为 CH_2 或 $C_6H_5CH_2$；R_2 为 $C_6H_5CH_2$；R_3 和 R_4 为碳原子数为12～22的烃基。

可用作膨润土覆盖剂的季铵盐的品种较多，如双烷基甲基苯基二氢化牛脂氯化铵、甲基苯基椰子油酸氯化铵是国内外常用的制备有机土的覆盖剂。这些覆盖剂可单独使用，也可混合使用。近年来的研究表明，混合使用覆盖剂较使用单一覆盖剂的改性效果要好。

7.2.2.3 非离子型表面活性剂

非离子型表面活性剂在溶液中不是离子状态，所以稳定性高，不易受强电解质无机盐类的影响，也不易受酸、碱的影响；它与其他类型表面活性剂的相容性好，在水及有机溶剂中皆有较好的溶解性能（视结构的不同而有所差别）。

这类表面活性剂虽在水中不电离，但有亲水基（如氧乙烯基—CH_2CH_2O—、醚基—O—、羟基—OH 或酰胺基—$CONH_2$ 等），也有亲油基（如烃基—R）。亲水基团和亲油基团可分别与无机填料和高聚物基料发生相互作用，加强二者的联系，从而增进二者之间的相容性。极性基团之间的柔性碳链起增塑润滑作用，赋予体系韧性和流动性，使体系黏度下降，从而改善复合材料的加工性能。

非离子型表面活性剂包括两大类，即聚乙二醇型（也称聚氧乙烯型）和多元醇型表面活性剂。

(1) 聚乙二醇型表面活性剂　这类表面活性剂的亲水性主要由聚乙二醇基，即聚氧乙烯基 $\mathrm{-\!\!\left(CH_2CH_2O\right)_{\overline{n}}}$ 所致。氧化乙烯又称环氧乙烷，能与亲油基上的活泼氢原子结合。

① 脂肪醇聚氧乙烯醚类（商品名称为“平平加”），通式为：$RO(CH_2CH_2)_nH$。式中 R 为 C_7～C_{17} 烃基，n=1～45。这类表面活性剂对硅灰石粉进行的表面改性结果表明，改性后显著提高了硅灰石在电缆中的填充性能。

② 烷基苯酚聚氧乙烯醚，又称 OP 型表面活性剂，通式为：

$$R-C_6H_4-O\!\left(CH_2CH_2O\right)_n H$$

式中，R 的碳原子数为 7～12，n=1～15。n=7～10 时，其水溶液的表面张力最低，润湿力最强。

③ 聚醚型表面活性剂，其通式为：

$$HO\left(CH_2CH_2O\right)_a\left(CH_2\overset{\displaystyle CH_3}{\overset{|}{C}}HO\right)_b\left(CH_2CH_2O\right)_c H$$

亲水基　　亲油基　　亲水基

亲油基被夹在两端的亲水基之中。

④ 脂肪酸-聚氧乙烯型表面活性剂，通式为 $RCOO\left(CH_2CH_2O\right)_n H$，一般是 12～17 个碳。

(2) 多元醇型表面活性剂　这类表面活性剂的亲水基主要是羟基，但也有不少是混合型的，即在多元醇的某个羟基上再接上一个聚氧乙烯链。它们主要是脂肪酸与多羟基醇作用而生成的酯。因为在多元醇分子上附有高级脂肪酸的亲油基，故水溶性较差。

多元醇型表面活性剂的常见类型是 Span（司潘）型和 Tween（吐温）型。Span 型是由山梨醇酐和各种脂肪酸形成的酯，不溶于水；在未酯化的羟基上接枝聚氧乙烯形成的 Tween 型，可溶于水。

7.2.3　有机硅

有机硅是以硅氧烷链为憎水基，聚氧乙烯链、羧基、酮基或其他极性基团为亲水基的一类特殊类型的表面活性剂，俗称硅油或硅树脂。其主要品种有聚二甲基硅氧烷、有机基改性聚硅氧烷及有机硅与有机化合物的共聚物等。

(1) 聚二甲基硅氧烷　聚二甲基硅氧烷的分子结构为：

$$Me_3Si-O\!\left[\begin{matrix}Me\\|\\Si\\|\\Me\end{matrix}-O\right]_n\!-SiMe_3 \qquad n=0\sim2500$$

其中，Me 代表甲基（CH_3，以下同）。因其分子通体为甲基，故表面张力极低（室温下表面张力为 16～21mN/m）。分子量小的表面张力较低，但增减幅度甚微，其黏度也随分子量递增。它不溶于水、低级醇、丙酮、乙二醇等，能溶于脂烃、芳烃、高级醇、醚类、酯类、氯化烃等大多数有机溶剂。

(2) 有机基改性聚硅氧烷　聚硅氧烷进行有机改性的常用类型为：

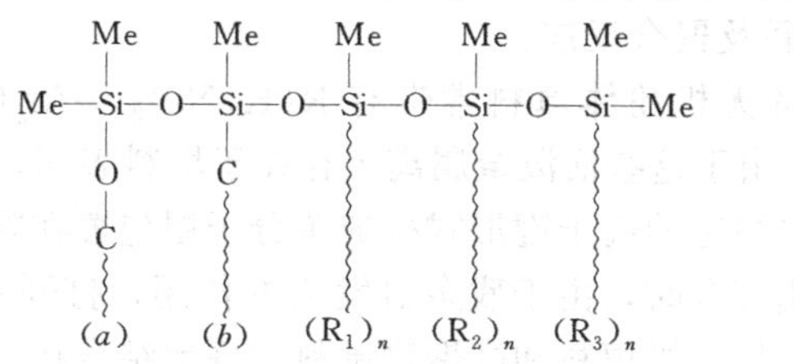

常用的有机基改性聚硅氧烷有：带活性基的聚甲基硅氧烷、苯基或高烷基改性的聚二甲基硅氧烷和带有机锡基团的聚硅氧烷。

(3) 有机硅与有机化合物的共聚物　这类共聚物兼有有机硅的高表面活性和有机化合物的特性，如好的相容性、水溶性或耐热性等。其结构通式常为：

$$Me_3-Si-O\left[\begin{matrix}Me\\ |\\ Si\\ |\\ R_1\end{matrix}-O\right]_x\left[\begin{matrix}Me\\ |\\ Si\\ |\\ (CH_2)_n\\ |\\ Me\end{matrix}-O\right]_y-Si-Me_3 \qquad n\geqslant 0$$

7.2.4　不饱和有机酸及有机低聚物

7.2.4.1　不饱和有机酸

不饱和有机酸作为无机填料的表面改性剂一般带有一个或多个不饱和双键或多个羟基，碳原子数一般在 10 以下。常见的不饱和有机酸是：丙烯酸、甲基丙烯酸、丁烯酸、肉桂酸、山梨酸、氯丙烯酸、马来酸、衣糠酸、乙酸乙烯、乙酸丙烯等。一般来说，酸性越强，越容易形成离子键，故多选用丙烯酸和甲基丙烯酸。各种有机酸可以单独使用，也可以混合使用。

(1) 丙烯酸　丙烯酸的结构式为：$CH_2=CH-COOH$。无色液体，熔点 12.1℃，沸点 140.9℃。丙烯酸的酸性较强，溶于水、乙醇、乙醚等。丙烯酸的化学性质很活泼，这也是作为活性填料的表面处理剂的基础条件。丙烯酸的双键很容易打开聚合成为透明白色粉末。

(2) 甲基丙烯酸　甲基丙烯酸的结构式为：

$$CH_2=\underset{\displaystyle CH_3}{\underset{|}{C}}-COOH$$

无色液体，熔点 15～16℃，沸点 161～162℃。溶于水、乙醇、乙醚和其他许多有机溶剂。化学性质活泼，易聚合成水溶性聚合物。

(3) 丁烯酸　丁烯酸俗称巴豆酸，可由巴豆醛氧化制得，丁烯酸有顺式和反式两种异构体：

$$\begin{matrix}H-C-CH_3\\ \|\\ H-C-COOH\end{matrix}\qquad\qquad\begin{matrix}H-C-CH_3\\ \|\\ COOH-C-H\end{matrix}$$

反式丁烯酸较为稳定。一般商品均为反式异构体，熔点 72℃，沸点 175℃。在甲苯溶液中能转变为顺式丁烯酸，熔点 15℃，沸点 160℃。

(4) β-苯丙烯酸　β-苯丙烯酸俗称肉桂酸，其结构式为：

$$C_6H_5-CH=CH-COOH$$

肉桂酸有顺式和反式两种异构体，多为反式异构体。为无色针状晶体，熔点 133℃，沸点 300℃。溶于热水、乙醇、乙醚、丙酮、冰醋酸等。受热时脱羟基而成苯乙烯。

从上述四例可见，这类表面改性剂带有不饱和双键和羧基两种官能团。羧基可与含有活泼金属离子的无机填料（如长石、陶土、红泥、氢氧化铝、二氧化碳等）很好地作用，而双键部分可参与接枝、交联及聚合反应。

含有活泼金属离子的无机粉体填料常带有 $R(K,Na)_2O-Al_2O_3-SiO_2$、$CaO-Al_2O_3-SiO_2$ 和 $MgO-Al_2O_3-SiO_2$ 组分。由于这些活泼金属离子存在于填料表面，用带有不饱和双键的有机酸进行表面处理时，极易以稳定的离子键形式构成单分子层包覆在颗粒表面。由于有机酸含有不饱和双键，在与基体树脂复合时，由于残余引发剂的作用，打开双键，与基体树脂发生接枝、交联等一系列化学反应，使无机填料和高聚物基料较好地结合在一起，提高了复合材料的机械物理性能。因此，不饱和有机酸是一类性能较好、应用前景较好的表面改性剂。

7.2.4.2 有机低聚物

（1）聚烯烃低聚物　聚烯烃低聚物的主要品种是无规聚丙烯和聚乙烯蜡。

丙烯在高效催化剂作用下进行聚合反应，生成聚丙烯，反应式如下：

$$n\cdot CH_2-CH=CH_2 \xrightarrow{\text{高效催化剂}} \underset{\displaystyle CH_3}{-\!\!(\overset{}{CH}}-CH_2)_n\!\!-$$

生成的聚丙烯有三种不同的立体异构体，即等规立构聚丙烯、间规立构聚丙烯和无规立构聚丙烯。三种不同的立构聚丙烯的性能差异很大。等规立构聚丙烯和间规立构聚丙烯性能较接近。无规立构聚丙烯与其性能相差甚远。无规立构聚丙烯可作为无机填料的表面处理剂。

聚乙烯蜡，即低分子量聚乙烯，平均分子量 1500～5000，白色粉末，相对密度约 0.9，软化点 101～110℃。聚乙烯蜡经部分氧化即为氧化聚乙烯蜡。氧化聚乙烯蜡的分子链上带有一定量的羧基和羟基。

聚烯烃低聚物有较高的黏附性能，可以和无机粉体较好地浸润、黏附、包覆，因此，常用于涂料消光剂（一种高孔体积沉淀二氧化硅）的表面包覆改性剂。同时，因其基本结构和聚烯烃相似，可以和聚烯烃很好地相容结合，因此也可应用于聚烯烃复合材料中无机填料的表面改性。

（2）其他低聚物　双酚 A 型环氧树脂。将分子量为 340～630 的双酚 A 型环氧树脂和胺化酰亚胺交联剂溶解在乙醇中，然后对云母进行表面处理，即可得到环氧树脂与交联剂包覆改性的活性云母填料。

7.2.5 超分散剂

7.2.5.1 分子结构及品种

超分散剂克服了传统分散剂在非水分散体系中的局限性。与传统的分散剂相比，超分散剂主要有以下特点：

① 在颗粒表面可形成多点锚固，提高了吸附牢度，不易解吸；

② 溶剂化链比传统分散剂亲油基团长，可起到有效的空间稳定作用；

③ 形成极弱的胶囊，易于活动，能迅速移向颗粒表面，起到润湿保护作用；

④ 不会在颗粒表面导入亲油膜，从而不致影响最终产品的应用性能。

下面介绍几种常见超分散剂品种的分子结构。

（1）含取代氨端基的聚酯分散剂　分子结构为：

```
G—R—NH—CO
          \
           N—R—NH—CO—Q
          /
G—R—NH—CO
```

其中，G为—NCO、—NH_2；R为C_2～C_7烷基；Q为聚酯链（溶剂化段）。

(2) 用于分散颜料的接枝共聚物分散剂　其分子结构包括两部分，主链为顺丁烯二酸酐同乙烯基单体的共聚物，侧链为醋酸乙烯酯或丙烯酸酯类共聚物。

(3) 聚（羟基酸）酯类分散剂　其分子结构可写作：$HO\!-\!\!\!\left[X-COO\right]_n\!\!-M$，其中，X为二价烷基；M为H或金属。

(4) 分子结构为YCOZR的分散剂　其中，Y为聚酯醚；Z为 $-\underset{}{\overset{T_1}{\overset{|}{N}}}-A-$ 或—O—A—；(T_1为氢或烷基；A为烷基或烷烃基)；R为 $-N\begin{matrix}T_2\\ T_3\end{matrix}$ 或 $N^{+}\begin{matrix}T_2\\ -T_3W^{-}\\ T_4\end{matrix}$（$T_2$、$T_1$、$T_4$同$T_1$；$W^-$为有、无色阴离子）。

(5) 低聚皂类分散剂　分子结构为：

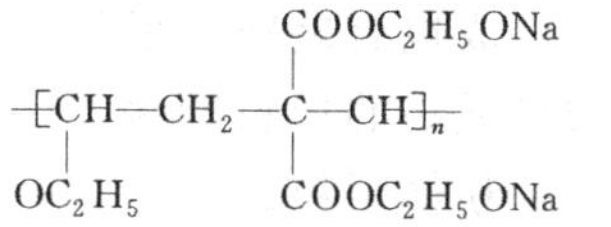

$$\left[\underset{OC_2H_5}{\underset{|}{CH}}-CH_2-\overset{COOC_2H_5ONa}{\overset{|}{\underset{COOC_2H_5ONa}{\underset{|}{C}}}}-CH\right]_n$$

(6) 水溶性高分子分散剂　分子结构为：

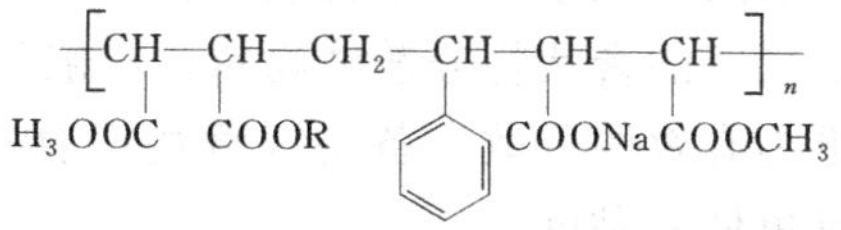

$$\left[\underset{H_3OOC}{\underset{|}{CH}}-\underset{COOR}{\underset{|}{CH}}-CH_2-\underset{C_6H_5}{\underset{|}{CH}}-\underset{COONa}{\underset{|}{CH}}-\underset{COOCH_3}{\underset{|}{CH}}\right]_n$$

7.2.5.2　使用方法

基于超分散剂分子本身的结构特点及其在非水分散体系中的作用特性，在其应用过程中要做到：

① 锚固段在颗粒表面牢固地结合；

② 超分散剂在颗粒表面形成较完整的单分子覆盖层；

③ 在介质中的溶剂化段有足够的长度以提供空间稳定作用。

因此，在使用过程中应注意以下几个因素。

(1) 超分散剂的选择　粉体颗粒本身的化学结构及粒子表面吸附的其他物质对锚固段与颗粒表面的结合都有重要影响。颗粒的表面性能包括比表面积、表面能、表面化学结构、表面极性、表面酸碱性能等。颗粒表面与锚固段发生较强的相互作用，包括氢键、共价键、酸碱作用。含—OH、—COOH、—O—及其他极性基团的表面更易与锚固段形成牢固结合，在颗粒表面棱角凹凸部位有更强的吸附力。一些典型的锚固官能团有：—N^+R_3、—COOH、—COO^-、—SO_3、—PO_4^{2-}、—OH以及嵌段异氰酸酯等。因此，需要根据颗粒表面的特性来选择超分散剂的品种和类型。

对于表面极性较强的无机粉体，可选择能通过偶极-偶极作用、氢键作用或离子对键合形成单点锚固的超分散剂，如：Solsperse-17000/TiO_2。

对于多环有机颜料或表面有弱极性基团的颗粒，选择含多个锚固官能团能通过多点锚固增强总的吸附牢度的超分散剂，如：Solsperse-17000/联苯胺磺。

对于非极性表面的粉体颗粒，应选择适当的表面增效剂与超分散剂配合使用。利用表面增效剂与有机颜料理化性质相似的特点，使之更易吸附在颗粒表面上；同时，为超分散剂提供了一些极性锚固位。

(2) 溶剂化链的选择　为确保超分散剂对固体颗粒在非水介质中的分散具有足够的空间稳定作用，应使其溶剂化段与分散介质有很好的相容性。根据相似相容规则，应使溶剂化段的极性和所有溶剂相匹配。若以脂肪烃或芳香烃等非极性化合物为溶剂，则溶剂化段应为低(非) 极性的，如 Solsperse-6000；若以芳烃酯类、酮类等中等极性化合物为溶剂，则应选择中等极性的溶剂化段；若以醇溶性、水性基料为分散介质，则应选择在极性溶剂中有一定溶解性的超分散剂，如 Solsperse-20000。

(3) 用量的确定　在实际应用中，超分散剂用量存在一个最佳值，以达到单分子层的完全覆盖，过少会影响其作用效果；过多则会增加成本，最终影响产品的质量。通常超分散剂用量是通过分散体系黏度随超分散剂用量的变化曲线的最低点来确定的，按颗粒表面积计，一般为 2mg 超分散剂/m^2。对无机颜料而言，相当于颜料质量的 1%～2%；对有机颜料而言，相当于颜料质量的 5%～15%。

(4) 加料顺序的影响　在多相分散体系中，超分散剂及其他助剂、树脂加入顺序不同，在颗粒表面形成的吸附层的结构、组成也有差别。因此，分散体系的某些性能也不同，对于多相分散系统，要根据性能要求选择适当的加料顺序。一般先将超分散剂与分散介质混合，然后加入其他助剂，再加入待分散的粉体颗粒。

(5) 分散工艺及设备　固体颗粒在使用介质中的分散工艺及主要设备主要依据分散质量、生产分散体的费用及被分散的颗粒形态（干粉或膏状物）而定。对于低黏度的分散体物料，一般采用球磨机；对于高黏度的膏状物分散体物料，一般采用多辊（如三辊）磨；若遇到黏度更高的颜料膏状物，更为有效的分散设备是双臂型捏合机。在相同固体含量情况下，超分散剂作用的分散体系具有更低的黏度。

(6) 粒度及粒度分布的影响　在一定的分散介质中，需要根据分散颗粒的粒度及粒度分布确定溶剂化链分子量及分子量分布，以免溶剂化链过长或过短引起不良作用。

超分散剂具有许多特点，除了广泛应用于油墨和涂料工业外，用于陶瓷粉体分散，可提高分散体系固体含量，提高稳定性，消除陶瓷结构微观不均匀性；用于复合材料中，超分散剂不仅可以增加填料填充量，而且可以提高填料的分散度，增强填料与高聚物基料界面之间的结合力，改善复合材料的力学性能。

7.2.6 水溶性高分子

7.2.6.1 水溶性高分子的分类和性能

水溶性高分子又称水溶性树脂或水溶性聚合物，是一种亲水性的高分子材料，在水中能溶解形成溶液或分散液。

水溶性高分子的亲水性，来自于其分子中含有的亲水基团。最常见的亲水基团是羧基、羟基、酰胺基、胺基、醚基等。这些基团不但使高分子具有亲水性而且使它具有许多宝贵的性能，如黏合、成膜、润滑、成胶、螯合、分散、絮凝、减磨、增稠性等。水溶性高分子的分子量低至几百，高至上千万，其亲水基团的强弱和数量也可以按要求加以调节，亲水基团等活性官能团还可以进行再反应，生成具有新官能团的化合物。

水溶性高分子可以分为三大类，即天然水溶性高分子、半合成水溶性高分子和合成水溶性高分子。目前，粉体表面改性用的主要是合成水溶性高分子的聚合类树脂，如聚丙烯酸及其盐类（聚丙烯酸钠、聚丙烯酸铵)、聚丙烯酰胺、聚乙二醇、聚乙烯醇、聚马来酸酐及马来酸-丙烯酸共聚物等。水溶性高分子的主要性能如下。

(1) 溶解性　由于水溶性高分子的应用绝大部分是以水溶液形式出现的，因此水溶性是这类高分子的重要性能。水溶性高分子在水中的溶解度因高分子结构及分子量的不同而不同。线型高分子能完全地生成氢键，使水分子很快进入全部高分子结构之中；非线型高分子只有部分区域生成氢键，水分子只能渗入部分高分子结构区域。因此，线型高分子比相同类的支链高分子的水溶性要好。分子量增大，溶解速度也将降低。这一方面是由于分子量的增大使分子在水中的扩散速度减慢；同时也由于分子量大的溶液黏度大，增加了分子运动的阻力。

温度是影响高分子溶解度的最重要的外部因素，大多数高分子的溶解度随温度的升高而增大。

(2) 流变学特性　流变学性能在水溶性高分子的应用中是非常重要的。例如，在乳胶漆中，为了避免颜料沉降，要求有较高的静止黏度；而在涂刷剪切力作用下，以黏度低为好，因此，要求涂料具有假塑性。

高分子水溶液流体在极低和极高的剪切速率下，流体性能接近牛顿流体，即剪切应力和剪切速率之间呈线性关系。在一般中等剪切速率下，多数高分子水溶液的黏度随剪切速率的增大而减小，即剪切应力和剪切速率之间不再呈线性关系。这种非牛顿流体称为假塑性流体。水溶性高分子水溶液的另一个流变学特性是触变性，即在受剪切力之后静止时，溶液黏度有所增大的特性。

(3) 电化学性质　水溶性高分子的电化学性质有三种类型。

① 阴离子型。在水溶液中电离为阴离子的高分子，如聚丙烯酸钠、羧甲基纤维素、藻蛋白酸钠等。

② 阳离子型。在水溶液中电离为阳离子的高分子，如季胺聚合物、阳离子淀粉等。

③ 非离子型。在水溶液中不电离的高分子，如聚乙二醇、聚氧化乙烯、羟乙基纤维素等。

许多水溶性高分子原本并不溶于水或仅部分溶于水，只有添加一种酸或碱，才因电离作用而溶于水。在水溶液或熔融状态下能电离成离子的物质称为电解质。电解质为聚合物的物质为聚电解质。聚电解质的性质取决于它的电离程度。聚丙烯酸和聚胺分别是阴离子和阳离子聚电解质的典型例子，它们的一些重要性质与其电离程度直接相关。因此，这些物质的水溶液的pH值与其黏度、分散性、稳定性等有密切关系。

(4) 分子量　分子量是对高分子使用功能最有影响的性质之一。水溶性高分子的分子，大至数千万，小至数百。同一种聚合物，分子量不同，应用性能也不同。因此，每一种水溶性高分子都可以形成一系列分子量不同的牌号，应用于不同的范围。

(5) 分散作用　水溶性高分子的分子中都含有亲水和疏水基团，因此很多水溶性高分子具有表面活性，可以降低水的表面张力，有助于水对固体的润湿，特别有利于无机填料、颜料、黏土之类的粉体物料在水中的分散。有许多水溶性高分子虽然不能显著降低水溶液的表面张力，但可以起到保护胶体的作用。通过它的亲水性，使水-胶体复合体吸附在颗粒上，使颗粒屏蔽免受电解质引起的絮凝或凝聚作用，这样也给予分散体系以稳定性。因此，水溶性高分子可用于SiO_2、Fe_2O_3、Al_2O_3、ZnO_2、CaO、TiO_2等无机粉体及陶瓷颜料等的表面处理，因为经过水溶性高分子改性处理的无机粉体在水相及其他无机相中容易分散，而且相容性好。

(6) 絮凝作用　水溶性高分子的分子中含有一定的极性基团，这些极性基团能吸附于水中悬浮的固体粒子，使粒子间架桥而形成大的凝聚体。

水溶性高分子作为絮凝剂最常用的可以分为三类：阴离子型的有聚丙烯酸钠、水解聚丙烯酰胺、顺丁烯二酸酐共聚物、苯乙烯磺酸钠聚合物等；阳离子型的有聚乙烯吡啶、甲醛-

苯胺树脂、聚胺、聚季铵盐等；非离子型的有聚丙烯酰胺、聚氧化乙烯、苛性淀粉等。

水溶性高分子的絮凝能力与溶液的 pH 值、用量、高分子的分子量及絮凝时的搅拌强度和温度等有很大关系。

(7) 增稠作用　所谓增稠性能是指水溶性高分子有使别的水溶液或水分散体系黏度增大的作用。作为增稠剂使用是水溶性高分子的一大用途。常用的增稠剂有明胶、阿拉伯胶、羧甲基纤维素、羟乙基纤维素、乙基羟乙基纤维素、羧甲基淀粉、甲基淀粉、阳离子淀粉、聚甲基丙烯酸、聚丙烯酸、聚乙二醇、聚丙烯酰胺、聚胺、聚乙烯甲基醚等。

(8) 减阻作用　减阻又叫减摩或降阻。往流体中添加少量化学药剂以使流体通过固体表面的湍流摩擦阻力得以大幅度减小的现象，叫作减阻作用。许多水溶性高分子具有减阻作用。其中具有支链少的线性柔性长链大分子结构的聚合物减阻效果最好。支链增加，减摩效果降低。

7.2.6.2　主要品种和应用

水溶性高分子品种很多，发展也很快。本书只对其中几种涉及粉体表面改性处理的水溶性高分子的分子结构、主要物化性能及应用等作简单介绍。

(1) 丙烯酸及甲基丙烯酸聚合物　这类水溶性高分子包括聚丙烯酸（盐）、聚甲基丙烯酸（盐）及其共聚物，结构式可写成：

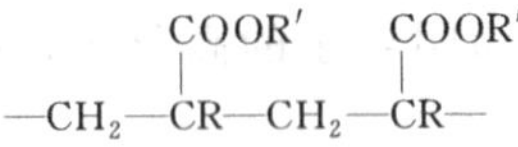

$$-CH_2-\underset{\displaystyle COOR'}{\overset{|}{C}}R-CH_2-\underset{\displaystyle COOR'}{\overset{|}{C}}R-$$

（注：原式中 COOR′ 位于 C 的上方。）

式中，R 为 H、CH_3；R′为 H、CH_3、Na、K、NH_4 等。

聚丙烯酸和聚甲基丙烯酸在一些溶剂中的溶解度实验结果列于表 7-4。

表 7-4　聚丙烯酸和聚甲基丙烯酸的溶解性

溶剂	溶解性		溶剂	溶解性	
	聚丙烯酸	聚甲基丙烯酸		聚丙烯酸	聚甲基丙烯酸
水	溶	溶	丙酮	不溶	不溶
二噁烷	溶	溶	丙烯碳酸酯	不溶	不溶
乙醇	溶	溶	乙醚	不溶	不溶
甲醇	溶	溶	苯	不溶	不溶
2-丙醇	溶	不溶	环己烷	不溶	不溶

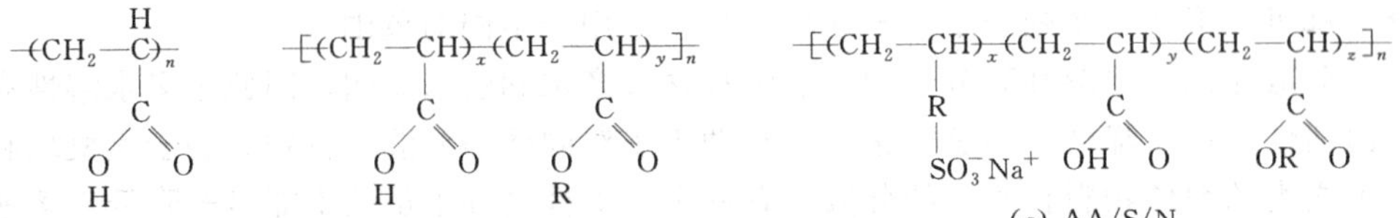

$-(CH_2-CH)_n-$，CH 上连 C(=O)—O—H

(a) PAA

$-[(CH_2-CH)_x(CH_2-CH)_y]_n-$，两个 CH 上分别连 C(=O)—OH 与 C(=O)—OR

(b) AA/S

$-[(CH_2-CH)_x(CH_2-CH)_y(CH_2-CH)_z]_n-$，三个 CH 上分别连 R—$SO_3^-Na^+$、C(=O)—OH 与 C(=O)—OR

(c) AA/S/N

图 7-9　丙烯酸共聚物的分子结构

许多丙烯酸聚合物有使固体颗粒分散、悬浮在水中的能力，正是这一性能可以用来对无机粉体（如无机颜料）进行表面处理。聚丙烯酸及其盐类可通过与固体颗粒的作用而实现颜料的有效分散。其作用机理主要是离子的结合、范德华力和氢键，颜料颗粒因吸附聚合物分子而产生静电排斥和空间位阻，从而达到分散稳定化。无机颜料的有效分散在涂料、造纸和陶瓷及石油等工业中意义重大。这种聚合物的分子量一般在数千至数万的低分子量范围内。分子结构包括聚丙烯酸（PAA）、丙烯酸二元共聚物（AA/S）、丙烯酸三元共聚物（AA/S/N）等，见图 7-9。它们与氧化铁粒子的作用如图 7-10 所示。羧基有利于高分子对铁的亲和力，磺酸基加大了阴离子强度，增大了相互之间的排斥力，而非离子基团起到亲水和憎水基团之间的平衡作用，加大了表面活性作用。

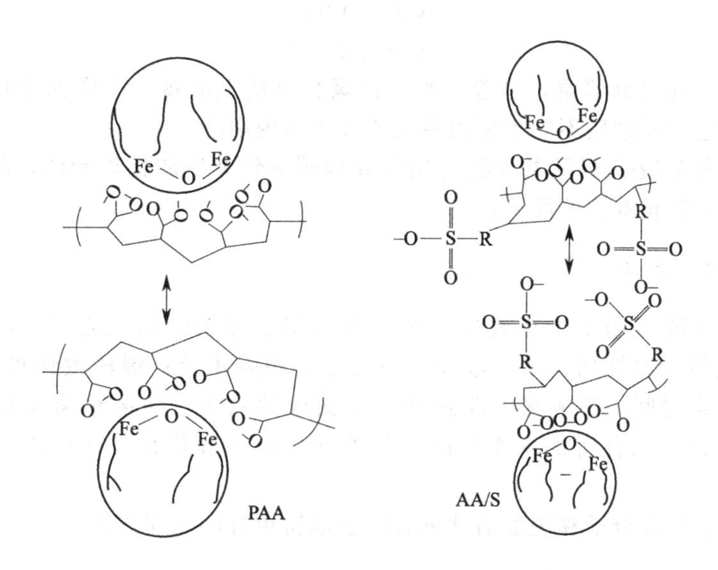

图 7-10 丙烯酸聚合物与氧化铁粒子的作用示意

甲基丙烯酸共聚物和甲基丙烯酸酯共聚物等常用作药粉的包膜材料，称为丙烯酸树脂，其结构式如下：

$$-\!\!\left[CH_2-\underset{\underset{OH}{|}}{\underset{C=O}{\underset{|}{\overset{\overset{CH_3}{|}}{C}}}}\right]_{n_1}\qquad -\!\!\left[CH_2-\underset{\underset{OR_2}{|}}{\underset{C=O}{\underset{|}{\overset{\overset{R_1}{|}}{C}}}}\right]_{n_2}$$

甲基丙烯酸共聚物

$$-\!\!\left[CH_2-\underset{\underset{OR_1}{|}}{\underset{C=O}{\underset{|}{\overset{\overset{H}{|}}{C}}}}\right]_{n_1}\qquad -\!\!\left[CH_2-\underset{\underset{OCH_3}{|}}{\underset{C=O}{\underset{|}{\overset{\overset{CH_3}{|}}{C}}}}\right]_{n_2}\qquad -\!\!\left[CH_2-\underset{\underset{OR_2}{|}}{\underset{C=O}{\underset{|}{\overset{\overset{CH_3}{|}}{C}}}}\right]_{n_3}$$

甲基丙烯酸甲酯共聚物

(2) 聚乙二醇　聚乙二醇也叫聚乙二醇醚，可由环氧乙烷与水或乙二醇逐步加成而制得，化学式为：$HO\!-\!\!(C_2H_4O)_n\!-\!H$。聚乙二醇的分子量 $M=17+44n$。

聚乙二醇能与许多物质相容。一般地说，它对极性大的物质显示最大的相容性，而对极性小的物质则相容性小。聚乙二醇的这种功能可用来对无机粉体进行表面处理，以增进无机填料或颜料与基料的相容性。实验表明，用聚乙二醇包覆处理硅灰石可显著改善填充聚丙烯（缺口冲击强度和低温性能）。这种聚乙二醇的平均分子量为2000～4000。另外，聚乙二醇也可对进行 $CaCO_3$ 表面改性。

(3) 聚乙烯醇　聚乙烯醇是白色、粉末状树脂，由醋酸乙烯水解而得，其结构式为：

$$-\!\!\left[CH_2-\underset{\underset{OH}{|}}{CH}\right]_n$$

由于分子链上含有大量侧——羟基，聚乙烯醇具有良好的水溶性。

(4) 聚马来酸　聚马来酸是由马来酸酐聚合水解或水解聚合而得。由马来酸直接聚合而得到的聚马来酸的分子结构如下：

$$\left[\begin{array}{cc}\text{CH}\text{——} & \text{CH}\\ | & |\\ \text{COOH} & \text{COOH}\end{array}\right]_m$$

聚马来酸是一种聚电解质，易溶于水，在聚合物链上的每一个碳原子均带有高电位电荷。因此，其聚电解质性质不同于聚丙烯酸或聚甲基丙烯酸。

聚马来酸及马来酸-丙烯酸共聚物可用来处理碳酸钙和磷酸钙等粉体，改善这些粉体在溶液中的分散性，防止颗粒的团聚。

7.2.6.3　使用方法

水溶性高分子既可用于干法改性工艺，也可用于湿法改性工艺。干法改性时，可以预先用水溶解或稀释改性剂，然后添加，最后干燥脱除水分；湿法改性可直接计量添加，然后搅拌反应一定时间。影响水溶性高分子表面改性效果的主要因素是用量，合适的用量要依粉体的粒径和比表面积及作用的均匀性而定，一般要在具体的工艺条件下通过实验来选定。

混合使用水溶性高分子和表面活性剂有时会取得更好的处理效果。

7.2.7　无机表面改性剂

氧化钛、氧化铬、氧化铁、氧化锆、氧化锌、氧化硅、氧化铝等金属氧化物的盐类（能够在一定条件下水解）常用于沉淀包膜的表面改性剂，如四氯化钛、硫酸氧钛、硫酸亚铁和铬盐等用于制备云母珠光颜料和着色云母的表面改性剂；铝盐、硅酸盐用于钛白粉的表面包膜改性，以提高颜料的保光性、耐候性，改善着色力和遮盖力等。沉淀包膜改性常用无机表面改性剂，其改性的物料（基质）一般也是无机物。

金属氧化物、碱或碱土金属、稀土氧化物、无机酸及其盐以及 Cu、Ag、Au、Mo、Co、Pt、Pd、Ni 等金属或贵金属常用作吸附和催化粉体材料，如氧化铝、硅藻土、分子筛、沸石、二氧化硅、海泡石、膨润土等的表面处理剂。

7.3　粉体的表面改性方法

7.3.1　物理涂覆

这是利用高聚物或树脂等对粉体表面进行处理而达到表面改性的工艺，如用酚醛树脂或呋喃树脂等涂覆石英砂以提高精细铸造砂的黏结性能。这种涂抹后的铸造砂既能获得高的熔模铸造速度，又能保持在模具和模芯生产中得到高抗卷壳和抗开裂性能；用呋喃树脂涂抹的石英砂用于油井钻探可提高油井产量。物理涂覆是一种对粉体表面进行简单改性的工艺。

以用树脂涂覆石英砂为例，表面涂覆改性工艺可分为冷法和热法两种。在涂覆处理前应对石英砂进行冲洗或擦洗和干燥。

冷法覆膜砂在室温下制备。工艺过程为先将粉状树脂与砂混匀，然后加入溶剂（工业酒精、丙酮或糠醛）。再继续混碾至溶剂挥发完全，干燥后经粉碎和筛分即得产品。溶剂加入量根据混砂机能否封闭而定。对于封闭混砂机，乙醇用量为树脂用量的40%～50%；对于不能封闭的混砂机，乙醇用量为树脂用量的70%～80%。

该法有机溶剂用量大，仅适用于少量生产。

热法覆膜是将砂子加热进行覆膜。工艺过程是先将石英砂加热到140～160℃，然后与树脂在混砂机中混匀（其中树脂用量为石英砂用量的2%～5%）。这时树脂被热砂软化，包覆在砂粒表面，随着温度降低而变黏，此时加入乌洛托品，使其分布在砂粒表面，并使砂激冷（乌洛托品作为催化剂可在壳膜形成时使树脂固化）。再加硬脂酸钙（防止结块），混数秒钟出砂，然后粉碎、过筛、冷却后即得产品。此法工艺效果较好，适合大量生产；但工艺控制较复杂，并需要专门的混砂设备。

影响表面涂覆处理效果的主要因素有颗粒的形状、比表面积、孔隙率、涂覆剂的种类及用量、涂覆处理工艺等。

W. J. Iley 用 Wurster 流化床研究了高聚物涂覆无机颗粒时颗粒粒度和孔隙率对表面涂覆效果的影响。结果表明，颗粒越细（比表面积越大）的粉体表面需要涂覆的高聚物量也越大，对于存在孔隙的颗粒，由于毛细管的吸力作用，涂覆材料（即高聚物）进入孔隙中，表面涂覆效果较差；无孔隙的高密度球形颗粒的涂覆效果最好。

7.3.2 化学包覆

这是利用有机物分子中的官能团在无机粉体表面的吸附或化学反应对颗粒表面进行包覆使颗粒表面改性的方法。除利用表面官能团改性外，这种方法还包括利用自由基反应、螯合反应、溶胶吸附等进行表面包覆改性。

表面化学包覆改性所用的表面改性剂种类很多，如硅烷、钛酸酯、铝酸酯、锆铝酸盐、有机铬等各种偶联剂，高级脂肪酸及其盐，有机铵盐及其他各种类型表面活性剂，如磷酸酯、不饱和有机酸、水溶性有机高聚物等。因此，选择的范围较大。具体选用时要综合考虑无机粉体的表面性质、改性后产品的质量要求和用途、表面改性工艺以及表面改性剂的成本等因素。

表面化学包覆改性工艺可分为干法和湿法两种。干法工艺一般在高速加热混合机或捏合机、流态化床、连续式粉体表面改性机、涡流磨等设备中进行。在溶液中湿法进行表面包覆改性处理一般采用反应釜或反应罐，包覆改性后再进行过滤和干燥脱水。影响无机粉体物料表面有机物化学包覆改性效果的主要因素如下。

（1）粉体的表面性质　粉体的比表面积、粒度大小和粒度分布、比表面能、表面官能团的类型、表面酸碱性、表面电性、润湿性、溶解或水解特性、水分含量、团聚性等均对有机物化学包覆改性效果有影响，是选择表面改性剂配方、工艺方法和设备的重要因素。

在忽略粉体孔隙率的情况下，粉体的比表面积与其粒度大小呈反比关系，即粒度越细，粉体的比表面积越大。在要求一定单分子层包覆率和使用同一种表面改性剂的情况下，粉体的粒度越细，比表面积越大，表面改性剂的用量也越大。

比表面能大的粉体物料，一般倾向于团聚，这种团聚体如果不能在表面改性过程中解聚，就会影响表面改性后粉体产品的应用性能。因此，团聚倾向很强的粉体最好在与表面改性剂作用前进行解团聚。

粉体的表面物理化学性质，如表面电性、润湿性、官能团或基团、溶解或水解特性等直接影响其与表面改性剂分子的作用，从而影响其表面改性效果。因此，表面物理化学性质也是选择表面改性工艺方法的重要考量因素之一。

粉体表面官能团的类型，影响有机表面改性剂与无机颗粒表面作用力的强弱，能与有机表面改性剂分子中极性基团产生化学键合或化学吸附的无机颗粒表面，表面改性剂在颗粒表面的包覆较牢固；仅靠物理吸附与无机颗粒表面作用的表面改性剂，与表面的作用力较弱，在颗粒表面包覆不牢固，在一定条件下（如剪切、搅拌、洗涤）可能脱附。所以，选择表面改性剂时也要考虑无机颗粒表面官能团的类型。例如，对石英粉、黏土、硅灰石、水铝石等酸性矿物，选用硅烷偶联剂效果较好；对不含游离酸的碳酸钙等碱性矿物填料，用硅烷偶联剂效果欠佳。这是因为硅烷偶联剂分子与石英表面官能团的作用较强，而与碳酸钙表面官能团的作用较弱。颗粒表面的酸碱性也对颗粒表面与表面改性剂分子的作用有影响。用表面活性剂对无机颜料或填料进行表面化学包覆改性时，颜料或填料粒子表面与各种有机官能团作用的强弱顺序大致是：当表面呈酸性时，羧酸＞胺＞苯酚＞醇；当表面呈碱性时，羧酸＞苯酚＞胺＞醇。

无机颗粒表面的含水量也对颗粒与某些表面改性剂的作用产生影响，例如单烷氧基型钛酸酯的耐水性较差，不适合于含湿量（吸附水）较高的无机填料或颜料；而单烷氧基焦磷酸酯型和螯合型钛酸酯偶联剂则能用于含湿量或吸附水较高的无机填料或颜料，如陶土、滑石粉等的表面改性。

(2) 表面改性剂的配方　粉体的表面化学包覆改性在很大程度上是通过表面改性剂在粉体表面的作用来实现的，因此，表面改性剂的配方（品种、用量和用法）对粉体表面的改性效果和改性后产品的应用性能有重要影响。

① 表面改性剂的品种。表面改性剂的品种是实现粉体表面改性预期目的的关键，具有很强的针对性。从表面改性剂分子与无机粉体表面作用的角度来考虑，应尽可能选择能与粉体颗粒表面进行化学反应或化学吸附的表面改性剂，因为物理吸附在其后应用过程中的强烈搅拌或挤压作用下容易脱附。但是，在实际选用时还必须考虑其他因素，如产品用途、产品质量标准或要求、改性工艺以及成本、环保等。

产品的用途是选择表面改性剂品种最重要的考虑因素。不同应用领域对粉体应用性能的技术要求不同，如表面润湿性、分散性、电性能、耐候性、光泽、抗菌性等，这就是要根据用途来选择表面改性剂品种的原因之一。例如，用于各种塑料、橡胶、胶黏剂、油性或溶剂型涂料的无机粉体（填料或颜料）要求表面亲油性好，即与有机高聚物基料有良好的亲和性或相容性，这就要求选择能使无机粉体表面疏水亲油的表面改性剂；在选择用于包覆电缆绝缘材料填料的煅烧高岭土时，还要考虑表面改性剂对介电性能及体积电阻率的影响；对于陶瓷坯料中使用的无机颜料不仅要求其在干态下有良好的分散性，而且要求其与无机坯料的亲和性好，能够在坯料中均匀分散；对于水性漆或涂料中使用的无机粉体（填料或颜料）的表面改性剂则要求改性后粉体在水相中的分散性、沉降稳定性和配伍性好。同时，不同应用体系的组分不同，选择表面改性剂时还须考虑与应用体系组分的相容性和配伍性，避免因表面改性剂而导致体系中其他组分功能的失效。此外，选择表面改性剂品种时还要考虑应用时的工艺因素，如温度、压力以及环境因素等。所有的有机表面改性剂都会在一定温度下分解，如硅烷偶联剂 100～310℃变化。因此，所选择的表面改性剂的分解温度或沸点最好高于应用时的加工温度。

改性工艺也是选择表面改性剂品种的重要考虑因素之一。目前的表面改性工艺主要采用干法和湿法两种。对于干法工艺不必考虑其水溶性的问题，但对于湿法工艺要考虑表面改性剂的水溶性，因为只有能溶于水才能在湿法环境下与粉体颗粒充分地接触和反应。例如，碳酸钙粉体干法表面改性时可以用硬脂酸（直接添加或用有机溶剂溶解后添加均可），但在湿法表面改性时，如直接添加硬脂酸，不仅难以达到预期的表面改性效果（主要是物理吸附），而且利用率低，过滤后表面改性剂流失严重，滤液中有机物排放超标。其他类型的有机表面改性剂也有类似情况。因此，对于不能直接水溶而又必须在湿法环境下使用的表面改性剂，必须预先将其皂化、胺化或乳化，使其能在水溶液中溶解和分散。

最后，选择表面改性剂还要考虑价格和环境因素。在满足应用性能要求或应用性能优化的前提下，尽量选用价格较便宜的表面改性剂，以降低表面改性的成本。

② 表面改性剂的用量。理论上在颗粒表面达到单分子层吸附所需的用量为最佳用量，该用量与粉体原料的比表面积和表面改性剂分子的截面积有关，实际最佳用量要通过改性实验和应用性能实验来确定，这是因为表面改性剂的用量不仅与表面改性时表面改性剂的分散和包覆的均匀性有关，还与应用体系对粉体原料的表面性质和技术指标的具体要求有关。

对于湿法改性，表面改性剂在粉体表面的实际包覆量不一定等于表面改性剂的用量，因为总是有一部分表面改性剂未能与粉体颗粒作用，在过滤时流失掉。因此，实际用量要大于达到单分子层吸附所需的用量。

进行化学包覆改性时，表面改性剂的用量与包覆率存在一定的对应关系。一般来说，在开始时，随着用量的增加，粉体表面包覆量提高较快，但随后增势趋缓，至一定用量后，表面包覆量不再增加。因此，从经济角度来说，用量过多是不必要的。

③ 表面改性剂的使用方法。表面改性剂的使用方法是表面改性剂配方的重要组成部分之一，对粉体的表面改性效果有重要影响。好的使用方法可以提高表面改性剂的分散程度和与粉体的表面改性效果；反之，使用方法不当就可能使表面改性剂的用量增加，改性效果达不到预期的目的。

表面改性剂的用法包括配制、分散和添加方法以及使用两种以上表面改性剂时的加药顺序。

表面改性剂的配制方法要依表面改性剂的品种、改性工艺和改性设备而定。

不同表面改性剂需要不同的配制方法，例如，对于硅烷偶联剂，与粉体表面起键合作用的是硅醇，因此，要达到好的改性效果（化学吸附）最好在添加前进行水解。对于使用前需要稀释和溶解的其他有机表面改性剂，如钛酸酯、铝酸酯、硬脂酸等要采用相应的有机溶剂，如无水乙醇、异丙醇、甘油、甲苯、乙醚、丙酮等进行稀释和溶解。对于在湿法改性工艺中使用的硬脂酸、钛酸酯、铝酸酯等不能直接溶于水的有机表面改性剂，要预先将其皂化、胺化或乳化为能溶于水的产物。

添加表面改性剂的最好方法是使表面改性剂与粉体均匀和充分地接触，以达到表面改性剂的高度分散和表面改性剂在粒子表面的均匀包覆。因此，最好采用与粉体给料速度联动的连续喷雾或滴（添）加方式，当然只有采用连续式的粉体表面改性机才能做到连续添加表面改性剂。

由于粉体表面，尤其是无机填料或颜料表面性质的不均一性，有时混合使用表面改性剂较使用单一表面改性剂的效果要好。例如，联合使用钛酸酯偶联剂和硬脂酸对碳酸钙进行表面改性，不仅可以提高表面处理效果，而且还可减少钛酸酯偶联剂的用量，降低生产成本。但是，在选用两种以上的表面改性剂对粉体进行处理时，加药顺序对最终表面改性效果有一定影响。在确定表面改性剂的添加顺序时，首先要分析两种表面改性剂各自所起的作用和与粉体表面的作用方式（是物理吸附为主还是化学吸附为主）。一般来说，先加起主要作用和以化学吸附为主的表面改性剂，后加起次要作用和以物理吸附为主的表面改性剂。

（3）表面改性工艺　表面改性剂配方确定以后，表面改性工艺是决定表面化学包覆改性效果最重要的影响因素之一。表面改性工艺要满足表面改性剂的应用要求或应用条件，对表面改性剂的分散性好，能够实现表面改性剂在粉体表面均匀且牢固的包覆；同时要求工艺简单、参数可控性好、产品质量稳定，而且能耗低、污染小。因此，选择表面改性工艺时至少要考虑以下因素。

① 表面改性剂的特性，如水溶性、水解性、沸点或分解温度等。

② 前段粉碎或粉体制备作业是湿法还是干法，如果是湿法作业可考虑采用湿法改性

工艺。

③ 改性工艺条件，如反应温度和反应时间等。为了达到良好的表面化学包覆效果，一定的反应温度和反应时间是必需的。选择温度范围应首先考虑表面改性剂对温度的敏感性，以防止表面改性剂因温度过高而分散、挥发。但温度过低不仅反应时间较长，而且包覆率低。对于通过溶剂溶解的表面改性剂来说，温度过低，溶剂挥发不完全，也将影响化学包覆改性的效果。反应时间影响表面改性剂在颗粒表面的包覆量，一般随着时间的延长，开始时包覆量迅速增加，然后逐渐趋缓，到一定时间达到最大值，此后，继续延长反应时间，包覆量不再增加甚至还有所下降（因强烈机械作用，如剪切或冲击导致部分解吸附）。

(4) 表面改性设备　在表面改性剂配方和表面改性工艺确定的情况下，表面改性设备就成为影响粉体表面化学包覆改性的关键因素。

表面改性设备性能的优劣，不在其转速的高低或结构复杂与否，关键在于以下基本工艺特性：

① 对粉体及表面改性剂的分散性；

② 粉体与表面改性剂的接触或作用的机会；

③ 改性温度和停留时间；

④ 单位产品能耗和磨耗；

⑤ 粉尘污染；

⑥ 设备的运转状态。

高性能的表面改性机应能够使粉体及表面改性剂的分散性好、粉体与表面改性剂的接触或作用机会均等，以达到均匀的单分子层吸附，减少改性剂用量。

同时，能方便调节改性温度和反应或停留时间，以达到牢固包覆和使溶剂或稀释剂完全蒸发（如果使用了溶剂或稀释剂）。此外，单位产品能耗和磨耗应较低，无粉尘污染（粉体外溢不仅污染环境，恶化工作条件，而且损失物料，增加了生产成本），设备操作简便，运行平稳。

7.3.3 沉积改性

沉积改性是通过无机化合物在颗粒表面的沉淀反应，在颗粒表面形成一层或多层包膜，以达到改善粉体表面性质，如光泽、着色力、遮盖力、保色性、耐候性，电、磁、热性和体相性质等目的的表面改性方法。这是一种“无机/无机包覆”或“无机纳米粉体包覆”的粉体表面改性方法。沉淀反应是无机颜料表面改性最常用的方法之一，如用氧化铝或二氧化硅处理二氧化钛（钛白粉），通过金属氧化物（氧化钛、氧化铁、氧化铬等）在白云母颗粒表面的沉淀反应包膜于云母颗粒表面而制取珠光云母，用氧化钴沉淀包膜 $\alpha\text{-}Al_2O_3$ 粉体，等等。

用沉淀反应方法对粉体进行表面改性一般采用湿法工艺，即在分散的一定固含量浆料中，加入需要的无机表面改性剂，在适当的 pH 值和温度下使无机表面改性剂以氢氧化物或水合氧化物的形式在颗粒表面进行均匀的沉淀反应，形成一层或多层包膜，然后经过洗涤、过滤、干燥、焙烧等工序使包膜牢固地固定在颗粒表面。这种用于粉体表面沉淀反应改性的无机表面改性剂一般是金属氧化物、氢氧化物及其盐类等。以二价金属离子（Me^{2+}）为例，在分散有粉体的浆料中，存在以下儿种反应。

(1) 水解

$$Me^{2+}+H_2O = MeOH^{+}+H^{+}$$

$$Me^{2+}+2H_2O = Me(OH)_2+2H^{+}$$

$$Me^{2+}+3H_2O \longrightarrow Me(OH)_3^-+3H^+$$
$$Me^{2+}+4H_2O \longrightarrow Me(OH)_4^{2-}+4H^+$$
$$2Me^{2+}+H_2O \longrightarrow Me_2OH^{3+}+H^+$$
$$4Me^{2+}+4H_2O \longrightarrow Me_4(OH)_4^{4+}+4H^+$$
$$Me^{2+}+2H_2O \longrightarrow Me(OH)_2(s)+2H^+$$

其中，$Me(OH)_2(s)$ 为固态金属氢氧化物。

(2) 与粉体表面的反应　设 SOH 代表粉体表面，其可能的反应类型如下：

$$SOH+Me^{2+} \longrightarrow SOMe^++H^+$$
$$SOH+2Me^{2+}+2H_2O \longrightarrow SOMe_2(OH)_2^++3H^+$$
$$SOH+4Me^{2+}+5H_2O \longrightarrow SOMe_4(OH)_5^{2+}+6H^+$$
$$SOH+Me^{2+}+2H_2O \longrightarrow (SOH)\cdots\cdots Me(OH)_2(s)$$
$$SOH+Me^{2+}+H_2O \longrightarrow SOMeOH+2H^+$$
$$2SOH+Me^{2+} \longrightarrow (SO)_2Me+2H^+$$
$$SOH+4Me^{2+}+3H_2O \longrightarrow SO(Me)_4(OH)_3^{4+}+4H^+$$

粉体颗粒表面在浆液中也可能发生某些水解，以 α-Al_2O_3为例，其可能的反应如下：

$$Al^{3+}+H_2O \longrightarrow Al(OH)^{2+}+H^+$$
$$Al^{3+}+2H_2O \longrightarrow Al(OH)_2^++2H^+$$
$$Al^{3+}+3H_2O \longrightarrow Al(OH)_3^-+3H^+$$
$$Al^{3+}+4H_2O \longrightarrow Al(OH)_4^-+4H^+$$

表面沉淀反应改性一般在反应釜或反应罐中进行。影响沉淀反应改性效果的因素较多，主要有原料的性质，如粒度大小和形状、表面官能团；无机表面改性剂的品种；浆液的值、浓度；反应温度和反应时间；后续处理工序，如洗涤、脱水、干燥或焙烧等。其中 pH 值及温度、浓度等因直接影响无机表面改性剂在水溶液中的水解产物，是沉淀反应改性最重要的影响因素之一。

无机表面改性剂的种类和沉淀反应的产物及晶型往往决定表面改性后粉体材料的功能性和应用性能，因此，要根据粉体产品的最终用途或性能要求来选择沉淀反应的无机表面改性剂。这种表面改性剂一般是最终包膜产物（金属氧化物）的前驱体（盐类）或水解产物。

7.3.4 机械力化学改性

机械力化学改性是利用超细粉碎及其他强烈机械作用有目的的对粉体表面进行激活，在一定程度上改变颗粒表面的晶体结构、溶解性能（表面无定形化）、化学吸附和反应活性（增加表面活性点或活性基团）等。显然，仅仅依靠机械激活作用进行表面改性目前还难以满足应用领域对粉体表面物理化学性质的要求。但是，机械化学作用激活了粉体表面，可以提高颗粒与其他无机物或有机物的作用活性；新生表面产生的自由基或离子可以引发苯乙烯、烯烃类进行聚合，形成聚合物接枝的填料。因此，如果在无机粉体粉碎过程中的某个阶段或环节添加适量的表面改性剂，那么机械激活作用可以促进表面改性剂分子在无机粉体表面的化学吸附或化学反应，达到在粉碎过程中使无机粉体表面改性的目的。此外，还可在一种无机非金属矿物的粉碎过程中添加另一种无机物或金属粉，使无机核心材料表面包覆金属粉或另外一种无机粉体，或进行机械化学反应生成新相，如将 ZnO 和 Al_2O_3 一起在高速行星球磨机中强烈研磨 4h 时，即生成部分尖晶石型 $ZnAl_2O_4$ 新相；将石英和方解石一起研磨时，生成 CO_2 和少量 $CaO \cdot SiO_2$ 等。

对粉体物料进行机械激活的设备主要是各种类型的球磨机（旋转筒式球磨机、行星球磨机、振动球磨机、搅拌球磨机、砂磨机等）、气流粉碎机、高速机械冲击磨及离心磨机等。

影响机械激活作用强弱的主要因素是：粉碎设备的类型、机械作用的方式、粉碎环境（干、湿、气氛等）、助磨剂或分散剂的种类和用量、机械力的作用时间以及粉体物料的晶体结构、化学组成、粒度大小和粒度分布等。

粉碎设备的类型决定了机械力的作用方式，如挤压、摩擦、剪切、冲击等。除气流粉碎机主要是冲击作用外，其他用于机械激活的粉碎设备一般都是多种机械力的综合，如振动球磨机是摩擦、剪切、冲击等机械作用力的综合，搅拌球磨机是摩擦、挤压和剪切作用的综合，旋转筒式球磨机是摩擦、冲击作用力的综合，高速机械冲击磨则是冲击和剪切等作用力的综合。机械力的作用时间或粉碎时间的长短是影响机械化学反应强弱的一个主要因素之一，机械能作用的时间越长，机械化学效应就越强烈。

许多研究表明，多数情况下在同一设备，如振动磨中，同样的粉碎时间，干式超细粉碎对无机粉体的机械激活作用（晶格扰动、表面无定形化等）较湿式超细粉碎要强烈。再有，在添加助剂或表面改性剂的机械粉碎操作中，机械化学效应或机械化学反应与这些添加剂有关，这些添加剂往往参与表面吸附，降低系统的黏度和减轻颗粒的团聚。

7.3.5 微胶囊改性

胶囊化改性指在粉体颗粒表面上覆盖一层均质且有一定厚度薄膜的一种表面改性方法。粉体的胶囊化改性主要指微小颗粒胶囊化。这种微小胶囊一般是几百微米的微小壳体。这种壳体的壁膜（外壳、皮膜、保护膜）通常是连续又坚固的薄膜（其厚度从几分之一微米到几微米）。微小颗粒胶囊化改性不仅能制备无机-有机复合胶粒，还可以利用胶囊的缓释作用将固体药粉胶囊化。粉体的胶囊化改性可以说是因为后者而发展起来的。

在粉体表面形成胶囊的方法很多，这些方法大致可分为三类十四种。有些方法与前面介绍的表面化学包覆和沉淀反应包膜相似。现简单介绍如下。

（1）化学方法

① 界面聚合法（界面聚合反应）；

② 局部聚合法（表面或界面化学反应法）；

③ 在液相中硬化覆盖层法。

（2）物理化学方法

① 水溶液的相分离法（单纯凝聚或复合凝聚法）；

② 有机溶液的相分离法（界面析出、界面浓缩、温度变化法等）；

③ 液相干燥法（界面沉淀法、界面硬化反应法、二次胶乳法等）；

④ 熔解分散冷却法（喷雾凝固造粒、凝固造粒）；

⑤ 内包物交换法；

⑥ 粉粒床法（液滴法、凝胶法、乳胶法）。

（3）机械物理方法

① 气相悬浮覆盖法；

② 无机物表面胶囊化（摩擦研磨法、胶体法、加热硬化法）；

③ 真空镀膜覆盖法；

④ 静电法；

⑤ 喷雾凝固干燥法。

粉体微小胶囊化改性的应用领域很多，技术方法也不尽相同，因此，影响因素很多。

7.3.6 高能表面改性

高能表面改性是指利用紫外线、红外线、电晕放电、等离子体照射和电子束辐射等方法对粉体进行表面改性的方法。如用 ArC_3H_6 低温等离子处理 $CaCO_3$ 可改善 $CaCO_3$ 与聚丙烯的界面黏结性。这是因为经低温等离子处理后的 $CaCO_3$ 表面存在一非极性有机层作为界面相，可以降低 $CaCO_3$ 的极性，提高与聚丙烯的相容性。电子束辐射可使石英、方解石等粉体的荷电量发生变化。

此外，化学气相沉积、物理沉积无机酸、碱、盐处理也可用于粉体的表面改性。将这些方法与前述各种改性方法并用效果更好。但是，目前高能改性方法技术较复杂，成本较高，还难以实现大规模工业化生产。

7.4 粉体表面改性工艺

7.4.1 干法工艺

干法改性工艺是指粉体在干态下或干燥后在表面改性设备中进行分散，同时加入配制好的表面改性剂，在一定温度下进行表面改性处理的工艺。无机粉体的表面物理涂覆、化学包覆、机械化学和部分胶囊化改性常常采用这种工艺。

干法改性工艺可以分为间歇式和连续式两种。

间歇式表面改性工艺是将计量好的粉体原料和配制好的一定量的表面改性剂同时给入表面改性设备中，在一定温度下进行一定时间的表面改性处理，然后卸出处理好的物料，再加料进行下一批粉体的表面改性。由于粉体物料是一批批进行表面改性的，因此，间歇式表面改性工艺的特点是可以在较大范围内灵活地调节表面改性处理的时间。但是，由于粉体的表面改性是极少量表面改性剂在大批量粉体表面的吸附和反应过程，为了使表面改性剂较均匀地在粉体物料表面进行包覆，要对表面改性剂进行稀释。间歇式表面改性工艺的缺点是劳动强度较大，生产效率较低，难以适应大规模工业化生产。一般适用于小规模工业化生产和实验室进行表面改性剂配方实验研究。

连续式表面改性工艺是指连续加料和连续添加表面改性剂的工艺。因此，在连续式粉体表面改性工艺中，除了改性主机设备外，还有连续给料装置和给药（添加表面改性剂）装置。连续式表面改性工艺的特点是：表面改性剂可以不稀释，粉体与表面改性剂的分散较好，粉体表面包覆较均匀；因为连续给料和添加表面改性剂，劳动强度小，生产效率高，适用于大规模工业化生产。这种干法表面改性工艺常常设置于干法粉体制备工艺之后，大批量连续生产各种表面改性工业粉体，特别是用于塑料、橡胶、胶黏剂等高聚物基复合材料的无机活性填料。图 7-11 所示即是配套设置于重质碳酸钙干法超细粉碎工艺之后的连续干式表面改性工艺，改性设备为 HSTM3/300 连续式粉体表面改性机。

干法表面改性工艺适用于各种有机表面改性剂，特别是非水溶性的各种表面改性剂。在干法改性工艺中，主要工艺参数是改性温度、粉体与表面改性剂的作用或停留时间。干法工艺中表面改性剂的分散和表面包覆的均匀性在很大程度上取决于表面改性设备。

7.4.2 湿法工艺

湿法表面改性工艺是在一定固液比或固含量的浆料中添加配制好的表面改性剂及助剂，在搅拌分散和一定温度条件下对粉体进行表面改性的工艺。使用无机表面改性剂的沉淀反应

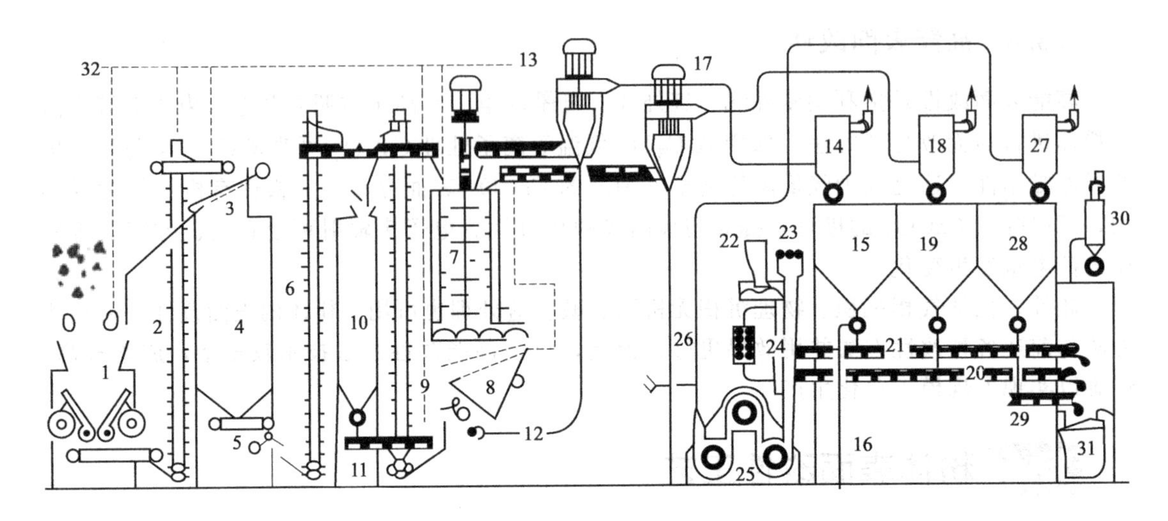

图 7-11　干式超细粉碎和连续表面改性工艺

1—破碎机；2，6，9—斗式提升机；3，8—振动筛；4—原料仓；5—电子皮带秤；7—干式搅拌球磨机；10—研磨介质仓；11—螺旋给料机；12，16—气力输送机；13—涡轮式分级机；14，18，27，30—除尘器；15，19，28—成品仓；17—精细分级机；20，21，29—螺旋输送机；22—带计量的螺旋硬脂酸桶；23—滤布；24—硬脂酸加热系统；25—连续表面改性机；26—气力输送＋产品冷却；31—包装机；32—集尘室

包膜改性一般采用这种工艺。另外，使用有机表面改性剂的表面化学包覆改性和部分胶囊化改性及机械化学改性也采用湿法表面改性工艺。

湿法表面改性工艺主要有湿法表面沉淀包膜工艺和湿法表面化学包覆工艺两种，其主要特点和区别列于表 7-5。

表 7-5　湿法表面改性工艺的分类和特点

分　类	特　点	
	表面改性剂	主要工艺流程
湿法表面沉淀包膜	各种无机表面改性剂	改性剂水解→沉淀反应→过滤→干燥→焙烧
湿法表面化学包覆	各种有机表面改性剂	包覆→过滤→干燥

湿法表面化学包覆工艺与前述干法工艺相比，具有表面改性剂分散好、表面包覆均匀等特点，但需要后续脱水（过滤和干燥）作业，适用于各种可水溶或水解的有机表面改性剂以及前段为湿法制粉工艺而后段又需要干燥的场合，如轻质碳酸钙的表面改性一般采用湿法化学包覆工艺。这是因为炭化反应后的碳酸钙浆料即使不进行湿法表面改性，也要进行过滤和干燥，在过滤和干燥之前进行表面改性，还可使物料干燥后不形成硬团聚，分散性得到显著改善。对于前段为湿法超细粉碎工艺而后需要进行表面改性的工艺，如果所选用的表面改性剂可水溶或水解，则可以在超细粉碎工艺后设置湿法表面改性工艺。图 7-12 所示为电气石的湿法超细粉碎和表面改性工艺，产品细度为平均粒度≤0.5μm，≤2μm 的颗粒含量≥97％。

在湿法表面化学包覆改性工艺中，主要工艺参数是温度、浆料浓度、反应时间、干燥温度和干燥时间。由于有机表面改性剂的分解温度一般较低，过高的干燥温度和过长的干燥时间将导致表面改性剂的破坏或失效，因此，必须根据表面改性剂的物理化学特性，严格控制干燥工艺条件，特别是干燥温度和停留时间。

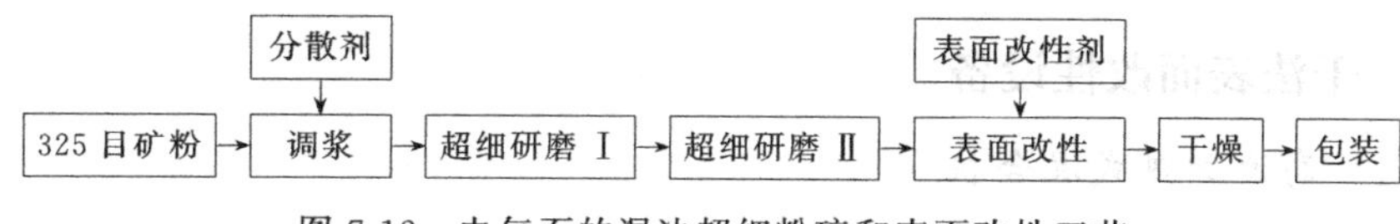

图7-12 电气石的湿法超细粉碎和表面改性工艺

湿法表面沉淀包膜改性的工艺参数较多，除了浆料浓度、反应温度、反应时pH值、晶型转化剂、表面改性时间、干燥温度和干燥时间等因素之外，还有浆液的水解条件以及焙烧温度、时间和气氛等。

7.4.3 复合工艺

(1) 机械化学与表面化学包覆改性复合工艺 这是一种在机械粉碎或超细粉碎过程中添加表面改性剂，在粉体粒度减小的同时，对粉体颗粒进行表面化学包覆改性的复合工艺。这种复合改性工艺可以干法进行，即在干式超细粉碎过程中实施；也可以湿法进行，即在湿式超细粉碎过程中实施。

这种复合表面改性工艺的特点是可以简化工艺，某些表面改性剂具有一定的助磨作用，可在一定程度上提高粉碎效率。不足之处是温度不好控制，难以满足改性的工艺技术要求。另外，由于粉碎过程中包覆好的颗粒不断被粉碎，产生新的表面，颗粒包覆难以均匀，要设计好表面改性剂的添加方式才能确保均匀包覆和较高的包覆率。此外，如果粉碎设备的散热不好，超细粉碎过程中局部的过高温升可能在一定程度上使表面改性剂分解或分子结构被破坏。

(2) 干燥与表面化学包覆改性复合工艺 这种复合表面改性工艺的特点也是可以简化工艺，但干燥温度一般在200℃以上，干燥过程中加入的低沸点表面改性剂可能还来不及与粉体表面作用就随水分子一起蒸发，在水分蒸发后、出料前添加表面改性剂可以避免表面改性剂的蒸发，但停留时间一般难以满足包覆改性的要求，难以确保均匀牢固的包覆。湿法表面改性工艺虽然也要经过干燥，但是干燥之前表面改性剂已吸附于颗粒表面，排挤了颗粒表面的水化膜，因此在干燥时，首先蒸发掉的是颗粒外围的水分。这是与干燥过程中添加表面改性剂进行表面化学包覆改性的区别之处。

(3) 沉淀反应与表面化学包覆改性复合工艺 沉淀反应与表面化学处理工艺是在沉淀反应改性之后再进行表面化学包覆处理，目的是得到能满足某些特殊用途要求的复合型粉体原(材)料。例如，微细二氧化硅先在溶液中沉淀包覆一层Al_2O_3，然后用四乙烯吡啶进行包覆，便得到一种表面有机物改性的复合无机物粉体产品。

在用沉淀反应二元包覆$SiO_2 \cdot Al_2O_3$薄膜的基础上，再用钛酸酯偶联剂、硅烷偶联剂及三乙醇胺、季戊四醇等对亚微米TiO_2颗粒进行表面有机包覆改性，不仅提高了TiO_2的耐候性，而且还提高了其疏水性和在基料中的润湿性及分散性。

7.5 表面改性设备

粉体表面改性的方法较多，可采用的设备也是各种各样的。目前在这些设备中专用设备较少，大多数是从化工、塑料、粉碎、分散等行业中引用过来的。根据所应用的表面改性工艺的不同，表面改性设备可分为干法设备和湿法设备两大类。其中干法设备主要有高速加热式混合机、卧式加热混合机、SLG型（涡流型）连续式粉体表面改性机、PSC型连续式粉体表面改性机、高速冲击式粉体表面改性机、机械融合式粉体表面改性机、流态化床式粉体表面改性机、涡旋磨等；湿法设备主要是可控温反应釜、反应罐或搅拌反应筒。

7.5.1 干法表面改性设备

7.5.1.1 高速加热式混合机

高速加热式混合机是无机粉体，如无机填料或颜料表面化学包覆改性常用的设备之一，这是塑料制品加工行业广泛使用的混料设备。其结构如图 7-13 所示，它主要由回转盖、混合锅、折流板、搅拌装置、排料装置、驱动电机、机座等组成。

混合室呈圆筒形，由内层、加热冷却夹套、绝热层和外套组成。内层具有很高的耐磨性和光洁度，上部与回转盖相接。下部有排料口（见图 7-14）。为了排除混合室内的水分和挥发物，有的还装有抽真空装置。叶轮是高速加热混合机的搅拌装置，与驱动轴相连，可在混合室内高速旋转。叶轮形式很多，其结构如图 7-15 所示。折流板断面呈流线形，悬挂在回转盖上，可根据混合室内物料量调节其悬挂高度。折流板内部为空腔，装有热电偶，测试物料温度。混合室下部有排料口，位于物料旋转并被抛起时经过的地方。排料口接有气动排料阀门，可以迅速开启阀门排料。

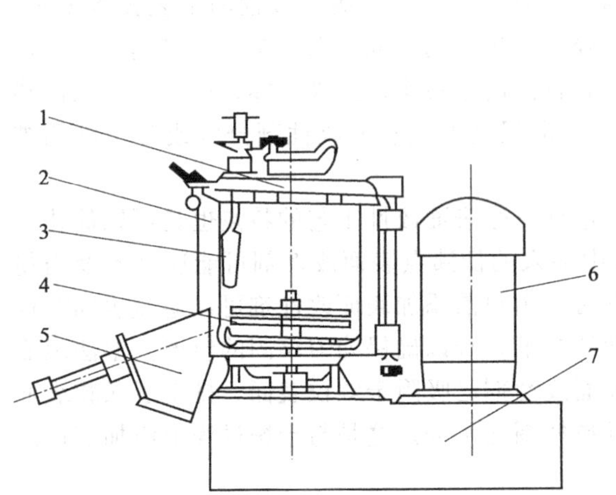

图 7-13 高速加热式混合机的结构

1—回转盖；2—混合锅；3—折流板；4—搅拌装置；5—排料装置；6—驱动电机；7—机座

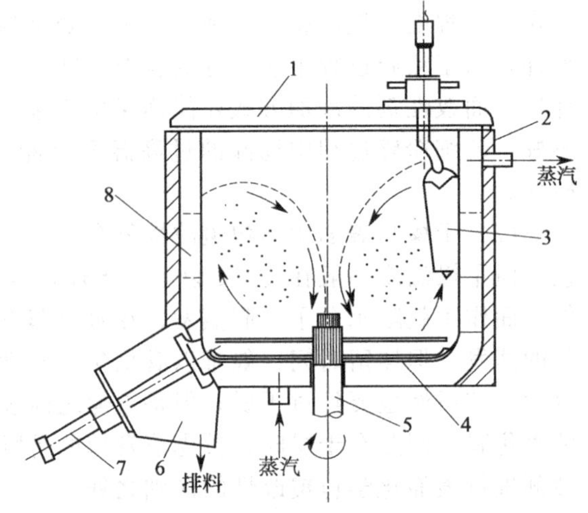

图 7-14 高速加热式混合机的工作原理

1—回转盖；2—外套；3—折流板；4—叶轮；5—驱动轴；6—排料口；7—排料气缸；8—夹套

叶轮在混合室内的安装形式有两种：一种为高位式，即叶轮装在混合室中部，驱动轴相应长些；另一种为普通式，叶轮装在混合室底部，由短轴驱动。高位式与普通式的结构及工作原理分别如图 7-16 和图 7-17 所示。显然，高位混合式效率高，处理量大。

高速加热式混合机的工作原理：当混合机工作时，高速旋转的叶轮借助表面与物料的摩擦力和侧面对物料的推力使物料沿叶轮切向运动。同时，由于离心力的作用，物料被抛向混合室的内壁，并沿壁面上升到一定高度后因重力作用又回到叶轮中心，接着又被抛起。这种上升运动与切向运动的结合，使物料实际上处于连续的螺旋状上、下运动状态。由于转轮速度很高，物料运动速度也很快，快速运动着的颗粒之间相互碰撞、摩擦，使得团块破碎，物料温度相应升高，同时迅速地进行交叉混合。这些作用促进了物料的分散和对液体添加剂（如表面改性剂）的均匀吸附。混合室内的折流板进一步搅乱物料的流态，使物料形成无规运动，并在折流板附近形成很强的涡流。对于高位安装的叶轮，物料在叶轮上、下形成了连续交叉流动，使混合更快、更均匀。混合结束后，夹套内通冷却介质，冷却后物料在叶轮作用下由排料口排出。

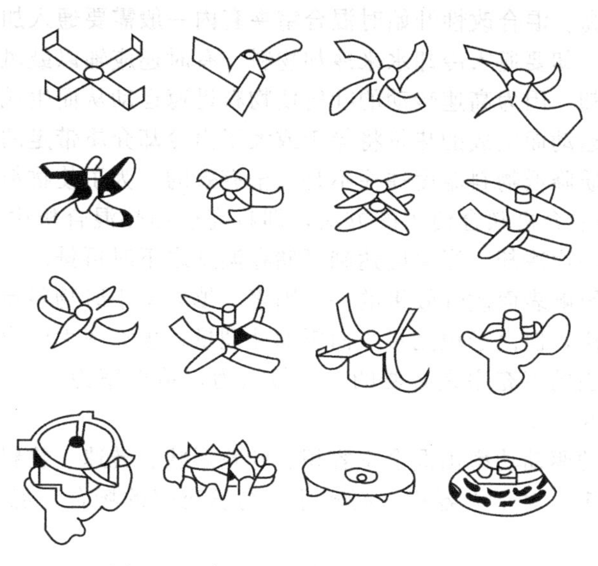

图 7-15 高速加热式混合机叶轮形式

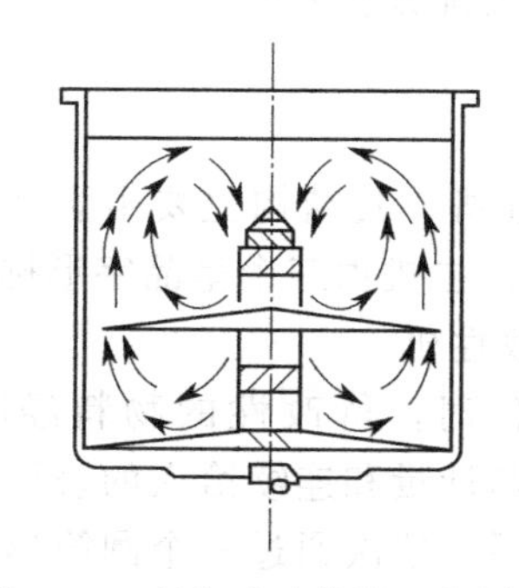

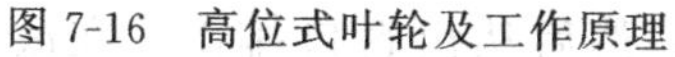

图 7-16 高位式叶轮及工作原理

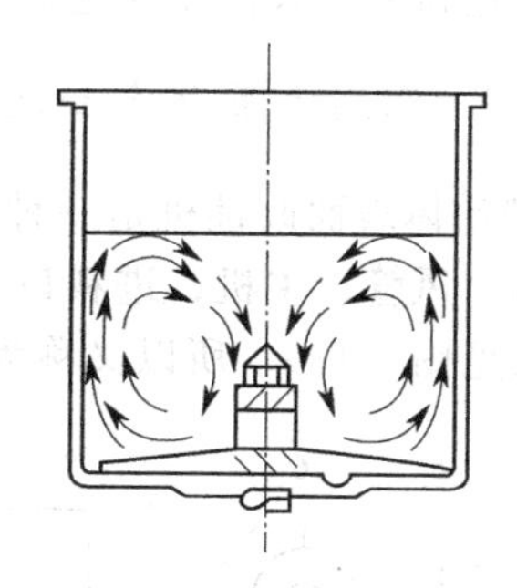

图 7-17 普通式叶轮及工作原理

高速加热式混合机的表面改性效果与许多因素有关，主要有叶轮的形状与回转速度、物料温度、物料在混合室内的充满程度（即充填率）、混合时间、添加剂（表面改性剂）加入方式和用量等。

叶轮的形状对混合效果起关键作用。叶轮形状的主要要求是使物料混合良好又避免物料产生过高摩擦热量。转动着的叶轮在其推动物料的侧面上对物料有强烈的冲击和推挤作用，该侧面的物料如不能迅速滑到叶轮表面并被抛起，就可能产生过热并黏附在叶轮和混合室壁上。所以，在旋转方向上叶轮的断面形状应是流线形，以使物料在叶轮推进方向迅速移动而不至受到过强的冲击和摩擦作用。

叶轮的最大回转半径和混合室半径之差（即叶轮外缘与混合室壁间隙）也是影响混合效果的因素之一。过小的间隙一方面可能由于过量剪切而使物料过热，另一方面可能造成叶轮外缘与室壁的刮研。过大的间隙可能造成室壁附近的物料不发生流动或粘在混合室壁上。叶轮设计时除了考虑形状外，还要考虑其边缘的线速度。因为叶轮速度决定着传递给粉体物料的能量，对物料的运动和温升有重要影响。一般设计时，外缘线速度为 20～50m/s。

温度是影响最终表面改性效果的重要因素之一。一般来说，表面改性剂要加热到一定的温度后，才能与颗粒表面进行化学吸附或化学反应。因此，在混合改性开始时，往往在混合室夹套中通入加热介质，而在卸料时又希望物料降温到储存温度。物料在混合改性时的温度变化除了与叶轮形状、转速有关外，还与混合时间、混合方式等有关。一般来说，物料温度随混合时间延长而升高。混合改性开始时混合室夹套内一般需要通入加热介质以实现快速升温，但在混合开始后，却要通入冷却水来冷却物料，有时还应辅以鼓风冷却，即用风扇向混合室吹风来辅助水冷却，因为高速转动的叶轮使物料迅速运动从而生成大量热。当叶轮速度达到一定值时，由于运动而生成的热量将等于或大于由冷却介质带走的热量，所以在混合改性过程中利用冷却介质降低物料温度往往不是完全有效的。为了使物料排出时达到可储存的温度，常常采用热-冷混合机联合使用的方法，即将高速加热混合机中改性好的物料排入冷混机中，一边混合，一边冷却，当温度达到可储存温度之下时再排出。

物料填充率也是影响表面改性效果的一个因素。填充率小时物料流动空间大，有利于粉体与表面改性剂的作用，但由于填充量小而影响处理量；填充率大时影响颗粒与表面改性剂的充分接触，所以适当的填充率是必要的。一般认为，填充率为50%～70%。对于高位式叶轮，填充率可达到90%。

高速加热混合机的驱动功率由混合室容积、叶轮形状、转速、物料种类、填充率、混合时间、加料方式等决定。对于大容积、高转速、高填充率的场合，混合处理过程中功率要大些。

高速加热混合机是一种间歇式的批量粉体表面改性设备，它的处理时间可长可短，很适合中、小批量粉体的表面化学包覆改性和实验室进行改性剂配方实验研究。

7.5.1.2 SLG型粉体表面改性机

SLG型粉体表面改性机是一种连续干式粉体表面改性机。其结构主要由温度计、出料口、进风口、风管、主机、进料口、计量泵和喂料机组成。主机由三个呈品字形排列的改性圆筒组成（见图7-18），所以又称为三筒式连续粉体表面改性机。

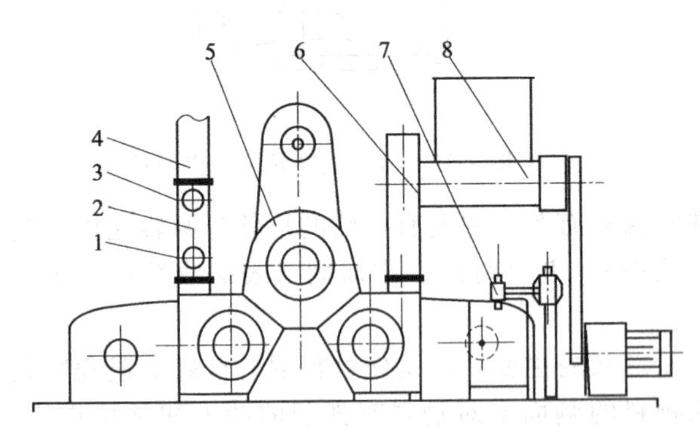

图7-18 SLG型连续粉体表面改性机的结构

1—温度计；2—出料口；3—进风口；4—风管；5—主机；6—进料口；7—计量泵；8—喂料机

工作时，待改性的物料经喂料机给入，经与计量和连续给入的表面改性剂接触作用后，依次通过三个圆筒形的表面改性腔，然后从出料口排出。在改性腔中，特殊设计的高速旋转的转子和定子与粉体物料的冲击、剪切和摩擦作用产生粉体表面改性所需的温度。这一温度可以通过转子转速、粉料通过的速度或给料速度以及风门的大小来调节，最高可达140℃。同时转子的高速旋转强制粉体物料松散并形成涡旋二相流，使表面改性剂能迅速、均匀地与粉体颗粒表面作用，包覆于颗粒表面。因此，该机的结构和工作原理基本上能满足对粉体与表面改性剂的良好分散、粉体与表面改性剂的接触或作用机会均等的技术要求。

这种表面改性机可用于与干法制粉工艺（如超细粉碎工艺）配套，连续大规模生产各种表面化学包覆的无机粉体，如无机活性填料或颜料，也可单独设置用于各种微米级粉体的表面改性以及纳米粉体的解团聚和表面改性。

这种连续式粉体表面改性机可以使用各种液体和固体表面改性剂，能满足同时使用两种表面改性剂进行复合改性，还可用于两种无机“微米/微米”和“纳米/微米”粉体的共混合复合。

影响SLG型连续粉体表面改性机改性效果的主要工艺因素是物料的水分含量、改性温度和给料速度。要求原料的水分含量≤1%。给料速度要适中，应依原料的性质和粒度大小进行调节，给料速度过快，粉体在改性腔中的充填率过大，停留时间太短，难以达到较高的包覆率；给料速度过慢，粉体在改性腔中的充填率过小，温升慢，表面改性效果变差，而且处理能力也下降。改性温度要依表面改性剂的品种、用量和用法来进行调节，不要太低，也不能超过表面改性剂的分解温度。

目前，国产的该型粉体表面改性机共有两种工业机型，其型号及主要技术参数见表7-6。

表7-6 SLG型连续粉体表面改性机的型号及主要技术参数

型 号	电机功率 /kW	转速 /(r/min)	加热方式	生产方式	生产能力 /(kg/h)	外形尺寸 /m×m×m
SLG-3/300	55.5	4500	自摩擦	连续	500～1000	6.8×1.7×6
SLG-3/600	111	2700	自摩擦	连续	2000～3000	11.5×2.8×7

7.5.1.3 高速冲击式粉体表面改性机

图7-19所示为HYB型高速冲击式粉体表面改性机的主机结构。主要由高速旋转的转子和定子、循环回路、翼片、夹套、给料和排料装置等部分组成。工作时，投入机内的物料在转子、定子等部件的作用下被迅速分散，同时不断受到以冲击力为主的包括颗粒相互间的压缩、摩擦和剪切力等诸多力的作用，在较短时间内即可完成表面包覆、成膜或球形化处理。其加工过程是间隙式的，计量给料机与间隙处理联动，从而实现系统的连续和自动运行。

影响HYB型高速冲击式粉体表面改性机改性处理效果的主要因素如下。

(1) 物料（所谓的“母粒子”）和表面改性剂（所谓的“子粒子”）的性质　如粒度大小及对温度的敏感性等。要求给料粒度，即母粒子粒度大于500μm，子粒子的粒径越小越好，母粒子与子粒子的粒径比至少要大于10。此外，进行成膜或胶囊化处理时，子粒子（即表面改性剂）的软化点、玻璃化转变点等都必须考虑。

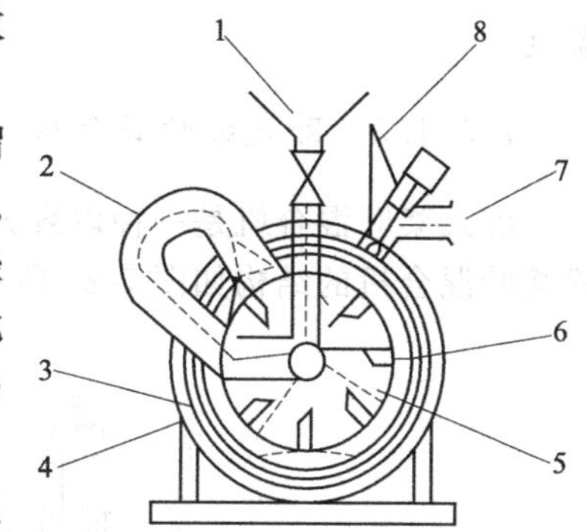

图7-19 HYB型改性机的主机结构和工作原理

1—排料口；2—循环回路；3—定子；4—夹管；5—转子；6—翼片；7—排料口；8—排料阀

(2) 操作条件　如转速、处理时间或物料停留时间、处理温度、气氛及投料量等。其中转速与冲击力相关，是决定能否完成包覆或胶囊化改性的关键，转速过低气流循环不好，物料分散较差，处理不均匀。处理时间与处理物料的均一性相关。有些物料的处理时间控制在10～20min，处理温度为40～90℃。粒子群在高速处理时与装置内面及粒子间摩擦力作用而产生的热量，导致机内温度大幅度升高，为了控制加工过程的温度以确保处理效果和产品质量，一般在系统内插入热电偶，并用冷却机进行冷却。投料要适中，过多或过少都会影响处理效果或产品质量。

7.5.1.4 PSC型粉体表面改性机

PSC型粉体表面改性机是一种连续干式粉体表面改性机。其结构主要由喂料机、加热螺旋输送机、主轴、搅拌棒、冲击锤、排料口等组成，如图7-20所示。

PSC型粉体表面改性机整套工艺系统由给料装置、（导热油）加热装置、给药（表面改性剂）装置、改性主机、集料装置、收尘装置等组成。

工作时，粉体原料经给料输送机被送至主机上方的预混室，在输送过程中由给料输送机特设的加热装置将粉体物料加热并干燥，同时固体状的表面改性剂也在专用加热容器内加热

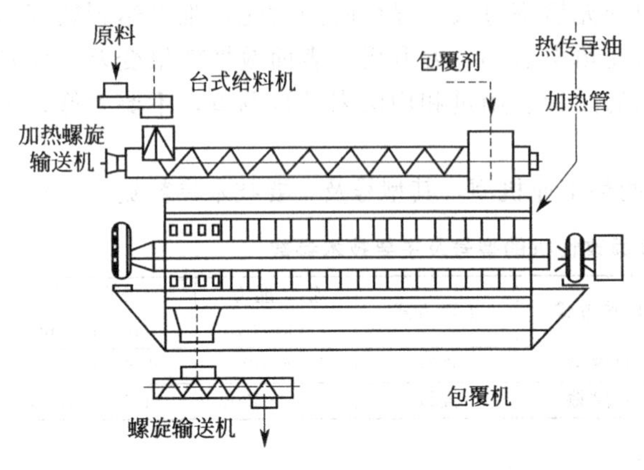

图 7-20　PSC 型粉体表面改性机的结构示意

熔化至液态后经输送管道送至预混室。

预混室内设有两组喷嘴，均通入由给风系统送来的热压力气流。其中一组有四只喷嘴按不同位置分布于预混室内壁，其作用是将由给料输送系统送来的粉体物料吹散；另一组只有一只喷嘴与改性剂输送管道相通，将液态表面改性剂吹散雾化。粉体原料和表面改性剂在预混室内预混后随即进入主机，在主机内搅拌棒的高速搅拌下，受到冲击、摩擦、剪切等多种力的作用，使粉体物料与表面改性剂得到更加充分的接触、混合，以完成表面包覆改性。主机夹层内循环流动的高温导热油使机内始终保持着稳定的工作温度。主机出口处高速旋转运动的冲击锤将表面包覆改性后的粉体物料进一步分散和解聚以避免改性后粉体颗粒的团聚。

表面包覆改性后的物料输送至成品收集仓。在气流输送过程中，利用输送气流将物料中过高的热量吸收，并经布袋除尘器除尘后排出室外，成品进入收集仓后即可降至可储存的温度。

7.5.1.5　卧式桨叶混合机

卧式桨叶混合机是一种以卧式筒体和单轴多桨为结构特点的间歇式粉体表面改性机。卧式桨叶混合机的结构如图 7-21 所示，主要由传动机构、主轴、筒体、端盖等组成。

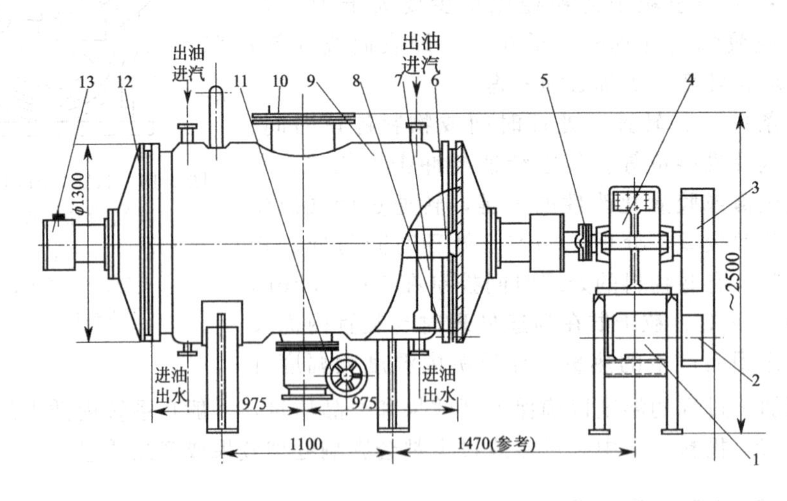

图 7-21　ϕ1200 卧式桨叶混合机的结构

1—电机；2—小皮带轮；3—大皮带轮；4—减速机；5—联轴器；6—主轴；7—桨叶；8—内套；9—外筒体；10—人孔；11—蝶阀；12—端盖；13—轴承座

主轴为主要工作部件，主轴长 3005mm，直径 105mm，主轴沿径向装有 19 根桨叶。

筒体分别由内筒和外筒组成，内筒体内径 1200mm，长 1950mm，用厚度为 10mm 的不锈钢制成；外筒体内径 1300mm，长 1950mm，用厚度为 6mm 的低碳钢板制成。内、外筒体之间形成隔套。外筒体左右两侧上端均装有进汽（出油）管道和连接法兰，外筒体左右两侧下端均装有出水（进油）管道及连接法兰。内筒体中间部分的上方开有直径为450mm的人孔及进料口，并有法兰连接；内筒体中间部位的上方开有出料口，出料口管道中装有蝶阀，旋动手轮可使蝶阀轻松地打开或关闭；内筒体上部还装有出气管，物料混合时蒸发的水分由出气管排出。

端盖装在筒体的左右两侧，用螺钉与筒体连接。端盖的中心部位装有轴承座，内装双向滚子轴承。轴承装在主轴轴颈上，主轴工作中产生的轴向、径向力及扭力均由轴承座通过连接螺钉传到端盖部件。因此，端盖部件既起到密封筒体的作用，又具有支承主轴的功能。

这种间歇式表面改性机的工作原理是：无机粉体，如重质或轻质碳酸钙和表面改性剂在桨叶的作用下，一方面沿内筒体内壁作径向滚动，另一方面物料又沿桨叶两侧面与主轴带有150°倾角的法线方向飞溅。在内筒体整个空间使物料不断地对流、扩散，从而使表面改性剂包覆于粉体颗粒表面。

7.5.2 湿法表面改性设备

湿法表面改性要使用湿法设备。目前湿法表面改性设备主要采用可控温搅拌反应釜或反应罐。这种设备的筒体一般做成带夹套的内外两层，夹套内通加热介质，如蒸汽、导热油等。一些较简单的表面改性罐也可采用电加热。

粉体表面化学包覆改性和沉淀包膜改性用的反应釜或反应罐，一般对压力没有要求，只要满足温度和料浆分散以及耐酸或碱腐蚀即可，因此，结构较为简单。

图7-22所示为一般夹套式搅拌反应釜的结构，主要由夹套式筒体、传热装置、传动装置、轴封装置和各种接管组成。

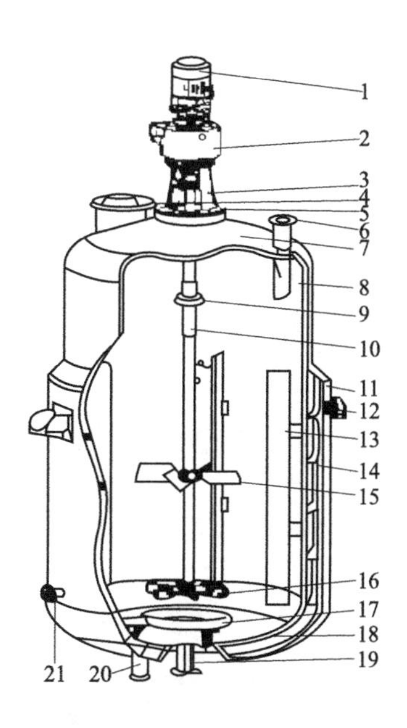

图7-22 夹套式搅拌反应釜的结构

1—电机；2—减速机；3—机架；4—人孔；5—密封装置；6—进料口；
7—上封头；8—筒体；9—联轴器；10—搅拌轴；11—夹套；12—热介质出口；
13—挡板；14—螺旋导流板；15—轴向流搅拌器；16—径向流搅拌器；
17—气体分布器；18—下封头；19—出料口；20—热介质进口；21—气体进口

釜体的筒体一般为钢制圆筒。常用的传热装置有夹套结构的壁外传热和釜内装设换热管传热两种形式。应用最多的是夹套传热，夹套是搅拌反应釜或反应罐最常用的传热结构之一，由圆柱形壳体和底封头组成。

搅拌装置是反应釜的关键部件。筒体内的物料借助搅拌器的搅拌，充分混合和反应。搅拌装置通常包括搅拌器、搅拌轴、支承结构以及挡板、导流筒等部件。我国对搅拌装置的主要零部件已实行标准化生产。搅拌器主要有推进式、桨式、涡轮式、锚式、框式及螺带式等类型。具体选用时要考虑流动状态、搅拌目的、搅拌容量、转速范围及浆料最高黏度等因素。

参 考 文 献

[1] 陆厚根．粉体工程导论［M］．上海：同济大学出版社，1993.
[2] 陶珍东．粉体工程与设备［M］．北京：化学工业出版社，2010.
[3] 周仕学，张鸣林．粉体工程导论［M］．北京：科学出版社，2010.
[4] 卢寿慈．粉体加工技术［M］．北京：中国轻工业出版社，1999.
[5] 张少明等．粉体工程［M］．北京：中国建材工业出版社，1996.
[6] 吴建其，卢迪芬．无机非金属材料粉磨中的机械力化学效应［J］．材料导报，1999，13（5）：13-14.
[7] 赵中伟，赵天从，李洪桂．固体机械力化学［J］．湖南有色金属，1995，11（2）：44-48.
[8] 杨君友，张同俊，李星国等．机械合金化研究的新进展［J］．功能材料，1995，26（5）：477-479.
[9] 吕辉，钟景裕，樊粤明．贝利特的机械力化学活化［J］．华南理工大学学报，1995，24（3）：116-122.
[10] 吴其胜，张少明，周勇敏等．无机材料机械力化学研究进展［J］．材料科学与工程，2001，19（1）：137-142.
[11] 吴其胜，张少明，刘建兰等．机械力化学在纳米陶瓷材料中的应用［J］．硅酸盐通报，2002，（2）：32-37.
[12] 吴其胜，张少明．机械力化学合成 $CaTiO_3$ 纳米晶的研究［J］．硅酸盐学报，2001，29（5）：479-483.
[13] 张剑光，张明福，韩杰才等．高能球磨法制备纳米钛酸钡的晶化过程［J］．压电与声光，2001，23（5）：381-383.
[14] 李建林，曹广益，周勇等．高能球磨制备 TiB_2/TiC 纳米复合粉体［J］．无机材料学报，2001，16（4）：709-714.
[15] 盖国胜．超细粉碎分级技术［M］．北京：中国轻工业出版社，2000.
[16] 李启衡．粉碎理论概要［M］．北京：冶金工业出版社，1993.
[17] 赵敏，卢亚平，潘英民．粉碎理论与粉碎设备发展评述［J］．矿冶，2001，10（52）：36-41.
[18] 李凤生等．超细粉体技术［M］．北京：国防工业出版社，2000.
[19] 郑水林．超细粉碎原理、工艺设备及应用［M］．北京：中国建材工业出版社，1993.
[20] 潘孝良．水泥生产机械设备［M］．北京：中国建筑工业出版社，1981.
[21] 陈炳辰．磨矿原理［M］．北京：冶金工业出版社，1989.
[22] 张庆今．硅酸盐工业机械及设备［M］．广州：华南理工大学出版社，1992.
[23] 胡宏泰等．水泥的制造和应用［M］．济南：山东科学技术出版社，1994.
[24] 何亮．国内外球磨机的研究状况［J］．工程机械，2006，9（3）：14-17.
[25] 关维相．我国自磨机生产情况分析［C］．第三届全国粉碎工程技术研讨会讲座报告及论文集，2007：23-34.
[26] 杨琳琳，文书明．磨和半自磨机的发展与应用［J］．国外金属矿选矿，2005，42（7）：13-16.
[27] 宋宏斌等．立式磨与辊压机的性能比较［J］．水泥技术，1996，（2）：18-20.
[28] 李庆亮．立式磨专家系统的设计与应用［J］．河南职技师院学报，1998，26（3）：59-62.
[29] 王书民．RM2512 立式磨进料装置的改造［J］．水泥，2000，（2）：16.
[30] 李传永．PRM25 立式磨磨辊副的维修［J］．水泥，2001，（7）：50.
[31] 李启华．3R-3036 雷蒙磨的技术改造［J］．化工机械，1999，26（5）：291-293.
[32] 黄文熙等．论辊压磨的技术经济效果［J］．西南工学院学报，1996，11（1）：41-46.
[33] 岳云龙等．辊式磨作为水泥预粉碎设备的优越性［J］．中国粉体技术，2000，6（5）：37-39.
[34] 曹茂盛．超细颗粒制备科学与技术［M］．哈尔滨：哈尔滨工业大学出版社，1998.
[35] 盖国胜．超微粉体技术［M］．北京：化学工业出版社，2004.
[36] 郑水林．超微粉体加工技术与应用［M］．北京：化学工业出版社，2005.
[37] 王勇勤等．偏旋式振动磨的动力学研究［J］．中国工程机械，1976，7（6）：19-23.
[38] 阎民等．振动磨理论研究进展［J］．西安理工大学学报，1998，14（4）：417-421.
[39] 尹忠俊等．振动磨连续粉磨工艺［J］．北京科技大学学报，1997，19（S1）：84-88.
[40] 王怠等．振动磨理论及其装备技术进展［J］．中国建材装备，1998，5：14-17.
[41] 郭天德．振动磨的发展及降低能耗途径［J］．中国非金属矿导刊，1999，5：79-82.
[42] 阎民等．振动磨 DEM 动力学分析模型［J］．天津大学学报，2000，33（1）：59-62.
[43] 崔政伟等．搅拌磨粉碎机理及其主要工作参数的研究［J］．化工装备技术，1995，16（4）：6-9.
[44] 张平亮．湿式搅拌磨微粉碎技术的研究［J］．化工装备技术，1995，16（6）：6-9.
[45] 杨华明等．搅拌磨在超细粉制备中的应用［J］．矿产综合利用，1997，（1）：33-37.
[46] 肖美添等．搅拌磨研磨介质磨损规律研究［J］．化工装备技术，1998，19（3）：9-11.
[47] 杨华明等．搅拌磨超细粉碎工艺的研究［J］．金属矿山，1999，274（4）：35-40.
[48] 蒋建平，周晓华．一种新型超细粉磨设备——AC 型循环式湿法行星磨简介［J］．江苏陶瓷，1994，（4）：6-11.

[49] 龚姚腾，阙师鹏．行星式球磨机动力学及计算机仿真［J］．南方冶金学院学报，1997，18（2）：101-105.
[50] 邢伟宏，高琼英．高能球磨处理粉煤灰的形貌特征及水化特性［J］．武汉工业大学学报，1998，20（2）：42-44.
[51] 颜景平，易红等．行星式球磨机研制及其节能机理［J］．东南大学学报（自然科学版），2008，38（1）：27-31.
[52] 孟宪红等．关于气流粉碎基础理论研究进展［J］．国外非金属矿，1996，（5）：50-54.
[53] 杨宗志．超微气流粉碎［M］．北京：化学工业出版社，1995.
[54] 钱海燕等．超细气流粉碎机的类型及基本性能［J］．硅酸盐通报，1996，（3）：61-65.
[55] 吕盘根．气流粉碎机在国内外的发展［J］．化工机械，1993，20（6）：353.
[56] 雷波．气流粉碎机的现状及技术进展［J］．江苏陶瓷，2000，33（3）：3-5.
[57] 言仿雷．超细气流粉碎技术［J］．材料科学与工程，2000，72（4）：145-149.
[58] 刘雪东等．扁平式气流粉碎机粉碎室流场的数值模拟［J］．化工学报．2000，51（3）：414-417.
[59] 蒋新民等．超微气流粉碎机的研制与应用［J］．非金属矿，1999，22（S1）：22-24.
[60] 王晓燕等．流化床式气流粉碎机粉碎分级性能研究［J］．非金属矿，1998，21（5）：15-19.
[61] 朱纪春等．QLM 型对撞式气流磨的粉碎机理与应用［J］．耐火材料，1996，30（3）：158-159.
[62] 吉晓莉等．流化床对喷式气流磨的粉碎机理［J］．湖北化工，1999，（3）：15-16.
[63] 林伟等．流化床式气流磨的操作优化［J］．武汉工业大学学报，2000，22（5）：90.
[64] 曹茂盛，关昌彬等．纳米材料导论［M］．哈尔滨：哈尔滨工业大学出版社，2004.
[65] 张志焜，崔作林．纳米技术与纳米材料［M］．北京：国防工业出版社，2000.
[66] 徐国财，张立德．纳米复合材料［M］．北京：化学工业出版社，2002.
[67] 张立德．超微粉体制备与应用技术［M］．北京：中国石化出版社，2001.
[68] 张立德，牟季美．纳米材料与纳米结构［M］．北京：科学出版社，2015.
[69] 许并社．纳米材料及应用技术［M］．北京：化学工业出版社，2005.
[70] 张中太，林元华，唐子龙等．纳米材料及其技术的应用前景［J］，材料工程，2002，（3）：42-48.
[71] 铁生年，马丽莉．纳米粉体材料应用技术研究进展［J］．青海师范大学学报：自然科学版，2011，（4）：10-21.
[72] 冯异，赵军武，齐晓霞．纳米材料及其应用研究进展［J］．工具技术，2006，40（10）：10-15.
[73] 徐云龙，赵崇军．纳米材料学概论［M］．上海：华东理工大学出版社，2008.
[74] 王世敏，徐祖勋，傅晶．纳米材料制备技术［M］．北京：化学工业出版社，2002.
[75] 李玲，向航．功能材料与纳米技术［M］．北京：化学工业出版社，2002.
[76] 张耀君．纳米材料基础［M］．北京：化学工业出版社，2011.
[77] 高濂等．纳米粉体的分散及表面改性［M］．北京：化学工业出版社，2003.
[78] 郑水林．粉体表面改性［M］．北京：中国建材工业出版社，2011.
[79] 刘娟．氨基磺酸系高效减水剂 AH 的分散机理研究［J］．湖北广播电视大学学报，2011，31（11）：159-160.
[80] 王超，张根忠，江成军等．不同分散剂对纳米铁粉分散性能的影响［J］．铸造技术，2007，28（5）：614-617.
[81] 郑仕远，吴奇才，周朝霞等，超细粉体的水性超分散剂研究进展［J］．涂料工业，2011，41（5）：74-79.
[82] 陶珍东．超细粉体干式分级中的预分散［J］．山东建材学院学报，1993，7（3）：51-55.
[83] 杨永康，何勇，铁旭初等．超细粉体在液体中的分散［J］．建材技术与应用，2006，（5）：17-20.
[84] 张清岑，刘小鹤，刘建平．超细滑石粉在水介质中的分散机理研究［J］．矿产综合利用，2003，（1）：18-22.
[85] 孙德四，张清辉．超细氧化铁红颜料粉体的表面改性机理研究［J］．化工矿物与加工，2005，（2）：10-13.
[86] 袁凤英，秦清风．超细炸药粉体团聚-分散机理研究［J］．火工品，2003，（2）：32-34.
[87] 王纪霞，张秋禹，王振华．单分散二氧化硅微球的制备及粉体分散方法的研究进展［J］．材料科学与工程学报，2008，26（5）：798-801.
[88] 王青宁，黄聪聪，雷扬等．淀粉糖苷表面活性剂对超细粉体分散性能的研究［J］．矿物岩石，2013，33（2）：1-6.
[89] 周洪兆，朱慎林．分散剂对超细硫酸钡粉体制备的影响［J］．机械工程材料，2005，29（4）：17-19.
[90] 章登宏，谢湘华，房毅等．分散剂在 $BaTiO_3$ 浆料中的分散机理［J］．材料开发与应用，2010，（8）：64-67.
[91] 王春晓，刘文忠，李杰等．聚合物分散剂的性能评价和分散机理的研究方法［J］．河北化工，2004，（4）：12-16.
[92] 陆文雄，张月星，杨瑞海等．聚羧酸系高效减水剂的合成及其分散机理的试验研究［J］．混凝土，2006，（11）：42-44.
[93] 胡建华，汪长春，扬武利等．聚羧酸系高效减水剂的合成与分散机理研究［J］．复旦学报，2000，39（4）：463-466.
[94] 彭家惠，瞿金东，张建新等．聚羧酸系减水剂在石膏颗粒表面的吸附特性及其吸附-分散机理［J］．四川大学学报（工程科学版），2008，40（1）：91-95.

[95] 李辉，张裕忠．锂电池浆料超剪切分散机理与实验研究［J］．轻工机械，2010，28（6）：28-31.
[96] 李启厚，黄异龄，王红军等．粒径≤2μm的超细粉体颗粒分散方式探讨［J］．粉末冶金材料科学与工程，2007，12（5）：284-288.
[97] 夏启斌，李忠，邱显扬等．六偏磷酸钠对蛇纹石的分散机理研究［J］．矿冶工程，2001，22（2）：51-54.
[98] 李国栋．纳米粉体表面结构与分散机理研究［J］．襄樊学院学报，2002，23（5）：50-54.
[99] 刘冰，范润华，孙家涛．纳米陶瓷粉体的分散［J］．江苏陶瓷，2004，37（4）：3-5.
[100] 樊恒辉，李洪良，赵高文．黏性土的物理化学及矿物学性质与分散机理［J］．岩土工程学报，2012，34（9）：1740-1745.
[101] 唐聪明，李新利．水性体系分散剂的研究进展［J］．四川化工，2005，8（3）：26-28.
[102] 任俊，卢寿慈．亲水性及疏水性颗粒在水中的分散行为研究［J］．中国粉体技术，1999，5（2）：6-9.
[103] 付学勇．颜料分散机理的探讨及新的分散方法［J］．涂料工业，2010，40（7）：67-69.
[104] 李凯奇，曾玉凤，王万祥等．一种新型分散剂的性能及分散机理［J］．非金属矿，1999，22（5）：30-31.
[105] 乔木，李振荣，初小葵等．纳米陶瓷粉体的分散［J］．中国陶瓷，2010，46（3）：13-17.
[106] 贝丽娜，汪瑾．纳米 ZrO_2 表面的PMMA接枝改性及其分散性［J］．沈阳化工学院学报，2010，28（2）：261-264.
[107] 李茂春，刘程．碳酸钙表面改性研究进展［J］．聚氯乙烯，2010，38（8）：5-8.
[108] 余双平，邓淑华，黄慧民等．超微粉体的表面改性技术进展［J］．广东工业大学学报，2003，20（2）：70-76.
[109] 铁生年，李星．超细粉体表面改性研究进展［J］．青海大学学报，2010，28（2）：16-21.
[110] 郑水林．非金属矿物粉体表面改性技术进展［J］．中国非金属矿工业导刊，2010，（1）：3-10.
[111] 冯彩梅，王为民．粉体表面改性技术及其效果评估［J］．现代技术陶瓷，2004，（2）：23-26.
[112] 刘雪东，卓震．机械化学法粉体表面改性技术的发展与应用［J］．江苏石油化工学院学报，2004，14（4）：32-35.
[113] 郑水林．无机粉体表面改性技术发展现状与趋势［J］．无机盐工业，2011，43（5）：1-6.
[114] 汤国虎，叶巧明，连红芳．无机纳米粉体表面改性研究现状［J］．材料导报，2003，17（9）：38-41.
[115] 陈加娜，叶红齐，谢辉玲．超细粉体表面包覆技术综述［J］．安徽化工，2006，（2）：12-15.
[116] 胡楠，何力军，钟景明等．超细铝粉表面改性的各种方法及其研究进展［J］．材料保护，2011，44（5）：45-49.
[117] 李艳玲，毛如增，吴立军．超细氢氧化镁阻粉体表面改性研究［J］．中国粉体技术，2007，（3）：29-32.
[118] 张大兴，翁玲．二氧化钛粉体的表面改性研究［J］．化学与黏合，2011，33（1）：21-24.
[119] 乔木，李振荣，初小葵等．纳米陶瓷粉体的分散［J］．中国陶瓷，2010，46（3）：13-17.
[120] 刘波，庄志强，刘勇．粉体的表面修饰与表面包覆方法的研究［J］．中国陶瓷工业，2004，11（1）：50-55.
[121] 杨毅，李风生，刘宏英．金属铝粉表面纳米膜包覆［J］．中国有色金属学报，2005，15（5）：716-720.
[122] 贝丽娜，汪瑾．纳米 ZrO_2 表面的PMMA接枝改性及其分散性［J］．沈阳化工学院学报，2010，28（2）：261-264.
[123] 鲁良洁，李竟先．纳米二氧化钛表面改性与应用研究进展［J］．无机盐工业，2007，39（10）：1-4.
[124] 黄文信，张宁，才庆魁等．碳化硅粉体表面改性研究进展［J］．中国非金属矿工业导刊，2010，（4）：13-16.
[125] 李茂春，刘程．碳酸钙表面改性研究进展［J］．聚氯乙烯，2010，38（8）：5-8.
[126] 郑水林．碳酸钙粉体表面改性技术现状与发展趋势［J］．中国非金属矿工业导刊，2007，（2）：3-6.
[127] 杜高翔，郑水林，李扬．阻燃用氢氧化镁及水镁石粉体的表面改性研究现状［J］．非金属矿，2002，25（增刊）：11-14.
[128] 寻秩猷．用粉体表面改性技术制备拒水粉［J］．工业建筑，1995，25（3）：31-33.